U0170982

国家科学思想库

中国学科发展战略

模式识别

中国科学院

科学出版社

北京

内 容 简 介

本书阐明了模式识别学科的科学意义与战略价值,总结了模式识别学科的发展历史及其研究规律,梳理了模式识别学科在基础理论、计算机视觉、语音语言信息处理、模式识别应用技术等方面的发展现状,分析了模式识别学科中尚未完全解决的关键科学问题,确定了面向学科前沿的优先发展方向和研究重点,指出了模式识别技术创新的新挑战、新使命与新机遇,提出了模式识别学科发展的保障措施与政策建议。本书旨在为模式识别学科的健康稳定发展奠定坚实的科学基础,促进模式识别在解决国计民生重大需求方面做出应有的贡献。

本书适合高等学校、科研院所从事模式识别与人工智能等相关方向的学生和科研人员阅读,同时也适合国家学科发展规划和科研项目规划等相关单位的人员阅读。

图书在版编目(CIP)数据

模式识别 / 中国科学院编. —北京:科学出版社,2022.7
(中国学科发展战略)
ISBN 978-7-03-072280-5

Ⅰ.①模… Ⅱ.①中… Ⅲ.①模式识别 Ⅳ.①O235

中国版本图书馆 CIP 数据核字(2022)第 082146 号

丛书策划:侯俊琳 牛 玲
责任编辑:张 莉 / 责任校对:韩 杨
责任印制:师艳茹 / 封面设计:黄华斌 陈 敬

科 学 出 版 社 出版
北京东黄城根北街 16 号
邮政编码:100717
http://www.sciencep.com

北京中科印刷有限公司 印刷
科学出版社发行 各地新华书店经销
*
2022 年 7 月第 一 版 开本:720×1000 1/16
2024 年 1 月第二次印刷 印张:18 插页:2
字数:314 000
定价:118.00 元
(如有印装质量问题,我社负责调换)

中国学科发展战略

指 导 组

组　　长：侯建国

副 组 长：高鸿钧　包信和

成　　员：张　涛　朱日祥　裴　钢

　　　　　郭　雷　杨　卫

工 作 组

组　　长：王笃金

副 组 长：苏荣辉

成　　员：钱莹洁　赵剑峰　薛　淮

　　　　　王　勇　冯　霞　陈　光

　　　　　李鹏飞　马新勇

中国学科发展战略·模式识别
项 目 组

负 责 人：谭铁牛

研究组成员（以姓氏笔画为序）：

王 亮	王立威	王蕴红	朱 军	向世明	刘 克
刘成林	刘青山	芮 勇	杨 健	杨 强	杨小康
吴毅红	张长水	张艳宁	陈熙霖	林宙辰	周 杰
周志华	郑南宁	宗成庆	胡德文	查红彬	徐宗本
黄铁军	赖剑煌	赫 然	薛建儒		

专题组成员（以姓氏笔画为序）：

王 伟	王 亮	王云龙	王聿铭	王金桥	申抒含
朱贵波	向世明	刘 强	刘成林	孙哲南	李 琦
杨沛沛	吴毅红	何晖光	张 弛	张兆翔	张家俊
张煦尧	张燕明	陈禹昕	易江燕	宗成庆	孟高峰
原春锋	殷 飞	高君宇	唐 明	陶建华	黄 岩
赫 然	樊 彬	霍春雷			

九层之台，起于累土①

白春礼

近代科学诞生以来，科学的光辉引领和促进了人类文明的进步，在人类不断深化对自然和社会认识的过程中，形成了以学科为重要标志的、丰富的科学知识体系。学科不但是科学知识的基本的单元，同时也是科学活动的基本单元：每一学科都有其特定的问题域、研究方法、学术传统乃至学术共同体，都有其独特的历史发展轨迹；学科内和学科间的思想互动，为科学创新提供了原动力。因此，发展科技，必须研究并把握学科内部运作及其与社会相互作用的机制及规律。

中国科学院学部作为我国自然科学的最高学术机构和国家在科学技术方面的最高咨询机构，历来十分重视研究学科发展战略。2009 年 4 月与国家自然科学基金委员会联合启动了"2011～2020 年我国学科发展战略研究"19 个专题咨询研究，并组建了总体报告研究组。在此工作基础上，为持续深入开展有关研究，学部于 2010 年底，在一些特定的领域和方向上重点部署了学科发展战略研究项目，研究成果现以"中国学科发展战略"丛书形式系列出版，供大家交流讨论，希望起到引导之效。

根据学科发展战略研究总体研究工作成果，我们特别注意到学

---

① 题注：李耳《老子》第 64 章："合抱之木，生于毫末；九层之台，起于累土；千里之行，始于足下。"

科发展的以下几方面的特征和趋势。

一是学科发展已越出单一学科的范围，呈现出集群化发展的态势，呈现出多学科互动共同导致学科分化整合的机制。学科间交叉和融合、重点突破和"整体统一"，成为许多相关学科得以实现集群式发展的重要方式，一些学科的边界更加模糊。

二是学科发展体现了一定的周期性，一般要经历源头创新期、创新密集区、完善与扩散期，并在科学革命性突破的基础上螺旋上升式发展，进入新一轮发展周期。根据不同阶段的学科发展特点，实现学科均衡与协调发展成为了学科整体发展的必然要求。

三是学科发展的驱动因素、研究方式和表征方式发生了相应的变化。学科的发展以好奇心牵引下的问题驱动为主，逐渐向社会需求牵引下的问题驱动转变；计算成为了理论、实验之外的第三种研究方式；基于动态模拟和图像显示等信息技术，为各学科纯粹的抽象数学语言提供了更加生动、直观的辅助表征手段。

四是科学方法和工具的突破与学科发展互相促进作用更加显著。技术科学的进步为激发新现象并揭示物质多尺度、极端条件下的本质和规律提供了积极有效手段。同时，学科的进步也为技术科学的发展和催生战略新兴产业奠定了重要基础。

五是文化、制度成为了促进学科发展的重要前提。崇尚科学精神的文化环境、避免过多行政干预和利益博弈的制度建设、追求可持续发展的目标和思想，将不仅极大促进传统学科和当代新兴学科的快速发展，而且也为人才成长并进而促进学科创新提供了必要条件。

我国学科体系由西方移植而来，学科制度的跨文化移植及其在中国文化中的本土化进程，延续已达百年之久，至今仍未结束。

鸦片战争之后，代数学、微积分、三角学、概率论、解析几何、力学、声学、光学、电学、化学、生物学和工程科学等的近代科学知识被介绍到中国，其中有些知识成为一些学堂和书院的教学内容。1904 年清政府颁布"癸卯学制"，该学制将科学技术分为格致科（自然科学）、农业科、工艺科和医术科，各科又分为诸多学科。1905 年清朝废除科举，此后中国传统学科体系逐步被来自西方的新学科体系取代。

民国时期现代教育发展较快，科学社团与科研机构纷纷创建，现代学科体系的框架基础成型，一些重要学科实现了制度化。大学引进欧美的通才教育模式，培育各学科的人才。1912 年詹天佑发起成立中华工程师会，该会后来与类似团体合为中国工程师学会。1914 年留学美国的学者创办中国科学社。1922 年中国地质学会成立，此后，生理、地理、气象、天文、植物、动物、物理、化学、机械、水利、统计、航空、药学、医学、农学、数学等学科的学会相继创建。这些学会及其创办的《科学》《工程》等期刊加速了现代学科体系在中国的构建和本土化。1928 年国民政府创建中央研究院，这标志着现代科学技术研究在中国的制度化。中央研究院主要开展数学、天文学与气象学、物理学、化学、地质与地理学、生物科学、人类学与考古学、社会科学、工程科学、农林学、医学等学科的研究，将现代学科在中国的建设提升到了研究层次。

中华人民共和国成立之后，学科建设进入了一个新阶段，逐步形成了比较完整的体系。1949 年 11 月中华人民共和国组建了中国科学院，建设以学科为基础的各类研究所。1952 年，教育部对全国高等学校进行院系调整，推行苏联式的专业教育模式，学科体系不断细化。1956 年，国家制定出《十二年科学技术发展远景规划纲要》，该规划包括 57 项任务和 12 个重点项目。规划制定过程中形成的"以任务带学科"的理念主导了以后全国科技发展的模式。1978 年召开全国科学大会之后，科学技术事业从国防动力向经济动力的转变，推进了科学技术转化为生产力的进程。

科技规划和"任务带学科"模式都加速了我国科研的尖端研究，有力带动了核技术、航天技术、电子学、半导体、计算技术、自动化等前沿学科建设与新方向的开辟，填补了学科和领域的空白，不断奠定工业化建设与国防建设的科学技术基础。不过，这种模式在某些时期或多或少地弱化了学科的基础建设、前瞻发展与创新活力。比如，发展尖端技术的任务直接带动了计算机技术的兴起与计算机的研制，但科研力量长期跟着任务走，而对学科建设着力不够，已成为制约我国计算机科学技术发展的"短板"。面对建设创新型国家的历史使命，我国亟待夯实学科基础，为科学技术的持续发展与创新能力的提升而开辟知识源泉。

反思现代科学学科制度在我国移植与本土化的进程，应该看到，20世纪上半叶，由于西方列强和日本入侵，再加上频繁的内战，科学与救亡结下了不解之缘，中华人民共和国成立以来，更是长期面临着经济建设和国家安全的紧迫任务。中国科学家、政治家、思想家乃至一般民众均不得不以实用的心态考虑科学及学科发展问题，我国科学体制缺乏应有的学科独立发展空间和学术自主意识。改革开放以来，中国取得了卓越的经济建设成就，今天我们可以也应该静下心来思考"任务"与学科的相互关系，重审学科发展战略。

现代科学不仅表现为其最终成果的科学知识，还包括这些知识背后的科学方法、科学思想和科学精神，以及让科学得以运行的科学体制，科学家的行为规范和科学价值观。相对于我国的传统文化，现代科学是一个"陌生的""移植的"东西。尽管西方科学传入我国已有一百多年的历史，但我们更多地还是关注器物层面，强调科学之实用价值，而较少触及科学的文化层面，未能有效而普遍地触及到整个科学文化的移植和本土化问题。中国传统文化以及当今的社会文化仍在深刻地影响着中国科学的灵魂。可以说，迄20世纪结束，我国移植了现代科学及其学科体制，却在很大程度上拒斥与之相关的科学文化及相应制度安排。

科学是一项探索真理的事业，学科发展也有其内在的目标，探求真理的目标。在科技政策制定过程中，以外在的目标替代学科发展的内在目标，或是只看到外在目标而未能看到内在目标，均是不适当的。现代科学制度化进程的含义就在于：探索真理对于人类发展来说是必要的和有至上价值的，因而现代社会和国家须为探索真理的事业和人们提供制度性的支持和保护，须为之提供稳定的经费支持，更须为之提供基本的学术自由。

　　20 世纪以来，科学与国家的目的不可分割地联系在一起，科学事业的发展不可避免地要接受来自政府的直接或间接的支持、监督或干预，但这并不意味着，从此便不再谈科学自主和自由。事实上，在现当代条件下，在制定国家科技政策时充分考虑"任务"和学科的平衡，不但是最大限度实现学术自由、提升科学创造活力的有效路径，同时也是让科学服务于国家和社会需要的最有效的做法。这里存在着这样一种辩证法：科学技术系统只有在具有高度创造活力的情形下，才能在创新型国家建设过程中发挥最大作用。

　　在全社会范围内创造一种允许失败、自由探讨的科研氛围；尊重学科发展的内在规律，让科研人员充分发挥自己的创造潜能；充分尊重科学家的个人自由，不以"任务"作为学科发展的目标，让科学共同体自主地来决定学科的发展方向。这样做的结果往往比事先规划要更加激动人心。比如，19 世纪末德国化学学科的发展史就充分说明了这一点。从内部条件上讲，首先是由于洪堡兄弟所创办的新型大学模式，主张教与学的自由、教学与研究相结合，使得自由创新成为德国的主流学术生态。从外部环境来看，德国是一个后发国家，不像英、法等国拥有大量的海外殖民地，只有依赖技术创新弥补资源的稀缺。在强大爱国热情的感召下，德国化学家的创新激情迸发，与市场开发相结合，在染料工业、化学制药工业方面进步神速，十余年间便领先于世界。

　　中国科学院作为国家科技事业"火车头"，有责任提升我国原始创新能力，有责任解决关系国家全局和长远发展的基础性、前瞻性、战略性重大科技问题，有责任引领中国科学走自主创新之路。中国科学院学部汇聚了我国优秀科学家的代表，更要责无旁贷地承担起引领中国科技进步和创新的重任，系统、深入地对自然科学各学科进行前瞻性战略研究。这一研究工作，旨在系统梳理世界自然科学各学科的发展历程，总结各学科的发展规律和内在逻辑，前瞻各学科中长期发展趋势，从而提炼出学科前沿的重大科学问题，提出学科发展的新概念和新思路。开展学科发展战略研究，也要面向我国现代化建设的长远战略需求，系统分析科技创新对人类社会发展和我国现代化进程的影响，注重新技术、新方法和新手段研究，提炼出符合中国发展需求的新问题和重大战略方向。开展学科发展战略研究，还要从支撑学科发展的软、硬件环境和建设国家创新体系的整体要求出发，重点关注学科政策、重点领域、人才培养、经费投入、基础平台、管理体制等核心要素，为学科的均衡、持续、健康发展出谋划策。

2010 年，在中国科学院各学部常委会的领导下，各学部依托国内高水平科研教育等单位，积极酝酿和组建了以院士为主体、众多专家参与的学科发展战略研究组。经过各研究组的深入调查和广泛研讨，形成了"中国学科发展战略"丛书，纳入"国家科学思想库—学术引领系列"陆续出版。学部诚挚感谢为学科发展战略研究付出心血的院士、专家们！

按照学部"十二五"工作规划部署，学科发展战略研究将持续开展，希望学科发展战略系列研究报告持续关注前沿，不断推陈出新，引导广大科学家与中国科学院学部一起，把握世界科学发展动态，夯实中国科学发展的基础，共同推动中国科学早日实现创新跨越！

前　言

　　识别与判断是人类赖以生存和发展最基本的能力之一。模式识别是人工智能的核心内容，主要研究如何使机器模拟或实现人的感知识别能力，即从环境感知数据或其他数据中检测、识别和理解目标、行为、事件等模式。模式是感知数据（如图像、视频、语音、文本）中具有一定特点或规律的目标、行为或事件，具有相似特点的模式组成类别，单个模式又称为样本或样例。模式识别的方法包括统计模式识别（statistic pattern recognition）、句法模式识别（syntactic pattern recognition）、结构模式识别（structural pattern recognition）和基于神经网络的模式识别等。在过去的 60 多年里，模式识别研究与应用伴随着计算机、传感技术、脑与认知科学等领域的成长发展迅速。最近 20 年以来，随着互联网、大数据和高性能计算的飞速发展，以深度神经网络为代表的深度学习在视觉、听觉、语言等多种信息的处理上取得了突破性进展，模式识别被普遍认为是推进人工智能应用的最佳突破口。

　　长期以来，模式识别研究主要围绕三个核心要素展开，即特征提取、建模与推理、学习与优化。为了解决识别过程中面临的各种变化因素，需要尽可能提出鲁棒的特征表示，尽可能对影响识别任务的各种因素精准建模，提出能够获得全局或局部最优解的模型学习算法，最终提升识别性能，这些都是推动模式识别发展的重要驱动力。

　　模式识别的发展，从统计模式识别到句法模式识别，再到两者相融合不断演进，经历了监督学习、无监督学习、半监督学习和强化学习的技术更迭。如今，深度学习方法呈现出与统计模式识别和句法结构模式识别融合的趋势。随着模式识别技术应用的不断拓展，从简单场景扩展到复杂开放场景，现有方法和技术的不足也不断显现，因而不断提出新的研究问题，促进该领域的理论和方法不断创新。面对新的问题，研究人员在生物启发模式识别、可解释性模型、可泛化理论、开放环境鲁棒学习、与知识推理的融合等方面开展新的探索。这些问题也是人工智能领域的前沿基础问题，因此，每一次模式识别技术的变迁和更迭都会推动整个人工智能领域的发展，推动模式识别进一步迈向实用化。当下，数据和知识联合驱动的感知、学习、推理，以及模型的可解释性、可泛化性、鲁棒性等，成为模式识别和人工智能不同分支共同关注的前沿研究方向。

进入21世纪以来，以模式识别为代表的人工智能技术业已成为新世纪最伟大的科技进展之一，人工智能正在改变人类的生产与生活方式，渗透到人类社会的方方面面。人工智能不仅是一次技术层面的革命，也在驱动一系列重大的经济社会变革。通过模式识别和人工智能技术，计算机和机器可以从感知数据中检测与识别各种模式，这些是人们关心的信息或知识。由于各种传感器大量使用，日常生活和很多应用场景存在数量巨大的感知数据，对它们的分析和识别不可能靠人工完成，因此，模式识别技术在各个应用领域可发挥关键作用，甚至代替人工完成艰巨的信息处理任务。模式识别技术在安全监控、环境监测、工业检测、机器人和无人系统环境感知、智能人机交互与对话、医疗健康、文档数字化、网络搜索和信息过滤、舆情分析、物联网数据分析等关系到安全、生产、生活、社会管理等各领域各层面都得到了广泛应用。同时，这些应用又对现有技术不断提出新的、更高的要求，由此推动模式识别学科不断向前发展。实践业已证明，以模式识别为代表的人工智能技术日益成为新一轮工业革命的核心驱动力，预示着人类社会全新的一次大发现、大变革、大发展。

在模式识别与人工智能新一轮的创新发展中，原有的研究问题、方法以及对智能技术与产品的需求，都将发生前所未有的变化，势必经历从简单个体识别到复杂关系推理，从大量样本的监督学习到少量样本的无监督学习，从被动环境感知到主动任务探索，这给模式识别的发展带来新的机遇和挑战。为了适应这一系列的变化，我们必须融合视觉、语言、认知、学习、行为、博弈与伦理道德等领域的研究成果，建立以人为中心、普惠向善的模式识别与人工智能理论体系和方法。

可以预见，在未来高度智能化的世界中，模式识别作为连接机器、人和环境的关键技术将变得无处不在，且不可替代地成为其中的核心要素。随着互联网特别是移动互联网的进一步快速发展与应用，人类社会与信息网络所产生的大数据迫切需要模式识别技术化繁为简、去粗取精、去伪存真，同时训练数据的进一步丰富也将反过来提升相关技术的精度和泛化性能。因此，模式识别的技术突破（包括训练数据、深度学习等）和应用平台（如互联网、智能手机、智能硬件和终端等）之间将顺理成章地形成正向激励与良性循环，不断促进语音识别、图像分类、自然语言理解、机器翻译、可穿戴设备、智能物联网、无人驾驶汽车等领域取得突破性进展。

本书在回顾模式识别发展历程的基础上，着力梳理未来互联互通的世界对智能技术的重大需求，结合模式识别的核心要素，分析模式识别发展所面临的机遇和挑战，把握学科发展规律，厘清学科发展涉及的关键问题，凝练模式识别的重要研究方向，形成模式识别的学科发展战略建议。

本书的主要内容包括以下四个方面。

（1）系统总结模式识别学科的发展，从理论体系、研究方法、实际应用等方面梳理未来智能化的世界对于模式识别技术的重大需求，建立了较为系统的学科理论方法分类目录。

（2）归纳总结模式识别学科60多年来的重要研究进展，从模式识别基础理论、计算机视觉、语音语言信息处理、模式识别应用技术四个主要方向对主要研究成果进行概括总结。

（3）面向学科前沿和国家重大需求，结合信息化与智能化社会对模式识别提出的新挑战，凝练模式识别学科的重要前沿科学问题和亟待解决的关键技术问题。

（4）从学科发展和人才培养等角度，提出我国模式识别学科发展的战略建议，促进学术思想交流，推动学科发展和技术创新。

希望本书对广大读者了解模式识别这一重要学科领域的发展历程、现状与趋势有所裨益，对谋划推动我国模式识别学科的创新发展有所帮助。

摘　要

　　模式识别研究如何使机器模拟人的感知功能，从环境感知数据中检测、识别和理解目标、行为、事件等模式。模式广泛存在于各种形式的信号和数据中，模式识别是人和机器感知环境、从环境获取知识的主要途径。机器学习由模式识别和计算学习理论演化而来，通过在数据上训练优化而自动建立数据分析和模式识别的模型。20世纪50年代以来，模式识别的理论和方法得到了巨大的发展。特别是近20年来，随着大数据和高性能计算的飞速发展，以深度神经网络为代表的深度学习方法在视听觉、语言、规划、控制等方面取得了突破性进展，模式识别与机器学习普遍被认为是实现人工智能的最佳途径和最核心的技术。进入21世纪以来，以模式识别为代表的人工智能技术业已成为最重要的科技进展之一，人工智能正在诸多方面改变着人类的工作与生活方式。在这次以人工智能为核心的科技变革中，原有的研究问题、方法以及对智能系统的需求，都将发生前所未有的变化，这给模式识别和机器学习的发展带来新的机遇与挑战。可以预见，未来模式识别技术将变得无处不在，且越发成为不可替代的核心要素。模式识别技术将和认知、决策、控制技术越来越紧密地结合在一起，促进开放复杂环境下智能技术的研究和应用。

　　本书在回顾模式识别与机器学习发展历程的基础上，从模式识别基础理论、计算机视觉、语音语言信息处理、模式识别应用技术四个方面出发，认真梳理未来互联互通的世界对智能科学和技术的重大需求，结合模式识别理论与技术的已有基础，归纳模式识别学科发展面临的重大挑战和机遇，厘清学科发展所涉及的关键科学和技术问题，分析界定学科发展新的生长点和新趋势，凝练未来重要研究方向，形成模式识别学科的发展战略建议。

模式识别基础理论方向主要研究模式表示、分类和理解的建模理论与方法，主要方法可分为统计模式识别、句法和结构模式识别、人工神经网络、支持向量机（support vector machine，SVM）等类型。分类器设计是模式识别的主要研究内容，包括监督学习、无监督学习、半监督学习、迁移学习、强化学习等学习方法。在过去几十年的模式识别基础研究中，在贝叶斯决策与估计、概率密度估计、分类器设计、聚类、特征提取与学习、人工神经网络与深度学习、核方法与支持向量机、句法结构模式识别、概率图模型、集成学习、半监督学习、迁移学习、多任务学习等方面涌现出一系列具有重要影响力的工作。目前模式识别基础理论的研究呈现出几个重要的研究趋势：开放环境感知、结构可解释性、鲁棒性与自适应性等。未来的研究重点包括模式识别的认知机理与计算模型、理想贝叶斯分类器逼近、基于不充分信息的模式识别、开放环境下的自适应学习、知识嵌入的模式识别、交互式学习的理论模型与方法、可解释性深度模型、新型计算架构下的模式识别、模式结构解释和结构模型学习、安全强化的模式识别理论与方法等。

计算机视觉研究如何基于图像让计算机感知和理解周围世界。过去几十年研究的核心大多基于马尔视觉计算理论框架，主要研究如何从二维图像复原三维几何结构。近10年以来，以卷积神经网络（convolutional neural networks，CNN）为代表的深度学习技术，在计算机视觉领域取得了重大突破，为目标识别与检测、图像分割、图像场景理解、图像检索、视觉跟踪、行为与事件分析等研究带来了显著的进展。当下，计算机视觉与认知神经科学、应用数学和统计学等学科不断交叉，与各种硬件深度融合，并受各种实际应用的驱动，在新型成像条件下的视觉研究、生物启发的计算机视觉研究、多传感器融合的三维视觉研究、高动态复杂场景下的视觉场景理解、小样本目标识别与理解、复杂行为语义理解等方面将受到高度重视。

语音和文字是人类语言的两个基本属性，也是模式识别研究和应用的重要领域。以语音为主要处理对象的语音识别、语音合成和说话人识别等通常被称为语音技术，以词汇、句子、篇章等文本、语言为主要处理对象的研究则通常被称为自然语言处理。语音语言基础资源建设、汉字编码与输入输出及汉字信息处理、知识工程与知识库建设是语音语言信息处理技术能够蓬勃发展的基础和支撑条件。在关键技术和理论方法方面，语言模型、序列标注模型、句法结构理论和篇章表示理论、文本表示模型、自动问答与人机对话、机器翻译、语音增强、语音识别、语音合成等均取得了显著的进展。同时，相关产业化应用方兴未艾。未来语音语言信息处理技术除了在具体应用中不断追求极致的性能外，从科学研究角度出发探究人脑语言理解的神经基础和认知机理也十分重要。具体来讲，语义表示和语义计算模型，面向小样本和鲁棒可解释的自然语言处理，基于多模态信息的自然语言处理，交互式、自主学习的自然语言处理，类脑语言信息处理，复杂场景下的语音分离与识别，小数据个性化语音模拟等问题将成为研究热点。

模式识别技术的应用已经深入人类生产和生活的方方面面，重要性日益凸显，在诸多应用领域取得了令人瞩目的成果。面向应用的技术研究也推动了模式识别基础理论与方法的快速发展。生物特征识别、视频监控、多媒体信息分析、文档信息处理、智能医疗等是模式识别发展较快和应用较广泛的领域。具体来说，在面部、手部和行为生物特征识别、声纹识别、图像和视频合成、遥感图像分析、医学图像分析、文字与文本识别、复杂文档版面分析、多媒体数据分析、多模态情感计算、图像取证与安全等应用方面取得了显著进展。随着模式识别技术应用不断深入，具体应用对模式识别技术不断提出新的需求，新的研究问题不断涌现，高可靠、高精度、高效率的模式识别应用技术变得越来越重要。其中，非受控环境下的可信生物特征识别、生物特征深度伪造和鉴伪、遥感图像弱小目标识别和场景理解、医学图像高精度解释、复杂文档识别与重构、异构空间网络关联事件分析与协同监控、神经活动模式分析等都是在不同应用领域亟待解决的重要问题。

近年来，模式识别与机器学习、数据挖掘、脑与认知科学等领域交叉融合，相互促进。未来会结合得更加紧密，奠定模式识别技术在不同领域和不同应用中蓬勃发展的坚实基础。

除了回顾理论和技术的发展外，本书还专门回顾了我国模式识别学科的发展历程，分析概括了包括国家现行政策以及学术团体对学科发展的推动作用，具体介绍了我国在模式识别基础理论、计算机视觉、语音语言信息处理、模式识别应用技术等各个方向取得的历史性进展。同时，分析了我国模式识别研究的优势领域和薄弱方向，并阐述了其中的主要原因。本书还指出，我国的模式识别学科发展水平距离国际领先水平还存在较大差距，总体呈现出重技术轻理论、论文多原创少、学界弱业界强等特点。最后，结合我国研究现状、现实需求以及国际环境，本书提炼了以类脑模型、自主学习、可解释和可理解模型、自适应学习、语义理解、机器学习安全为主的重点发展方向，并且从科技人才培养、团队制度建设、科研支持政策与国际合作政策等方面出发，提出具体可操作的政策建议，以期促进我国模式识别领域的学术思想交流，推动学科发展和技术创新，推进创新人才培养模式的探索。

Abstract

Pattern recognition aims to make machines simulate human perception, including detecting, recognizing and understanding object, action, event and other patterns, which is the main way to perceive and acquire knowledge from the environment. Machine learning is developed based on pattern recognition and computational learning, which builds theoretical models through data training and optimization. Since 1950s, especially in the past 20 years, with the rapid development of big data and high performance computing, deep learning methods have made breakthroughs in vision, speech, language, planning, control and other fields. Now pattern recognition and machine learning are generally regarded as the most important technology of artificial intelligence. Since 2000s, they have changed the way that people work and live in many aspects. In the future, pattern recognition will be closer combined with cognition, decision making and control to promote the research and application in open complex environment.

This book first reviews the development of pattern recognition and machine learning from four aspects in terms of pattern recognition basic theory, computer vision, speech language processing, and pattern recognition application. Then, the book summarizes the major challenges and opportunities during the development of pattern recognition, clarifies key scientific and technical problems, analyzes new growth trends, points out important future directions, and gives strategic suggestions.

The basic theory of pattern recognition mainly studies the theoretical methods of pattern representation, classification and understanding. The main methods can be classified into statistical pattern recognition, syntactic or structural pattern recognition, artificial neural network, support vector machine and so on. In the last few decades, there is a series of influential work proposed from fields of Bayesian decision and estimation, probability density estimation, classifier design, feature extraction and learning, artificial neural network and deep learning, kernel method and support vector machine, syntactic and structural pattern recognition, probabilistic graphical model, and so on. Priorities of future research include the cognitive mechanism and computational model, optimal Bayesian classifier approach, pattern recognition based on inadequate information, adaptive learning in the open environment, knowledge-embedded pattern recognition, theoretical model and method of interactive learning, interpretability of deep model, pattern structure interpretation and structural model learning, and safety-reinforced pattern recognition theory and method.

Computer vision studies how to make computers perceive and understand the world based on images. The core of research in the past decades is mostly based on the Marr's computational theory of vision, which focuses on how to recover 3D geometric structures from 2D images. In the past decade, deep learning technology has made significant breakthroughs in computer vision, bringing remarkable progress to the research of object recognition and detection, image segmentation, scene understanding, image retrieval, visual tracking, and action and event analysis. Now computer vision is continuously intersecting with cognitive neuroscience, applied mathematics and statistics, and deeply integrating with hardware driven in practical applications. So the research under new imaging conditions, bio-inspired computer vision, multi-sensor fused 3D vision, visual scene understanding under high dynamic complex scenes, few-shot object recognition and understanding, and complex action semantic understanding will draw more attention.

Speech and text are very important for pattern recognition research and application. Speech recognition, speech synthesis and speaker recognition are usually referred to as speech technology, while the research on text and language such as word, sentence and paragraph analysis is usually referred to as natural language processing. The construction of speech language basic resources, Chinese character coding, Chinese character information processing, knowledge engineering and knowledge base are the foundation for speech language information processing. Language model, syntactic structure and paragraph representation, text representation model, automatic question answering, human-machine dialogue, machine translation, speech enhancement, speech recognition, and speech synthesis have made significant progress. In the future, semantic representation and semantic computing model, few-shot and robust explainable natural language processing, multimodal natural language processing, interactive active learning, brain-like language information processing, speech separation and recognition under complex scene, and few-shot personalized voice simulation will become hot research topics.

Pattern recognition technology has been applied to many aspects of our daily life, and its importance has become increasingly prominent. Biometric recognition, video surveillance, multimedia information analysis, document information processing, and intelligent medical treatment are widely applied fields. Significant progress has been made in face, hand and action recognition, image and video synthesis, remote sensing image analysis, medical image analysis, text and document analysis, multimedia data analysis, multimodal sentiment computing, and image forensics and security. Reliable biometric recognition in uncontrolled environment, biometric deep fake and counterfeit detection, small object recognition and scene understanding in remote sensing images, high precision medical image interpretation, complex document recognition and reconstruction, heterogeneous space network analysis and collaborative monitoring, and neural activity pattern analysis are important problems to be solved in the future.

In recent years, the fields of pattern recognition and machine learning, data mining, brain and cognitive science have merged and promoted each other. In the future, the combination will be closer, laying a solid foundation for the vigorous development of pattern recognition in different fields and applications.

In addition to reviewing the development of theory and technology, this book also reviews the development process of pattern recognition in China, and analyzes and summarizes the role of current national policies and academic groups in promoting the process. It introduces the historical development of pattern recognition basic theory, computer vision, speech language information processing, and pattern recognition application in China. At the same time, the advantages and weaknesses of pattern recognition in China are also analyzed and explained. The book also points out that there is still a big gap between the development level of China and international leading level. Finally, this book suggests some key research directions including brain-like model, autonomous learning, interpretable and comprehensible model, adaptive learning, semantic understanding, and machine learning safety. Then, from the aspects of talent training, team construction, support policy and international cooperation policy, the book puts forward more concrete and feasible suggestions, with the goal to promote the exchange of academic ideas, disciplinary development, technology innovation, and innovative talent training.

目　录

第一章
模式识别学科的科学意义与战略价值

第一节　什么是模式识别

模式识别是人工智能学科的主要分支之一，研究如何使机器（包括计算机）模拟人的感知功能，从环境感知数据中检测、识别和理解目标、行为、事件等模式。模式是感知数据（如图像、视频、语音、文本）中具有一定特点的目标、行为或事件，具有相似特点的模式组成类别。

上述对模式识别的定义是对文献中出现的多种定义的一个综合。过去不同的定义侧重模式识别的不同方面，如强调功能应用或技术手段，侧重模式描述、检测或分类、理解等。

从功能角度来说，模式识别是为了模拟人的感知能力，实现对环境的感知和理解。1973年出版的 *Pattern Classification and Scene Analysis* 一书的前言中就从机器感知的角度介绍模式识别，认为任何动物的感知能力都很强，但对如何用计算机复现动物感知性能了解不足，因此计算机试图解决像模式分类这样相对容易的问题。这里说明了模式识别与机器感知的关系，而且在该书后面说明了感知中场景描述（图像理解的一种形式）的含义，认为场景描述包括图像中单个部件和部件之间关系的信息。

从方法技术角度来说，模式识别强调如何用数学建模或计算机编程来实现。美籍华裔学者傅京孙[King Sun Fu，国际模式识别学会（IAPR）创始人]

在 1968 年出版的 *Sequential Methods in Pattern Recognition and Machine Learning* 第一章中写到，模式识别问题是基于某种主观标准对一组目标分类或标记，被分到同一类的目标具有一些共同特性。后来，傅京孙在 1982 年出版的 *Applications of Pattern Recognition* 一书的第一章中指出，模式识别问题是指对过程或事件的分类和描述，过程或事件可以是物理上的物体或诸如精神状态的抽象的事件具有相似特点的过程或事件组成类别。这个定义更加全面，对模式识别的技术（分类、描述）和模式、类别都表达得非常明确。类似地，2000 在 *IEEE Transactions on Pattern Analysis and Mechine Intelligence*（*IEEE T-PAMI*）上发表的综述 *Statistical Pattern Recognition: A Review* 中给出定义：模式识别是关于机器如何观察环境、学习从背景区分有意义的模式、对模式类别做出深入合理决策的研究。这个定义包含了模式检测、分割和分类。

从上述定义可以看出，模式识别的研究内容包括模式（目标）检测、分割、分类、描述等。这是从一个模式识别系统流程的角度来说的。分类是模式识别的核心任务，为此提出了大量的模型和方法。相关的研究问题还包括特征提取与选择、概率密度估计、聚类分析（无监督分类）等。此外，根据不同的感知数据类型和应用场景，数据预处理（如去噪、恢复、增强、归一化等）也是值得重视的研究内容。目标检测、分割、特征提取等具体技术也往往依赖于数据类型和应用，如语音信号、图像、视频数据的处理和特征提取有很多不同的特点。

本书既包括对模式识别理论方法和应用技术的进展分析，还包括机器学习、计算机视觉、语音语言信息处理等方向的内容。这几个方向是与模式识别密切相关的。模式识别的早期研究内容就包括机器学习，模式识别系统设计最重要的任务就是分类器和特征表示、描述模型的自动学习，这些是机器学习的范畴。同时，机器学习面向的对象大多是模式识别任务。计算机视觉虽然形成了一个研究领域，但研究的内容或使用的理论方法大多与模式识别或机器学习相同。从感知的角度，计算机视觉面向视觉感知，是面向视觉信息（图像、视频）的模式识别。语音语言信息处理包括语音识别、自然语言处理和理解，是面向语言信息获取和理解的。语音识别中大量使用模式分类、匹配和机器学习方法。自然语言处理领域长期以来采用基于句法语义分析和统计语言模型的分析方法，近年来随着深度学习的发展，其方法开始与模式识别的方法趋同并相互影响，如计算机视觉中常用的变换器（transformer）即首先在语言翻译中使用。

第二节　模式识别学科的科学意义

模式识别与机器学习、知识推理、自然语言处理、智能机器人并列为人工智能学科的主要分支。但事实上，模式识别分支在人工智能学科中发挥了最核心、最普遍的作用。首先，模式识别技术或模块是所有智能机器或智能系统（包括智能信息处理、智能机器人、无人系统等）中必不可少的部分。智能机器要感知周边环境，从环境获取信息或知识，或与人进行交互，都要通过模式识别。其次，模式识别影响了人工智能其他分支领域的发展，并与其他分支渐趋融合。比如，机器学习领域的研究内容大部分与模式识别重叠，早期与模式识别一样主要关注分类问题，即使在20世纪80年代独自成为一个研究领域之后，其研究的问题仍然与模式识别类似。

在20世纪50～60年代的早期发展阶段，模式识别是作为人工智能的一个分支同步发展的。人工智能先驱之一马文·明斯基（Marvin Minsky）在1961年发表的论文 *Steps Toward Artificial Intelligence* 中将模式识别与搜索、学习、归纳等并列为人工智能的几个主要方向之一。从70年代开始，以傅京孙为代表的一些模式识别学者创办了国际模式识别联合大会（IJCPR）［后改称国际模式识别大会（ICPR）］，成立了国际模式识别学会，与主要关注符号智能的人工智能学术界分开发展。最近十几年，随着深度学习（深度神经网络）成为模式识别和人工智能多个分支领域的主流方法，不仅模式识别的方法与其他分支渐趋统一，几个学术圈也渐趋融合，很多学者宣称自己的研究方向同时包括模式识别、机器学习、计算机视觉等。如何表示模式和知识、如何从数据中发现模式和学习知识，成为模式识别和整个人工智能学科的主要研究问题。数据和知识联合驱动的感知、学习、推理等成为人工智能不同分支共同关注的前沿研究方向。

随着模式识别技术的应用不断扩展，从简单场景（如印刷文档文字识别、室内正面人脸识别）扩展到复杂开放场景（自由手写文档识别、室外无配合人脸识别），现有方法和技术的不足也不断显现，因而不断提出新的研究问题，促进该领域的理论和方法不断向前发展。当前模式识别技术对识别对象（场景、目标、行为）的结构分析和语义理解、对开放环境未知目标和噪声干扰的鲁棒性、少量标注样本学习的泛化性、无遗忘的连续学习和自适应等明显不足。面对这些问题，学术界在生物启发（类脑）的模式识别与学习、可解释性模型和学习、开放环境鲁棒学习、数据和知识推理的结合等方面进行新的探索。这些问题也是人工智能领域的前沿基础问题。因此，模式识别的基础理论和方法研究也将推动整个人工智能领域的发展。

　　一个实际环境中的智能系统要完成感知、认知、决策、控制等多项任务。模式识别是执行感知任务的核心技术，同时与感知前面的信号（语音、图像等）处理、后面的认知与决策等任务紧密关联耦合。同时，模式识别的方法也在与认知、决策、控制的相互影响中向前发展，如通过与环境交互，在感知—认知—决策—控制的反馈环路中进行学习。因此，模式识别与信号处理、控制科学等相关学科的关系十分密切并相互影响。

第三节　模式识别学科的战略价值

　　作为智能机器和智能系统的核心部分，模式识别技术在众多国计民生领域具有十分广泛的应用需求。通过模式识别技术，计算机/机器可以从感知数据中检测和识别各种模式（物体、符号、行为、现象等），这些是人们关心的（想从数据中提取的）信息或知识。由于各种传感器（相机、摄像机、麦克风、雷达成像、手机等）大量使用，日常生活和很多应用场景中存在数量巨大的感知数据，对其的分析识别不可能靠人工完成（比如视频监控数据，人工观察不仅人力不够，而且容易因疲劳而导致漏看、出错等），因此，模式识别技术在各个应用领域可发挥关键作用代替人工完成艰巨的信息处理任务。下面是一些典型的应用场景。

　　（1）安全监控（身份识别、行为监控、交通监控等）。通过图像、视频中的人体检测、人脸识别、虹膜识别等，可以自动检测和识别场景（如公共区域、住宅小区等）中存在的人物，判定其身份，用于安全防卫、敏感和嫌疑人物侦察等。在城市交通场景，自动视频分析可帮助检测违规车辆、行人等，维护交通秩序。

　　（2）空间探测与环境资源监测（卫星/航空遥感图像）。通过遥感图像分析，可自动监测地理资源（土地、森林、海洋）和城市环境，及时发现地质灾害，也可用于军事用途（侦察地形、发现战车和舰船目标等）。

　　（3）无人系统环境感知。无人机、战车、无人驾驶汽车等通过计算机视觉感知环境，识别道路和地形、障碍目标和行人等，帮助机器进行决策和规划控制。

（4）机器人环境感知。机器人通过视觉和听觉感知环境与目标，通过触觉感知目标形状和硬度、材质以控制抓取动作，随着目标位姿变化而动态调整动作，支持决策规划。

（5）工业应用。工业生产中可通过计算机视觉自动监测生产流程，检查零部件和产品质量，自动分拣、检测污损和发现次品等。

（6）智能人机交互与对话。计算机通过视觉、听觉系统识别人的表情、手势、声音、符号、语言等，与人进行交流，保证人机交互的顺畅，提供咨询、娱乐、远程诊断等服务。

（7）人类健康。大量的医学影像数据和体测数据缺乏足够的医生来判读，通过计算机影像数据分析自动判断患者的健康状况、预测和诊断疾病，可有力支持普惠医疗。带有精确视触觉感知功能的医疗机器人可进行自动医疗检查和手术等。

（8）文档数字化。日常生活和档案、政务、教育等部门有大量历史书籍、报纸、档案、手稿、笔记、表单等，可用计算机自动识别各种文档中的文字内容，从而实现档案和票据的自动处理。

（9）网络搜索和信息过滤。从互联网上海量的多模态数据（文本、图像、视频、音频等）中发现有用信息是人工难以做到的，可以用模式识别技术对多模态数据进行内容分析，自动搜索和提取有用信息，过滤有害信息。

（10）舆情分析。用模式识别和机器学习技术对互联网大数据进行分析，可及时发现社会舆论动向、热点话题、社会事件、疫病传播情况等。

（11）物联网数据分析。农业、工业生产和社会管理中泛在的各种传感器带来大量数据需要及时分析处理，模式识别技术帮助自动分析传感数据，及时提取关键信息。

总之，模式识别技术在众多领域都有着广泛应用，各种应用又对现有技术不断提出新的、更高的要求，由此推动模式识别学科的理论技术不断向前发展。因此，模式识别学科在国家经济社会发展中具有十分重要的战略意义。

第二章
模式识别学科的发展历史
与研究规律

第一节　模式识别学科的发展历史

模式识别学科的诞生是在数字计算机出现之后。从文献上看，pattern recognition 这一术语正式出现在 20 世纪 50 年代。人工智能先驱之一 Selfridge[1]在 1955 年的一次会议上从计算机科学的角度给出了模式识别的一个定义：Pattern recognition is the extraction of the significant features from a background of irrelevant detail（模式识别是从无关细节的背景中提取有意义的特征）。这是截至目前本书发现的模式识别术语的最早定义。其实更早些时候已经出现模式识别技术，如维基百科（Wikipedia）的"光学字符识别"（optical character recognition，OCR）条目显示，1914 年以色列发明家伊曼纽尔·戈德堡（Emanuel Goldberg）开发了一台阅读字符并转化为电报码的机器，后来开发了一台名为统计机器（statistical machine）的机器，通过光学码识别搜索胶片档案，该机器于 1931 年获得美国专利。另外，History of Optical Character Recognition 的网页显示，奥地利工程师古斯塔夫·陶舍克（Gustav Tauschek）发明的阅读机（reading machine）于 1929 年获得了德国专利。这些可以视为早期模式识别机器的雏形，不过是通过光学模板匹配而不是通过数字计算机编程实现的。

模板匹配可以说是模式识别最基本、最简单的方法。这在很多文献中被提到，如 Jain 等于 2000 年发表在 *IEEE T-PAMI* 上的综述[2]。模板匹配与人的模式识别认知过程（感知信号与记忆中的模式表述匹配）很相似，不过人的模式匹配过程十分灵活，有形变和噪声容错性，而机器模式识别则没有。柔性的模板匹配（flexible template matching）是模式识别研究的目标之一。20世纪50年代以来，模式识别领域发展了大量有效的理论方法，主要有基于贝叶斯决策理论的统计模式识别、句法结构模式识别、人工神经网络、支持向量机、集成学习、深度学习等。

20世纪50年代是计算机模式识别正式登场的时期。1957年，Chow发表的文章介绍了用于文字识别的统计决策方法[3]是典型的统计模式识别方法。该文献给出了贝叶斯决策（包括最小风险决策、最大后验概率决策、带拒识的最小风险决策）的基本框架，其中引用了1950年出版的统计决策专著[4]，说明在计算机出现之前，数学和统计学研究已经为模式识别奠定了计算理论基础。

早期的一些代表性工作或重要事件还包括：1957年Rosenblatt研制的感知机（perceptron）[5]；1965年Nilsson出版的关于学习机器的著作（其中的主要内容是模式分类）[6]；1966年第一个以模式识别为主题的研讨会[7]；1968年发表的模式识别研究综述[8]；1968年傅京孙发表的模式识别著作[9]；1968年国际期刊 *Pattern Recognition* 创刊；Fukunaga和Duda、Hart分别于1972年和1973年出版的模式识别经典教材[10, 11]。20世纪70年代是模式识别研究快速发展的一个时期，傅京孙提出句法模式识别方法并形成了理论方法体系[12, 13]。

模式识别国际组织在20世纪70年代正式成立。根据国际模式识别学会历史介绍[14]，第一届IJCPR于1973年召开，第二届于1974年召开，以后每两年举办一次。IAPR于1974年IJCPR期间开始筹建，1976年IJCPR期间召开了第一次执委会会议，1977年开始接受会员申请，1978年IJCPR期间召开了第一次主席团会议，宣告IAPR正式成立。

20世纪80年代，模式识别方法发展的最大亮点是引入多层神经网络。1986年Rumelhart等[15]发表了误差反向传播（back-propagation，BP）算法［其实保罗·韦伯斯（Paul Werbos）在其1974年的博士论文中描述了BP算法，但没有引起太多人注意］。BP算法使多层神经网络作为模式分类器具有自学习能力，其隐层神经元具有特征提取功能，因而迅速成为一种主流的模式识别方法。卷积神经网络首先在1989年提出[16]，在深度学习出现之前已经在模式识别领域产生了巨大影响[17]。支持向量机于1995年出现[18]，其克服了多层神经网络训练的局部极值问题，具有更好的泛化性能，逐渐成为新的主流方法。

20世纪90年代到21世纪初，模式识别和机器学习领域多种新的方法兴起，典型的有多分类器系统（早期工作见文献[19][20]，后来发展成为集成学习方向）。在模式识别中发挥重要作用的半监督学习[21]、多标签学习[22]、多任务学习[23]、迁移学习和领域自适应[24]（与领域自适应类似的分类器自适应早在20世纪60年代就已经有所尝试[25]）、以马尔可夫随机场（Markov random field，MRF）和条件随机场（conditional random field，CRF）[26]为典型代表的概率图模型等均兴起于这个时期。

2006年以后，深度学习（深度神经网络方法）逐渐成为主流，并陆续在多数模式识别应用任务中大幅超越传统模式识别方法（基于人工特征提取的分类方法）的性能。深度学习的方法最早发表在2006年[27]，针对深度神经网络难以收敛的问题，提出了逐层训练的方法，在语音识别中明显提升了识别精度。后来陆续提出了一系列改进训练收敛性和泛化性能的深度神经网络模型与训练算法，包括不同的训练方法或正则化方法[如Dropout、批标准化（batch normalization）等]、不同的卷积神经网络结构（如AlexNet、GoogLeNet、VGGNet、ResNet、DenseNet、全卷积网络等）、循环神经网络（recurrent neural network，RNN，如LSTM、CRNN）、自注意网络、图卷积网络（graph convolutional network，GCN）等。2012年，深度卷积神经网络在大规模图像分类竞赛ImageNet中取得巨大成功[28]，从此推动深度学习的研究和应用进入高潮[28]。深度学习的优越性能从视觉领域延伸到自然语言处理领域，开始在机器翻译、阅读理解、自动问答等语言理解任务中大幅超越基于统计语言模型的方法。

目前，深度学习方法仍然在模式识别和人工智能领域占据统治地位。但是随着研究的深入和应用的扩展，深度学习方法的不足也越来越凸显，如小样本泛化能力不足、可解释性不足、鲁棒性（稳定性）差、语义理解和结构理解能力弱、连续学习中遗忘严重等。针对这些缺陷，学术界在不断探索新的模型（包括与知识规则和传统模式识别方法的结合）和学习算法等，研究和应用都在不断向前发展。比如，面向开放环境的鲁棒模式识别、可解释性神经网络[29]、面向小样本学习和可解释性的模块化神经网络（典型的如CapsNet[30, 31]）、结合感知和符号推理的模型[32]、自监督学习[33]、连续学习（又称终身学习）[33, 34]等。表2-1展示了模式识别历史上的主要事件和方法演化。

表2-1　模式识别历史上的主要事件和方法演化

年代	主要方法	主要事件
20世纪 20年代	光学模板匹配	阅读机获得德国专利（1929 年）
20世纪 50年代	决策函数方法（1957 年） 感知机（1957 年）	
20世纪 60年代	统计模式识别	*Learning Machines* 出版（1965 年） IEEE模式识别研讨会召开（1966 年） *Sequential Methods in Pattern Recognition and Machine Learning* 出版（1968 年） *Pattern Recognition* 创刊（1968 年）
20世纪 70年代	统计模式识别 句法模式识别（1970 年）	*Introduction to Statistical Pattern Recognition* 出版（1972 年） *Pattern Classification and Scene Analysis* 出版（1973 年） 首届国际模式识别大会召开（1973 年） 国际模式识别学会成立（1978 年） *IEEE T-PAMI* 创刊（1978 年）
20世纪 80年代	隐马尔可夫模型（hidden Markov model，HMM）（1983 年） 多层感知机（MLP）（1986 年） 卷积神经网络（1989 年）	*Vision* 出版（1982 年） 首届国际计算机视觉与模式识别大会（CVPR）召开（1983 年）
20世纪 90年代	多分类器（集成学习）（1990 年） 半监督学习（1994 年） 支持向量机（1995 年） 多任务学习（1997 年） 多标记学习（1999 年）	首届国际文档分析与识别会议（ICDAR）召开（1991 年）
21世纪 前 10 年	条件随机场（2001 年） 深度学习（2006 年） LSTM+CTC（2006 年） 迁移学习（2007 年）	—
2010年以后	多种深度学习模型和算法不断提出 残差网络（ResNet）（2016 年） 变换器（2017 年） 图卷积网络（2014 年）	深度卷积神经网络在 ImageNet 竞赛中取得巨大成功（2012 年） 深度卷积神经网络用于计算机围棋（AlphaGo）（2016 年）

目前，人工智能研究界越来越重视计算模型的推理能力和结构理解能力。比如，Bengio 在第 33 届神经信息处理系统大会（NeurIPS 2019）特邀报告中提出 System 2 Deep Learning，就是有推理能力的系统[35]；Hinton 发表文章，提出端到端的部件–整体层次结构表示学习[36]。其实，结构模式识别和知识推理是模式识别与人工智能领域早在 20 世纪 50～70 年代就高度重视的问题，只是因为结构模型的学习和知识自动获取问题难以解决而一直发展缓慢。结构理解和知识推理的问题在应用中一直存在，是智能信息处理的高级目标。随着当前学术界对结构理解和知识推理的重新重视，结构、知识

与深度学习相结合的方法不断被提出，有望推动人工智能技术发展到一个新的高度。

第二节　模式识别学科的研究规律

与人工智能其他分支领域类似，模式识别的研究有如下几个特点。

1. 应用驱动

模式识别的理论和技术是由于工业应用系统中对环境感知、信息自动处理等需求而提出和逐步发展的。最早的光学模板匹配方法只能识别形状规则的字符，后来的统计模式识别、人工神经网络、支持向量机、深度学习等方法可识别越来越复杂、形变越大的模式，满足越来越复杂的应用需求。当前，开放复杂环境下的应用中的现有技术仍有多方面不足，因此应推动模式识别和人工智能领域的理论技术不断发展。

2. 多学科交叉

模式识别的基础理论和方法主要从数学理论发展而来，如统计模式识别中的贝叶斯决策、概率密度估计、判别分析，神经网络和机器学习中的优化方法等。同时，模式识别和人工智能的很多模型与方法是受认知科学和神经科学启发而提出来的，如人工神经网络（包括感知机、多层神经网络、循环神经网络、深度神经网络）是从模拟生物神经网络的角度提出来的。当前，神经网络在极少样本的学习泛化、无遗忘的连续学习、常识理解等方面的性能仍不如人脑，需要继续发展脑认知机理和神经机理启发的理论模型来弥补与人脑的差距。

3. 依赖数据和计算工具

近10年来的深度学习方法的快速发展和成功应用一方面得益于学习理论和模型，另一方面主要取决于大量训练数据和图形处理单元（graphics processing unit，GPU）计算能力的快速提升。为了减少对训练数据的依赖，小样本学习的研究受到高度关注。而为了提升计算速度、降低计算消耗，出现了大量研究轻量化神经网络（包括网络结构自动搜索）的成果。针对神经网络的特点研究专门计算器件和芯片的工作也受到高度重视。

4. 学科渗透日趋明显

首先，模式识别和人工智能学科与原本依赖的数学基础和认知科学、神经科学之间的融合更加紧密。其次，模式识别与人工智能其他分支（机器学习、知识推理、自然语言处理、智能机器人）的主要方法越来越趋同，学术圈交流合作越来越密切。最后，以模式识别为代表技术的人工智能赋能行业和科学日趋明显，在智能安防、智慧城市、智慧教育、智慧医疗、智能制造等方面，模式识别技术应用最为普及。在物理、材料、生命科学、地球空间科学等依赖大量数据分析的科学领域，模式识别技术在数据分析、赋能科学研究方面也发挥了越来越重要的作用。

未来，模式识别学科将在不断扩展的应用场景和需求推动下，继续加强与数学、生命科学等学科的交叉融合，在建模理论、计算方法、软硬件实现等方面继续探索，不断向前发展，并不断扩展和提升在不同行业的实际应用。

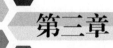

第三章
模式识别学科的发展现状

第一节　重要研究进展概述

近几十年来，模式识别相关研究取得了长足进展。在本章中，我们将分别从模式识别基础理论、计算机视觉、语音语言信息处理、模式识别应用技术四个方面介绍模式识别学科的发展现状。

模式识别理论方法主要包括模式或信号的预处理、模式分割、特征提取或表示、模式分析、模式分类等，并可分为统计模式识别、句法或结构模式识别、人工神经网络等。分类器设计是模式识别的核心研究内容，涉及无监督学习、有监督学习、半监督学习、强化学习等学习方法。在模式识别发展过程中，一些理论和方法产生了历史性的重要影响，我们将重点介绍贝叶斯决策与估计、概率密度估计、分类器设计、聚类、特征提取与学习、人工神经网络与深度学习、核方法与支持向量机、句法结构模式识别、概率图模型、集成学习、半监督学习、迁移学习、多任务学习等的主要进展。

计算机视觉是研究如何基于图像让计算机能够感知和理解周围世界，其前提和基础是成像技术。过去几十年研究的核心大多基于大卫·马尔（David Marr）的视觉计算理论框架，研究如何从二维图像复原三维几何结构。2012年以来，以卷积神经网络为代表的深度学习技术在计算机视觉领域取得了重大突破，为图像和视频数据中的场景、目标、行为等信息的识别、测量和理解等都带来了显著的进展。在对过去计算机视觉领域的研究进展进行分析总结的基础上，考虑计算机视觉从图像获取到视觉信息理解的完整链条，我们将重点介绍计算成像学、初期视觉、图像增强与复原、图像特征提取与匹配、多视图几何理论、摄像机标定与视觉定位、三维重建、目标识别与检测、图像分割、图像场景理解、图像检索、视觉跟踪、行为与事件分析等的重要进展。

语音和文字是人类语言的两个基本属性，以语音为主要处理对象的语音识别、语音合成（text to speech synthesis，TTS）和说话人识别等通常被称为语音技术，以词汇、句子、篇章等文本、语言为主要处理对象的研究则通常被称为自然语言处理。我们从相关技术的基础和支撑条件、关键技术和理论方法、产业化应用情况三个角度出发，回顾语音语言信息处理技术的发展，将重点介绍语音语言基础资源建设、汉字编码与输入输出及汉字信息处理、知识工程与知识库建设、语言模型、序列标注模型、句法结构理论和篇章表示理论、文本表示模型、自动问答与人机对话、机器翻译、听觉场景分析与语音增强、语音识别、语音合成等的研究进展和代表性工作。

随着计算机和信息通信技术的发展，模式识别技术在诸多应用领域取得了引人瞩目的成果，在国民生产生活中的应用变得日益重要，其中生物特征识别、多媒体信息分析、视听觉感知、智能医疗等都是目前发展较快的模式识别应用领域。我们将重点介绍面部生物特征识别、手部生物特征识别、行为生物特征识别、声纹识别、图像和视频合成、遥感图像分析、医学图像分析、文字与文本识别、复杂文档版面分析、多媒体数据分析、多模态情感计算、图像取证与安全等的最新研究成果和应用进展。

第二节　模式识别基础理论

模式识别是对感知数据（图像、视频、声音等）进行分析，对其中的物体对象或行为进行判别和解释的过程，模式分类是其中的核心技术。从方法论的角度，模式识别方法可分为统计模式识别、句法模式识别、结构模式识别、基于神经网络的模式识别等。在技术上，模式识别方法包括模式（或信号）预处理、模式分割、特征提取或表示、模式分类等几个主要步骤。

在统计模式识别中，每个模式被描述为一个特征向量，对应高维空间中的一个随机样本点。统计模式识别的基本原理是类内样本在模式空间中相互接近，形成数据簇（聚类），类间样本相互远离。统计模式识别方法通过特征空间划分对模式进行分类。统计模式识别方法又可分为统计决策理论和判别分析方法。统计决策理论利用样本的统计信息（概率分布）进行决策。贝叶斯决策根据样本的后验概率进行分类，是统计决策理论的基本方法。判别分析方法利用已知类别的样本建立判别模型（discriminative model），并对未知类别样本进行分类。

基于句法或结构分析的模式识别方法一直以来都是与统计模式识别并列的一个重要分支。句法模式识别是利用模式的结构基元信息，以形式语言理论为基础进行结构模式描述和识别的方法。结构模式识别是一类通过结构特征描述和判别一个模式对象的方法。句法模式识别经常与结构模式识别在用词上互换，合称句法结构模式识别，或者单称句法模式识别、结构模式识别。句法结构模式识别方法能反映模式的结构特征，通常具有较好的泛化能力，但结构模型的学习比较困难。

20世纪80年代以来，人工神经网络得到快速发展和大量应用。神经网络可看作一类统计模式识别方法，其中间层的输出可视为模式特征表示，输出层则给出分类判别。近年来，随着深度学习方法（深度神经网络设计和学习算法）的发展，模式识别领域迎来了全新的发展时期。深度学习方法利用大规模样本训练深度神经网络，相比传统模式识别方法，在很多识别任务上都明显提升了识别性能。

分类器设计是统计模式识别的重要研究内容，其学习方法分为无监督学习、有监督学习、半监督学习和强化学习等。无监督学习是在样本没有类别标记的条件下对数据进行模式分析或统计学习，如概率密度估计、聚类等。监督学习是利用标记样本训练得到一个最优模型（如调整参数使得模型对训练样本的分类性能最优），并利用该模型对未知样本进行判别。半监督学习是监督学习与无监督学习相结合的一种学习方法，使用大量的未标记样本和少量的标记样本进行模式分析或分类器设计。强化学习是智能系统从环境到行为映射的一种学习方式，优化行为策略以使奖励信号（强化信号，通过奖惩代替监督）的累积值最大化。

回顾20世纪50年代以来模式识别领域的发展，一些基础理论和方法产生了历史性的重要影响，它们或奠定了模式识别的理论基础，或在模式识别系统中广泛应用，或用来作为模式分析的工具。我们选出以下13项理论方法作为历史上模式识别领域基础理论方法的重要成就。

（1）贝叶斯决策与估计：统计决策的基础理论。

（2）概率密度估计：一类重要的无监督学习方法，是统计模式识别的重要基础，是模式分析的重要工具。

（3）分类器设计：模式识别系统实现中最重要的任务，有多种模型设计和学习方法，这里主要介绍监督学习。

（4）聚类：一类重要的无监督学习方法，是模式分析的重要工具。

（5）特征提取与学习：模式的特征表示对模式分类的性能有决定性影响，如何从数据提取特征、选择特征或学习特征表示是重要的研究方向。

（6）人工神经网络与深度学习：人工神经网络是一类重要的模式分析和识别方法，发展到深度神经网络形成了目前最成功的深度学习系列方法和研究方向。

（7）核方法与支持向量机：以支持向量机为主的核方法在20世纪90年代成为模式识别的一个主流方向，至今仍在模式识别研究和应用中发挥重要作用。

（8）句法结构模式识别：基于句法或结构分析的模式识别方法一直以来是与统计模式识别并列的一个重要分支。

（9）概率图模型：概率图模型是一类重要的模式结构分析或结构化预测（structured output prediction）方法，因为其具有区别于其他结构模式识别方法的独特性，本书将对其进行单独介绍。

（10）集成学习：集成学习通过融合多个分类器、学习器来提升性能，自20世纪80年代以来已有大量研究和应用，形成了系统的理论和方法。

（11）半监督学习：半监督学习是20世纪90年代以来发展起来的一类可同时利用标记样本和无标记样本的分类器学习方法，至今仍有大量研究。

（12）迁移学习：迁移学习利用不同领域或不同分布特性的样本数据来优化分类器模型，受到了广泛重视，发展了一系列模型和方法。

（13）多任务学习：多任务学习利用多个分类或建模任务（包括聚类、回归、数据重构等）的相关性，同时学习多个任务，可提升每个任务的泛化性能。

一、贝叶斯决策与估计

贝叶斯决策是统计决策理论的基本方法[37, 38]。理论上，在给定类条件概率密度函数和类先验概率条件下，贝叶斯决策是最小分类错误率和最小风险一致最优的决策。从统计的角度来看，贝叶斯决策是在有限证据或信息不充分的条件下，对观测对象尽可能地做一个更好的判断。对于模式分类[10, 39-42]任务而言，贝叶斯决策与估计的核心任务是利用统计学中的贝叶斯定理来估计类后验概率，采用期望风险最小化和分类错误率最小化等准则构建分类判别函数，确定样本的最优类别标记（图3-1）。

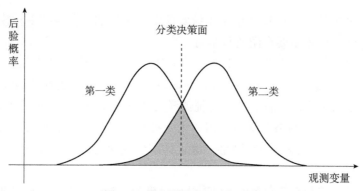

图3-1 最小错误率贝叶斯决策

作为规范性理论，在类条件概率密度函数和类先验概率等经验知识已知的条件下，最小错误率贝叶斯决策和最小风险贝叶斯决策的理论与方法已较完善。在这一理论框架下，贝叶斯决策所构建的分类器在统计上是最优的。在最小错误率贝叶斯决策和最小风险贝叶斯决策准则的基础上，模式分类方法得到充分的发展，建立了两类和多类情况下的判别函数，发展了多种判别模型和生成模型（generative model）。特别地，建立了基于训练样本直接构建分类器的方法体系，并因此推动了模式识别技术的应用与发展。

在技术上，针对不同的类条件概率密度函数，可构造出不同的分类器。比如，常见的最近距离分类器、线性分类器、二次判别函数等均可在类条件概率密度函数为正态分布的情形下通过最小错误率贝叶斯决策获得。针对高维空间类条件概率密度函数难以估计的问题，通过建立属性条件独立假设，发展了朴素贝叶斯分类器和半朴素贝叶斯分类器。同时，发展了在限定一类错误率条件下使另一类错误率最小的两类分类决策、带拒识决策[43]、奈曼-皮尔逊（Neyman-Pearson）决策方法、接受者操作特征（receiver operating characteristic，ROC）曲线性能评估、连续类条件概率密度下的分类决策、离散概率模型下的统计决策、两类分类错误率估计、正态分布类条件概率密度的分类错误率估计、高维独立随机变量分类错误率估计、贝叶斯估计、贝叶斯学习、k近邻分类器的错误率界、决策树模型、鲁棒贝叶斯理论、多贝叶斯决策[44]、贝叶斯分类器0-1损失最优性[45]等基本理论与方法，丰富了贝叶斯决策与估计的知识体系[10, 39-42]。在此基础上，发展了非参数贝叶斯估计方法，如狄利克雷（Dirichlet）过程[46, 47]、高斯过程[48]、核概率密度估计[39, 41, 49]等。狄利克雷过程和高斯过程通过相应的随机过程表示不确定性，利用先验知识降低对参数的显式约束，一定程度避免了过拟合，提升了贝叶斯估计方法的数据自适应能力。

在贝叶斯决策中，类条件概率密度函数被假定是已知的。由于模式分类任务通常是面向给定样本集的，其类条件概率密度函数往往是未知的，因此，对类条件概率密度函数进行估计成为贝叶斯决策过程中的一个核心环节。这一任务与概率密度函数估计紧密相关。在方法论上，最大似然估计被广泛应用于确定型参数的类条件概率密度函数估计情形，贝叶斯估计则被应用于随机型参数的类条件概率密度函数估计情形。与最大似然估计不同，贝叶斯估计的一个核心任务是基于观测到的数据估计参数的后验概率。贝叶斯学习具有灵活的适应性，既可以自然地处理以动态形式出现的样本，也可以处理以分布式方式存在的多个数据集。对于常见的共轭模型（如类条件概率密度函数为正态分布，先验分布也是正态分布），可以很容易地计算贝叶斯后验分布。对于更加常见的非共轭模型，已经发展了性能良好的变分推断和蒙特卡罗采样算法，建立了较为完善的有关贝叶斯估计的方法体系。

在贝叶斯估计的框架内，建立了较为完善的概率图模型理论与方法体系[50]，发展了贝叶斯网络、动态贝叶斯网络、马尔可夫模型、隐马尔可夫模型、条件随机场等相关的推断、结构学习和参数估计等方法，进一步建立了基于图的决策方法。贝叶斯深度学习将贝叶斯学习的思想与神经网络的训练相结合，一方面，通过反向传播的变分推断或蒙特卡罗算法对神经网络的参数进行贝叶斯建模，估计其概率分布信息；另一方面，利用神经网络的非线性函数学习能力，丰富贝叶斯模型中变量之间的变换，从而实现复杂数据的贝叶斯建模和学习。贝叶斯深度学习在无监督表示学习、数据生成、半监督学习[26]、深度神经网络训练[51, 52]、网络结构搜索[53]等任务中得到广泛应用。另外，基于贝叶斯学习和核函数方法发展了关联向量机（relevance vector machine）方法[54]，一定程度上克服了经典支持向量机方法中支持向量过多且其分类性能易受正则化参数影响的缺点。

最近几年，以贝叶斯决策与估计为基础，贝叶斯隐变量学习模型[55]、代价敏感学习、代价缺失学习、信息论模式识别、鲁棒分类器设计、正则化方法、贝叶斯统计推断、变分贝叶斯学习、贝叶斯神经网络、生成对抗网络等得到了充分的发展，拓展了贝叶斯决策与估计的应用范围，进一步发展了贝叶斯决策和统计决策理论的方法体系。

以贝叶斯决策与估计所形成的理论和方法为基础，形成了较完备的模式分类的方法体系和分类性能评价标准。在当前的模式识别理论与方法体系中，诸多判别式模型和生成式模型均可以用贝叶斯决策的思想进行解释。在技术上,贝叶斯决策与估计对分类器设计、概率密度估计、参数学习、数据聚类、特征提取、特征选择等方法体系的形成产生了直接影响。另外,贝叶斯决策与估计还是一种重要的学习策略,对统计模式识别和结构模式识别中的学习与推断问题的求解提供了重要的方法论。贝叶斯决策与估计的理论与方法在医学图像分析、计算机视觉、自然语言处理、语音识别、文字识别、遥感图像处理、系统工程、气象分析、经济管理与市场分析、计算机游戏等任务或领域中得到广泛应用。

二、概率密度估计

概率密度函数表征了一个随机变量的全部统计信息。概率密度估计[39, 41]是贝叶斯决策的基础。给定一个观测样本集,概率密度估计的目的是采用某种规则估计出生成这些样本的概率密度函数。从观测样本集进行概率密度函数估计的一个基本假定是观测样本的分布能代表样本的真实分布,且观测样本足够充分。如图3-2所示,概率密度估计的基本假设是若一个样本在观测中出现,则认为在该样本所处的区域其概率密度值较大,而距离观测样本较远的区域其概率密度值较小。

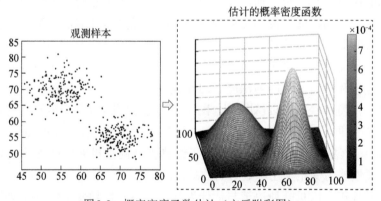

图3-2 概率密度函数估计(文后附彩图)

概率密度估计方法主要分为两大类:参数估计和非参数估计[56]。参数估计方法假定概率密度函数的形式已知,所含参数未知。参数估计法进一步分为两大学派:频率派和贝叶斯派。频率派认为待估计的概率密度函数的参数是客观存在的,样本是随机的;而贝叶斯派假定待估计的概率密度函数的参数是随机的,但样本是固定的。频率派的代表性方法为最大似然估计,贝叶斯派的代表性方法包括贝叶斯估计和贝叶斯学习。最大似然估计通过对观测样本上的似然函数（一般为样本概率密度的乘积）最大化来估计概率密度函数参数的值。与最大似然估计不同，贝叶斯估计的一个核心任务是基于观测到的数据估计参数的后验概率。贝叶斯学习是一种迭代的贝叶斯估计方法，随着样本的增加逐步修正待估计参数的后验分布。针对样本的类别是否已知，参数法又可分为有监督的和无监督的估计。有监督的估计假定每类样本的类别标签已知，无监督的估计假定每类样本的类别标签未知。在每类观测样本独立同分布的假定下，这两类方法主要依靠最大似然估计的技术路线实现。无监督的估计通常需要同时对观测变量和隐变量进行估计，因此在最大似然估计的框架下，该类方法大多采用期望最大化方法来实现[57]。在此基础上，研究者发展出概率图模型参数估计[50]、混合高斯模型参数估计[58, 59]、科普拉（Copula）密度函数估计[60]、隐狄利克雷分配（latent Dirichlet allocation）模型估计[61]、受限玻尔兹曼机参数学习[62, 63]等方法。

在对样本分布没有充分了解从而难以给出其概率密度函数，以及在样本分布复杂从而难以采用简单的概率密度函数对其进行描述的情形下，需要采用非参数估计方法。非参数估计方法不对概率密度函数的形式作任何假定，而是直接采用样本来估计出整个函数。非参数估计方法主要包括帕尔逊（Parzen）窗方法和 k 近邻估计。Parzen 窗方法将样本空间划分为等大小的局部小窗，其核心任务是计算落入每个小窗的观测样本的数量。方窗、高斯窗、超球窗等窗函数在 Parzen 窗方法中得到广泛应用。k 近邻估计采用可变大小的窗口，要求每个窗口内拥有的样本数量是相同的（即参数 k），因此其核心任务是估计每个窗口的体积。Parzen 窗方法和 k 近邻估计分别受到窗宽大小与参数 k 的影响。在观测样本足够多的情况下，这两种方法均可以给出较精确的概率密度函数估计结果。Parzen 窗方法和 k 近邻估计方法的误差界已从理论上得到了有效的分析与充分的研究。

在 Parzen 窗方法的基础上，人们发展出了核密度估计方法。从本质上来讲，核密度估计方法是一种局部平滑方法的线性叠加。平滑参数（即带宽）和核函数的选择影响估计的结果。在核密度估计的框架下，研究人员在密度函数的平滑性、核函数尾部效应、核函数及其带宽选择、密度估计的统计逼近分析等理论方面开展了广泛研究。核密度估计方法涉及核函数的选择和带宽的选择。常用的核函数包括多项式核函数、高斯核函数、叶帕涅奇尼科夫（Epanechnikov）核函数、径向基函数，等等。在此基础上，人们发展出一类静态核、动态核、正交级数密度估计[56, 64]等方法。核函数的带宽决定着密度估计的精度和泛化性能。因此，带宽的选择得到了广泛研究[65, 66]，主要包含最小二乘法交叉验证、有偏交叉验证、似然交叉验证、赤池信息量准则（Akaike information criterion，AIC）、置信区间交叉、平均积分平方最小准则、有偏渐近平均积分平方最小准则、局部平均积分平方最小准则、数据树带宽选择、数据驱动方法等，形成了自适应与最优带宽选择的方法体系。

针对不同的问题描述形式，研究人员发展了一些改进的概率密度估计方法，比如互信息匹配自适应概率密度估计方法、非参数回归、可变带宽核密度估计、多尺度核密度估计、基于场论的密度估计、人工神经网络密度估计、支持向量机密度估计、压缩密度估计、交叉熵估计、密度微分、密度比例估计、半参数密度估计、原型密度凸组合、密度演化、在线期望最大化、增量密度估计、密度估计并行算法、缺失数据情形下概率密度函数等。这些方法从学习准则、数学优化方法、统计分析等不同技术角度丰富了概率密度估计的方法体系。但是，对于小样本高维空间的密度估计方法，依然没有得到充分的研究。

概率密度估计是统计模式识别中的基本问题，是数据聚类、分类器设计、特征选择等多种模式识别算法的基础[67, 68]。比如，密度法是一种重要的统计聚类方法。广泛使用的 k 均值（k-means）聚类算法可视为基于观测样本的高斯混合密度函数参数估计的一个特例。随着模式识别方法的发展，概率密度参数估计的思想在深度信念网络[52]、深层玻尔兹曼机[51]、变分自编码机（variational auto-encoder，VAE）、生成对抗网络[69]等深度生成模型中得到广泛应用。与此任务关联的蒙特卡罗采样方法、马尔可夫链蒙特卡罗（Markov chain Monte Carlo，MCMC）和贝叶斯参数推断、狄利克雷过程[46, 47]、高斯过程[48]等均得到了并行发展。概率密度估计在图像分割、视频背景运动估计、目标跟踪、图像配准等计算机视觉任务，以及盲信号分离、语音识别、自然语言处理、多智能体决策、故障诊断、可靠性分析等任务中具有广泛的应用。

三、分类器设计

模式识别过程一般包括以下几个步骤：信号预处理、模式分割、特征提取、分类器设计、上下文后处理，分类器设计是其中的主要任务和核心研究内容[70]。分类器设计是在训练样本集合上进行机器学习和优化（如使同一类样本的特征分布紧凑或使不同类别样本的分类误差最小）的过程，通过设计合理的分类器结构，利用训练数据的经验风险最小化来学习分类器的参数，从而完成模式分类的任务。

最经典的分类器是贝叶斯决策模型[10]，在每个类的先验概率与条件概率密度基础上，通过贝叶斯公式计算出后验概率进行模式分类。当条件概率密度的函数形式符合数据的实际分布时，贝叶斯分类器是理论上最优的分类器。多数分类器可以看成贝叶斯分类器的特例形式，如k近邻分类器、线性判别函数、二次判别函数等。此外，绝大多数分类器的设计方法均可从贝叶斯决策的角度进行分析和解释。

　　在技术上，分类器设计方法可以从两个角度进行划分。首先，从模式表示的角度，可以分为统计方法[图 3-3（a）]、结构方法[图 3-3（b）]，以及混合统计–结构方法。统计方法[2, 39]以多元统计理论为基础，将模式表示成特征矢量后再进行分类，具体的方法有参数方法（如基于高斯分布假设的贝叶斯分类器）、非参数方法（如Parzen窗、k近邻估计等）、半参数方法（如高斯混合模型）、神经网络模型、逻辑回归、决策树、支持向量机与核方法、集成学习方法（如 AdaBoost）、子空间识别方法和基于稀疏表示的分类方法等。结构方法[71]则以形式语言为数学基础，将模式表示成诸如串、图、树、基元等结构化的数据形式后再进行分类，具体方法包括句法分析、结构分析、串匹配、图匹配、树匹配、结构化预测等。

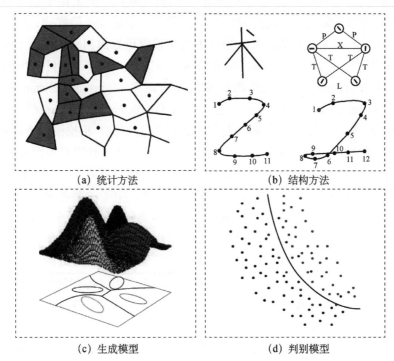

(a) 统计方法　　　　　　　　　　(b) 结构方法

(c) 生成模型　　　　　　　　　　(d) 判别模型

图3-3　分类器类型（文后附彩图）

注：（c）（d）参考自文献[39]。

其次，从模式学习的角度，分类器设计方法可以分为生成模型[图3-3（c）]、判别模型[图3-3（d）]以及混合生成-判别模型。模式分类可以在概率密度估计的基础上计算后验概率，也可以不需要概率密度而直接近似估计后验概率或判别函数（直接划分特征空间）。通过估计概率密度然后进行模式划分的分类器被称为生成模型，如高斯密度分类器、贝叶斯网络等；直接学习判别函数或者后验概率进行特征空间划分的分类器被称为判别模型，如神经网络[72]、支持向量机[18]等。结合二者的优点，混合生成-判别学习的方法一般是先对每一类模式建立一个生成模型（概率密度模型或结构模型），然后用判别学习准则对生成模型的参数进行优化，或者把生成模型和判别模型结合起来。在判别分类器设计中，决策树[73]是一类重要的分类方法。在结构上，决策树是关于属性（特征）分类能力判定的树形结构，其每个叶子结点代表一个类别。经典的决策树方法包含ID3、C4.5和C5.0等。决策树方法提升了分类器面向由不同类型特征所描述的模式的分类能力。

除了构造分类决策模型之外，分类器设计还与距离度量学习[74]相关。不同的距离度量可代替欧几里得（Euclid）距离（欧氏距离）用于最近距离分类器和k近邻分类器。距离度量学习旨在学习一个显式或隐式的、区别于欧氏距离度量的样本间距离函数，使样本集呈现出更好的判别特性，主要包含马哈拉诺比斯距离（Mahalanobis distance）（马氏距离）、闵可夫斯基距离（Minkowski distance）（闵氏距离）、豪斯多夫距离（Hausdorff distance）、KL距离（Kullback-Leibler distance）、推土距离（Earth mover's distance）、切距离（tangent distance）等。目前深度度量学习得到广泛研究，根据损失函数不同，有对比损失（contrastive loss）、中心损失、三元组损失、代理损失等方法。

另外，在分类器设计中，人们还发展了代价敏感学习[75]、类不均衡样本学习[76]、多标签学习[77]、弱标签学习[78]等方法，用于改善各种实际问题中分类器的性能。代价敏感学习考虑在分类中不同分类错误导致不同惩罚力度时如何训练分类器，具体方法包括代价敏感决策树、代价敏感支持向量机、代价敏感神经网络、代价敏感加权集成分类器、代价敏感条件马尔可夫网络、最优决策阈值、样本加权等。类不均衡样本学习考虑如何解决训练样本各类占比极度不平衡的问题，具体方法包括样本采样法、样本生成方法、原型聚类法、自举法、代价敏感法、核方法与主动学习方法等。多标签学习考虑样本具有多个类别标签的情形，人们从分类任务变换和算法自适应的角度发展出了分类器链、标签排序、随机k标签、多标签近邻分类器、多标签决策树、排序支持向量机、多标签条件随机场等方法。弱标签学习考虑样本存在标注量小、标注不精确等情形下的分类问题，主要包含小（零）样本学习、半监督学习、教师学生网络半监督学习、弱监督学习等方法。此外，多类分类器集成方法[79]通过集成多个弱分类器来构造强分类器，涌现出以自适应提升[80]为代表的系列方法。

分类器设计方法产生了广泛的影响，如从支持向量机引申而来的核方法[81]在机器学习领域成为将线性模型非线性化的主要技术手段；从神经网络模型进一步扩展出的深度学习[82]成为人工智能领域的核心算法，从结构模式识别发展而来的一系列模型成为结构化预测的主流工具[83]等。在具体应用中，模式分类方法被广泛应用于诸如文字识别、人脸识别、语音识别、图像分类等具体问题上。

四、聚类

数据聚类是模式分析的基本问题之一，与概率密度估计密切相关。数据聚类[84-86]的任务是根据样本的特性和模式分析的特定任务在（大量的）样本类别标签未知的条件下将数据集划分为不同的聚合子类（簇），使属于每一聚合子类中的样本具有相近的模式，不同聚合类之间的模式彼此不相似。直观地，人们通常采用层次法或划分法的技术路线来实现数据聚集（图3-4）。根据所应用的技术手段不同，划分法还可以进一步细分为密度法、网格法、模型法等。

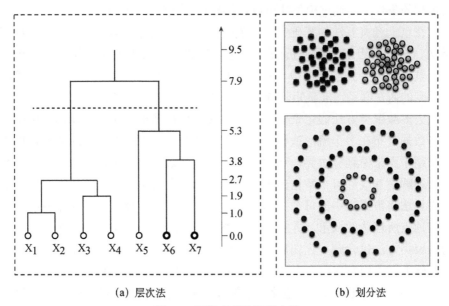

（a）层次法　　　　　　　　　（b）划分法

图3-4　两类直观的聚类方法

层次法基于给定的样本间或簇间距离准则，采用合并或分裂的方式对数据集进行层次聚合或层次分解，包括凝聚层次聚类和分裂层次聚类两种技术路线，代表性的方法有利用层次方法的平衡迭代规约和聚类（balanced iterative reducing and clustering using hierarchies，BIRCH）算法[87]、使用代表点的聚类（clustering using representatives，CURE）算法[88]和基于动态模型的层次聚类。

密度法的基本原理是聚合子类中的每个数据点在其局部邻域内需包含一定数量的其他数据点。在技术上，如果邻近区域内的数据点密度超过某个阈值，密度法就可以继续进行子集聚合。因此，理论上来讲，密度法可以发现任意形状的子类。经典的密度法包含 DBSCAN（density-based spatial clustering of application with noise）算法[89]和 OPTICS（ordering points to identify the clustering structure）算法[90]等。

网格法将样本所在的空间量化为有限数目的多分辨率网格单元，代表性的方法包含统计信息网格（statistical information grid，SING）方法[91]、CLIQUE（clustering in QUEst）算法[92]、小波聚类算法等。

模型法为每个聚合子类假定一个生成模型或描述，并在样本集中寻找满足该模型的数据子集。模型可以为概率密度函数、神经网络、知识表示模型或者其他特定描述。需要指出的是，在假定样本的总体分布符合基于混合高斯模型的条件下，通过模型法可以直接导出 k 均值聚类算法。

在以上经典算法的基础上，人们发展出多个变种聚类算法，包括模糊聚类法、迭代自组织数据分析法、传递闭包法、布尔矩阵法、相关性分析聚类、基于分裂合并的聚类数目自适应算法等。另外，因其与 k 均值聚类算法所具有的内在联系，非负矩阵分解方法[93]也应用于数据聚类之中。

大多数聚类方法假定聚合子类中的数据呈拟球形分布，但现实应用中的诸多数据分布在多个流形或任意形状上。若两类呈拟球形分布的数据可以用一个超平面来做划分边界，通常称为线性可分数据；否则称为非线性可分数据。为解决非线性可分数据的聚类问题，人们发展出了谱聚类算法[94-96]。谱聚类算法将数据集中的每个数据点视为图的顶点，将数据点对的相似度视为相应顶点所连边的权重，并将数据聚类任务描述为一个图划分问题。代表性的谱聚类方法包含归一化切割、比例切割、多路谱聚类。在图拉普拉斯构造的基础上，人们发展出多个变种谱聚类方法，比如谱嵌入聚类[97]、亲和性传播聚类[98]、结构化谱聚类、进化谱聚类等。超图学习也用于数据聚类[99]。另一种解决非线性可分数据的算法是同时采用密度和距离信息的密度峰值快速聚类算法，其基本思路是：对任意一个样本点，通过查找密度上比该样本点邻域密度更高同时相对较远的样本点作为该样本点的中心点，从而发现具有任意形状的聚类分布。将基于欧氏距离的聚类方法扩展为基于核函数的聚类方法（如k均值聚类扩展为核k均值聚类），也可用于非线性可分数据的聚类。

为了解决高维数据的聚类问题，通过摒弃高维数据中大量无关的属性，或者通过抽取高维空间中较低维特征表示空间来进行聚类，研究人员发展出了子空间聚类算法[100-103]。子空间聚类算法主要包括k平面算法、k子空间算法、生成式子空间聚类、概率主成分分析、凝聚的有损压缩、图划分子空间聚类、低秩子空间聚类、鲁棒子空间聚类、贝叶斯非参子空间聚类、不变子空间聚类、信息论子空间聚类、稀疏子空间聚类等。

另外，在神经网络模型方面，早期的知名方法包含自组织映射网络模型。同时，距离度量或相似性计算也会影响数据聚类的结果。因此，距离度量学习也用于数据聚类之中[104]。随着深度学习方法的发展，深度嵌入学习聚类[105, 106]、聚类驱动的深度无监督视觉特征学习、课程学习深度聚类、无监督表征学习在线深度聚类、混合模态深度聚类、对抗学习鲁棒深度聚类、深度排斥聚类（deep repulsive clustering）[107]、对比学习等方法推动了大规模数据聚类和深度无监督学习方法的发展。

面对不同的任务形态和数据特性，在现有聚类算法的基础上，人们从多方面发展了数据聚类方法，比如，大规模数据聚类、集成聚类、流数据聚类和多视图聚类[108, 109]。大规模数据聚类主要包括并行聚类、大数据聚类等方法。集成聚类主要包括因子图集成聚类、局部加权集成聚类等方法。流数据聚类主要包括基于支持向量的流数据聚类、多视图流数据聚类等方法。针对多视图聚类问题，主要从如下几个角度开展了研究工作：权衡视图内聚类质量与视图间聚类一致性、对视图和特征同时进行自适应加权、保证视图间的一致性和互补性、刻画多视图数据样本的非线性关系、构建反映类结构特征的完整空间表达等。多视图聚类主要包括基于相似性的多视图聚类、多视图子空间聚类、视图与特征自适应加权多视图聚类、协同正则化多视图聚类、信念传播（belief propagation）多视图聚类、基于图学习的多视图聚类等方法。

聚类是统计模式识别中的经典问题，是实现模式分类的一类基本方法。因其在模式分类中的重要性和基础性，聚类一直受到学术界和工业界的广泛关注。但是，聚类算法对数据规模的可伸缩性、不同数据类型的处理能力、对任意分布和任意形状簇的自适应性、对初始参数的鲁棒性、噪声鲁棒性、高维数据的自适应性、合理类别数的自动确定等问题仍然没有得到充分的解决。对这些挑战性问题的研究将持续推动模式分类技术的发展。聚类方法在图像处理与分析（典型的如图像分割）、计算机视觉、自然语言处理、数据科学等领域具有十分广泛的应用。

五、特征提取与学习

特征提取与学习是模式识别的重要环节。原始采样数据通常为意义不明确且高度冗余的数组或矩阵，通常还夹杂着大量的噪声和干扰信号。因此，特征提取与学习是依据数据的本征属性和应用需求，从原始采样数据中提取有用的信息，并对这些信息进行合理编码，尽可能地形成完备、紧致、区分性好的特征表达。

一类广泛采用的方法是特征选择[110]。特征选择是从给定的特征集合中选择出用于分类的相关特征子集的过程，是一个重要的数据预处理过程和特征提取过程，可以有效减轻"维数灾难"问题。特征选择一般采用启发式或随机搜索的策略来降低时间复杂度。总的来说，传统的特征选择过程一般包括产生过程、评价函数、停止准则和验证过程四个基本步骤。产生过程是一个搜索策略，产生用于评价的特征子集，包括前向搜索、后向搜索、双向搜索等。评价函数用于评价测试中候选子集的好坏。停止准则决定什么时候停止搜索子集的过程。验证过程检查候选子集在验证集上是否合法有效。基于稀疏学习的方法被广泛应用于特征选择问题中，通过将分类器的训练和 L_1、L_2 以及 L_{21} 范数的正则化相结合[111]，可以得到不同程度的特征稀疏性，从而实现特征选择。

特征学习的方法主要包括四类。一是以子空间分析为代表的线性方法[10]，包括主成分分析（principal component analysis，PCA）[112]、线性判别分析（linear discriminant analysis，LDA）[10]、典型相关分析（canonical correlation analysis，CCA）[113]、独立成分分析（independent component analysis，ICA）[114]等，从不同的侧面对数据所处的子空间进行建模，如 PCA 针对最佳重构子空间，LDA 针对最佳类别可分子空间，CCA 针对两组变量的最佳相关子空间，ICA 针对从混合数据中恢复出独立子空间等。二是通过核方法的手段将上述线性子空间模型非线性化，主要代表性模型有核主成分分析（kernel principal component analysis，KPCA）[115]、核线性判别分析（kernel linear discriminant analysis，KLDA）[116]、核典型相关分析（kernel canonical correlation analysis，KCCA）[117]、核独立成分分析（kernel independent component analysis，KICA）[118]等，其主要思想是通过某一未知的映射函数将数据投射到高维空间再进行相应的线性建模，而核函数描述了高维空间中数据的内积，最终的特征提取函数以核函数的形式进行描述。三是对数据的流形结构进行刻画的流形学习方法。在传统的机器学习方法中，数据点和数据点之间的距离与映射函数都是定义在欧氏空间中的，然而在实际情况中，这些数据点可能不是分布在欧氏空间中的，从而需要对数据的分布引入新的假设。流形学习假设所处理的数据点分布在嵌入高维欧氏空间的一个潜在的流形体上，或者说这些数据点可以构成这样一个潜在的流形体，代表性工作包括等度量映射（isometric mapping，ISOMAP）[119]、局部线性嵌入（locally linear embedding，LLE）[120]等。流形学习的优点是可以刻画数据的非线性分布，缺点是无法扩展到训练数据以外的样本，因此将流形学习的思想应用于子空间学习[121]获得了广泛关注。四是以深度学习为代表的端到端特征学习方法，直接用多层神经网络学习有意义的特征表示，用于后续的分类、回归等其他任务。由于深度神经网络具备强大的非线性函数拟合能力，结合具体任务的目标损失函数，可以学习到更加具备判别力的特征表示。此外，现实世界中大量数据是以张量形式存在的，对传统算法的张量化扩展也是一个重要的研究内容，如 2D PCA（two-dimensional PCA）[122]、2D LDA（two-dimensional LDA）[123]以及张量空间的子空间算法[124]等研究引起了学术界的广泛关注。

近年来，随着深度学习的发展，涌现出以自监督学习为代表的新型特征学习方法。机器学习中有两种基本的学习范式，即监督学习、无监督学习。监督学习利用大量的标注数据来训练模型，可以获得识别新样本的能力。而无监督学习不依赖任何标签值，通过对数据内在特征的挖掘，找到样本间的关系。大规模标注的数据集的出现是深度学习取得巨大成功的关键因素之一。然而监督学习过于依赖大规模标注数据集，数据集的收集和人工标注需耗费大量的人力成本。自监督学习解决了这一难题，从大规模未标记数据中学习特征，无须使用任何人工标注数据。自监督学习主要是利用辅助任务（如数据重构、对比损失）从大规模的无监督数据中挖掘自身的监督信息，通过这种构造的监督信息对模型进行训练，从而可以学习到对下游任务有价值以及高泛化性的特征。代表性的自监督学习方法包括动量对比（momentum contrast，MoCo）[125]、用于视觉表示的对比学习简单框架（simple framework for contrastive learning of visual representations，SimCLR）[126]、提升自身潜力

（bootstrap your own latent，BYOL）[127]等。

图3-5对典型的特征提取与学习方法进行了总结。特征提取与学习是模式识别中的一个基本任务，是实现模式描述、模式非线性变换与语义表示、分类器设计、距离度量学习的重要基础，也是解决"维数灾难"的重要手段。一些新的研究方向，如流形学习、稀疏学习与数据压缩、深度学习等和特征提取与学习紧密相关。小样本条件下的特征提取以及在端到端框架下的表示学习均是当前的研究热点。特征提取与学习在图像识别、图像匹配、医学影像分析、生物特征识别、Web文档处理、信息检索、自然语言处理、基因分析、药物诊断等领域有着广泛的应用。

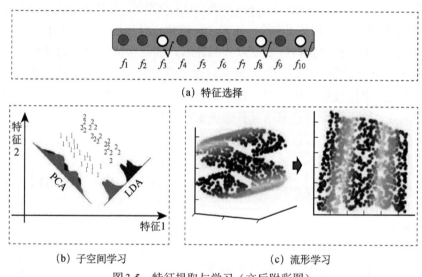

(a) 特征选择

(b) 子空间学习　　　　　　　(c) 流形学习

图3-5　特征提取与学习（文后附彩图）

六、人工神经网络与深度学习

人工神经网络[72]是一种模仿动物神经网络行为特征，进行分布式并行信息处理的数学模型，通过调整内部大量结点之间相互连接的权重，从而达到处理信息的目的。人工神经网络本质上是通过网络的变换和动力学行为得到一种并行分布式的信息处理功能，并在不同程度和层次上模仿人脑神经系统的信息处理功能，其在模式识别领域得到了广泛的重视和应用，在多种模式识别任务上都取得了巨大的成功。人工神经网络方向发展了多种网络模型和算法，其发展可分为前后两个阶段，即浅层网络与深度学习。

1943年，心理学家麦卡洛克（McCulloch）和数理逻辑学家皮茨（Pitts）

建立了神经元的数学模型，被称为麦卡洛克-皮茨模型。1949 年，心理学家提出了突触联系强度可变的设想，从而将参数学习引入人工神经网络。1958 年，罗森布拉特提出感知器模型，这是一个单层神经网络，可实现线性分类。后来多层感知器学习算法误差反向传播算法的提出，将人工神经网络的研究推向一个高潮。

传统的神经网络模型大部分均为浅层网络，如多层感知机[128]、径向基函数网络[129]、多项式网络[130]、自组织映射[131]等。在这些模型中，神经元处理单元可表示不同的对象，如特征、字母、概念或者一些有意义的抽象模式。网络中处理单元的类型分为三类，即输入单元、输出单元和隐单元。输入单元接收外部世界的信号与数据；输出单元实现系统处理结果的输出；隐单元是处在输入单元和输出单元之间、不能由系统外部观察的单元。神经元间的连接权值反映了单元间的连接强度，信息的表示和处理体现在网络处理单元的连接关系中。由于早期计算能力的局限性以及网络设计的缺陷，大部分模型的层数都比较浅（如 3 层、5 层等），当层数加深时，误差反向传播算法会出现梯度消失现象，从而无法有效训练。同时，早期的人工神经网络还存在过拟合、局部最优等问题。

面向时间序列数据处理，人们建立了循环神经网络[132]。循环神经网络在序列的演进方向（和反方向）各结点按链式方式进行递归，具有记忆性、参数共享并且图灵完备，在序列非线性特征学习方面具有优势。长短期记忆（long short-term memory，LSTM）[133]网络是一种时间循环神经网络，旨在解决循环神经网络中存在的长时依赖问题和训练过程中可能遇到的梯度消失或爆炸问题。实践中，长短期记忆网络在多数序列分析任务上表现出超越隐马尔可夫模型的性能。另外，作为循环神经网络的扩展，递归神经网络（recursive neural network，RNN）[134]也得到了发展和应用。递归神经网络是具有树状阶层结构且网络结点按其连接顺序对输入信息进行递归的人工神经网络，目前已成为深度学习中的重要方法之一。

面向图像数据分析，人们建立了卷积神经网络[135]。卷积神经网络受生物视觉系统启发，在人工神经网络中引入局部连接和权值共享策略，大幅度缩减模型参数，提高训练效率。同时，卷积神经网络引入多卷积核和池化（pooling）策略，不仅缓解了神经网络的过拟合问题，还增强了神经网络的表示能力。卷积神经网络不仅在图像识别等计算机视觉任务中取得巨大成功，还被用于语音识别和自然语言理解，是深度学习的重要方法之一。图 3-6 是两类典型的深度学习模型。

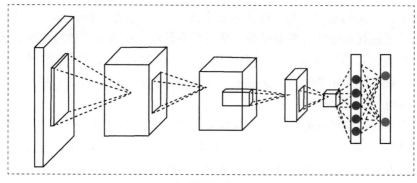

(a) 卷积神经网络

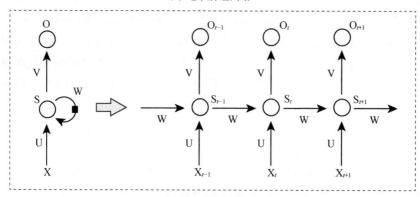

(b) 循环神经网络

图3-6 两类典型的深度学习模型

近年来，随着计算能力提升和大数据涌现，神经网络的发展趋势是层数变得越来越深，形成了新的研究方向——深度学习，包括深度信念网络[136]、卷积神经网络、循环神经网络等，产生了大量改进的模型和学习算法，在图像、声音和文本等众多感知任务和以围棋博弈[137]为代表的智能任务上均取得了突破性的性能提升。其中一个代表性的改进是利用ReLU激活函数[138]替代了传统的Sigmoid激活函数，使得深度网络得以有效训练；另外一个代表性的改进是残差网络通过引入跳跃式的连接（skip connection）[139]有效缓解了梯度消失的问题，使得网络层数可以大大增加。在其他策略诸如更好的初始化（如Xavier[140]）、更好的归一化（如批标准化[141]）、更好的网络结构（如ResNet[139]、DenseNet[142]、GoogLeNet[143]、NAS[144]等）以及更好的优化算法（如Adam[145]）等的共同努力下，深度学习在显著扩展网络深度的同时大大提升了模型的整体性能。

除了在算法模型方面的进展，深度学习的成功还有两个重要因素：海量训练数据的积累以及GPU计算所提供的强大且高效的并行计算。现在主流的深度学习平台（如Caffe、TensorFlow、PyTorch等）都支持GPU的训练。

为进一步降低深度学习对任务相关强标记数据的需求，大规模预训练方法[146,147]近年来得到了广泛关注。基于大量的无标记数据与多模态关联数据，通过预训练的方式学习获得具备优秀泛化能力和跨域迁移能力的特征表示；在具体的下游任务上，只需要利用少量样本对预训练模型进行微调即可获得优异的性能表现。

深度学习的概念由杰弗里·辛顿（Geoffrey Hinton）等于2006年正式提出。2013年4月，《麻省理工学院技术评论》杂志将深度学习列为2013年十大突破性技术之首。深度学习强调的是一种基于对数据进行表征学习的方法，其目标是寻求更好的表示方法并创建更好的模型来从大规模数据中学习这些表示方法。深度学习也可以理解为传统神经网络的拓展，至今已被应用于计算机视觉、语音识别、自然语言处理、博弈、生物信息学等领域，效果良好，甚至在某些识别任务上达到或超越人类所表现出的能力。可以说，深度学习的发展改变了整个人工智能领域的研究范式。

七、核方法与支持向量机

核方法[148]是解决线性不可分模式分析问题的一种有效途径，其核心思想是：首先，通过某种非线性映射将原始数据嵌入合适的高维特征空间；然后，利用通用的线性学习器在这个新的空间中分析和处理模式。核函数表示高维空间的特征矢量内积，因而不需要高维特征矢量的显式表示，通过核函数即可进行模式分类、聚类或特征提取。相对于使用通用非线性学习器直接在原始数据上进行分析的范式，核方法具有明显的优势：一是，通用非线性学习器不便反映具体应用问题的特性，核方法的非线性映射由于面向具体应用问题设计而便于集成问题相关的先验知识；二是，线性学习器相对于非线性学习器有更好的过拟合控制，从而可以更好地保证泛化性能。在可再生核希尔伯特空间中，核技巧解决了显式特征映射方法中存在的计算代价大和计算复杂度高的缺点，有效地避免了"维数灾难"的问题。默瑟（Mercer）定理的建立为核技巧的实施提供了理论支撑。著名的核方法包括核感知机[149]、核支持向量机[150]、核主成分分析[115]、核判别分析[151]、高斯过程[152]等。随后，核岭回归[153]、核典型相关分析[154]、核偏最小二乘分析[155]、谱聚类核化[156]、核矩阵学习[157]、核贝叶斯推断[158]等相继得到发展。核学习方法成为推动模式分类、聚类、特征提取等非线性化发展的主要技术途径。另外，借助核主成分分析方法，研究人员建立了关于线性模式分类方法核化的一般性理论，发展了多核学习的算法体系。核方法在生物特征识别、数据挖掘、生物信息学等领域获得广泛应用。

核方法的最典型形式是支持向量机模型[18]。支持向量机的理论基础于1964年被提出，20世纪90年代后得到快速发展并衍生出一系列改进和扩展算法，在图像识别、文本分类等模式识别问题中得到广泛应用。支持向量机以统计学习理论[159]的VC维（Vapnik-Chervonenkis dimension）理论和结构风险最小化原理为基础，目标是基于有限的样本信息学习分类模型，该模型能在复杂性和泛化能力之间寻求最佳折中。具体来说，支持向量机可以看作一个二类分类模型，其求解目标是确定一个分类超平面，使得间隔（所有样本与分类超平面之间距离的最小值）最大。通过将支持向量机的原问题转化为对偶问题，支持向量机的学习核心从间隔最大化的学习问题转化为支持向量的学习问题。其中，支持向量指的是最终用于确定分类器参数的样本。另外，基于对偶问题，可以明确看出不同支持向量机的核心体现在核矩阵（或对应核函数）的构造。基于精心构造（或通过多核学习得到）的核函数，可以有效地处理数据的非线性难题。同时，通过核函数，可以在高维特征空间甚至无限维特征空间中实现分类。此外，支持向量机使用铰链（合页）损失（hinge loss）函数计算经验风险，并在求解系统中加入了正则化项以优化结构风险，是一个具有稀疏性的分类器。

图3-7给出了核方法和支持向量机的示意图。核方法还被广泛应用于其他模式识别和机器学习问题中。例如，将传统的线性特征提取算法通过核函数来实现非线性化的扩展，具体包括核主成分分析[115]、核线性判别分析[116]、核最小二乘[155]、核典型相关分析[154]、核独立成分分析[118]等。在核学习的理论方面也取得了重要进展，比如研究人员发现线性方法的核化与核主成分分析之间存在内在联系，同时，建立了多核学习与核选择方法。核函数与聚类相结合，如核k均值算法（kernel k-means）[160]，显著提升了传统聚类算法的非线性表达能力。另外，在概率密度估计中核函数也得到了广泛的应用，是典型的非参数估计方法之一，比如基于径向基函数核以及Parzen窗的概率密度估计方法等。最后，在结构模式识别中，核函数也得到了广泛的应用[83]。结构模式识别处理的对象不是固定维度的向量而是结构化的数据（如图或串等），因此诸如序列串匹配核（string kernel）、图匹配核（graph kernel）等被广泛用来提升结构模式识别问题的学习能力。高斯过程也可以看作在贝叶斯学习中融合了核函数的优点[161]。

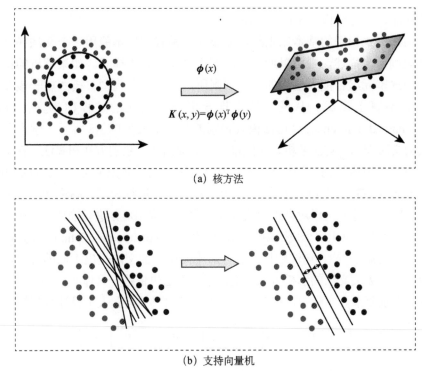

（a）核方法

（b）支持向量机

图3-7　核方法与支持向量机示意图（文后附彩图）

八、句法结构模式识别

　　句法模式识别是由傅京孙教授于20世纪70年代中期在形式语言理论的基础上所建立的[162]。句法模式识别经常与结构模式识别在用词上互换，合称句法结构模式识别，或者单称句法模式识别、结构模式识别。

　　结构模式识别是处理结构数据的一类模式识别方法。现实问题中，模式对象经常包含丰富且重要的结构信息，如一个文字中的笔画及其相互关系、一个物体的部件及其相互关系。结构模式识别方法将模式表示为一组基元的组合，并对基元之间的相互关系进行描述，在此表示的基础上，通过对模式进行结构解析从而进行识别。相对而言，统计模式识别方法一般用特征向量来描述模式，基于概率决策理论划分特征空间进行模式分类，因而往往忽略模式的内在结构。结构模式识别对结构的分析与理解类似人脑的模式识别方式，具有更好的泛化性能（不需要大量样本训练）。

　　常见的结构模式识别任务包括结构数据的分类、匹配、结构化预测等。根据方法的特点，结构模式识别方法可以大致分为三类，即句法模式识别、结构匹配、融合结构与统计的方法。

句法模式识别的基本原则是，如果一类模式的样本能用一个文法（一组句法规则）来描述，则可以通过句法解析来识别这类模式。如果解析的结果表明模式基元组合能为给定的句法规则所产生，则可判别该模式属于该类，否则就不属于该类。从模式样本推导出一类文法的过程称为文法推断（grammatical inference）。句法模式识别的基本框架如图3-8所示。学术界在模式的文法表示、句法解析、文法推断方面提出了一系列方法和算法。在文法表示方面，短语结构文法[如上下文敏感文法、上下文无关文法（context-free grammar，CFG）、正则文法等]，常用来对串模式进行表示。高维文法（如树文法、图文法等）可以对高维模式（如二维和三维图形）进行描述。其中，20世纪60年代提出的用于图形分析的图像描述语言（picture description language）产生了深远影响[163]。句法解析一般针对不同类型的文法提出不同的方法，如针对上下文无关文法的解析方法。文法推断方法也依赖于具体的文法类型，且算法大多很复杂。实际中，很多文法是专家针对具体问题人工设计得到的。

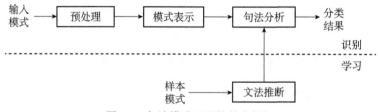

图3-8　句法模式识别的基本框架

结构匹配是结构模式识别中的基本问题，其基本任务是计算两个待比较的模式之间的相似度（或距离），同时给出基元之间的对应关系。根据模式结构的不同，结构匹配可以分为串匹配和图匹配。串匹配要求在某个字符串中找出与待查找字符串相同的所有子串。经典算法包括克努特-莫里斯-普拉特（Knuth-Morris-Pratt，KMP）算法、波尔-摩尔（Boyer-Moore，BM）算法等。但现实问题中往往包带噪声和形变，因此允许误差的近似匹配方法更为常用。近似串匹配一般以编辑距离度量误差，通过动态规划算法寻找最优匹配路径。近似串匹配可用于字符识别、语音识别、形状匹配等问题中。图匹配也分为精确图匹配和近似图匹配[164]。精确图匹配也称图同构或子图同构问题，可用带回溯的树搜索算法实现，但复杂度高，目前尚没有多项式算法。近似图匹配因为引入了误差或距离度量，可以采用启发式搜索，其好处是灵活、直观，但复杂度高，不能保证是低于NP的。谱方法和基于松弛

（relaxation）的匹配方法复杂度较低［一般介于 $O(n^3)$ 和 $O(n^4)$ 之间，n 为图的结点数］，但不能保证全局最优。20世纪70年代以来，图匹配问题一直是模式识别领域的研究热点之一，大量的方法和算法被提出，包括各种提高优化效率的算法和自动估计距离度量参数的方法等。对于大规模图的快速准确匹配仍然是有待解决的问题。但是，已有的图匹配方法已在模式识别（如图形识别、文字识别）、计算机视觉（如三维视觉）、网络信息检索等领域得到了广泛应用。近年来，图匹配方法与深度学习相结合（称为深度图匹配），可以同时优化匹配中的特征表示和距离度量等，因而可以得到更高的匹配精度。

经典的句法模式识别方法和结构匹配方法中通常不包含可学习参数，对基元的特征属性也缺乏有效的描述手段。实际中，这些方法通常会与统计方法相结合，以增强方法的灵活性和鲁棒性。例如，文法与概率结合构成随机文法，已经被成功应用于场景图像理解等领域。核函数［如基于编辑距离的核（edit distance based kernel）、图核（graph kernel）］[165]、循环神经网络、图神经网络可以把结构模式映射到向量空间，从而在向量空间采用统计模式识别的方法进行匹配。

结构化预测是另一类重要的结构模式识别问题，其任务是对相关的多个模式或基元同时进行分类。典型的例子是对手写字符串中的所有字符同时分类、对图像中多个目标和背景区域同时分类。该类方法通常为融合结构和统计的混合方法，常用的方法包括概率图模型[50]（如隐马尔可夫模型[166]、马尔可夫随机场[167]、条件随机场[26]）、结构化支持向量机[168]、神经网络（如循环神经网络[133]、图神经网络[169]）等。这些方法在语音识别、指纹识别、图像复原、心电图分析、自动驾驶、地震波图分析等领域有着成功应用。

自20世纪70年代以来，结构模式识别的理论方法获得了巨大发展，相关模型、方法在图形识别、文字识别、语音识别、视觉场景分析、行为识别、信息检索等领域得到广泛应用。其理论方法与统计模式识别、人工神经网络、核方法性能互补、交叉融合并且相互启发，对人工智能领域的知识表示、推理、学习等有很重要的参考价值。将统计模式识别、结构模式识别与深度学习相结合是未来重要的发展方向之一。

九、概率图模型

概率图模型[50, 170, 171]是将概率论与图论相结合，以图的形式研究多元随机变量概率分布、推理和学习等问题的一类方法，其核心是以图的连接关系为基础，提供一种高效、直观地表示随机变量之间条件独立性和联合概率分布的手段。在模式识别领域，概率图模型主要用于关系数据（或结构数据）的建模和预测，在很多实际问题中都有成功应用。

概率图模型理论分为三部分内容，即概率图模型的表示理论、推理方法和学习方法。概率图模型的表示理论可以分为结构表示和参数表示，目前已经发展得比较完备。其中，结构表示是概率图模型的基础理论，以有向分隔（directional separation），哈默斯利-克利福德（Hammersley-Clifford）定理等为代表，结构表示理论揭示了联合分布的因子化表示和条件独立性（又称马尔可夫性）的等价性，为紧凑地表示多元随机变量的联合分布提供了数学基础。根据边的性质，概率图模型主要分为无向图模型（即马尔可夫网络或马尔可夫随机场）、有向无环图模型（即贝叶斯网络），以及同时包含有向边和无向边的混合图模型。模式识别问题中，常见的无向图模型包括条件随机场[26]、受限玻尔兹曼机[172]、伊辛模型（Ising model）等；常见的有向无环图模型包括隐马尔可夫模型[166]、混合高斯模型、隐狄利克雷分配[61]等；常见的混合模型包括深度置信网络[27]等。图3-9展示了两种经典的链式概率图模型。

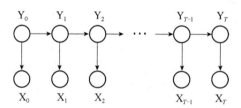

（a）隐马尔可夫模型（有向概率图）

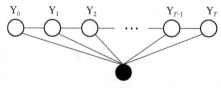

$X=X_0, X_1, \cdots, X_T$

（b）线性链条件随机场（无向概率图）

图3-9　两种典型的链式概率图模型

概率图模型的推理方法可以分为两类，即精确算法和近似算法。由于计算复杂度的原因，精确算法通常只用于链、树等简单的图结构问题中，经典方法包括变量消去法、信念传播算法、联合树（junction tree）算法等。在实际应用中，近似算法更加常见，现有方法可以分为两类：基于函数逼近的变分方法[173, 174]，如平均场（mean fields）算法、迭代信念传播（loopy belief propagation）算法，基于随机采样的方法，如重要性采样（importance sampling）、马尔可夫链蒙特卡罗算法[175]。采样方法通常具有优秀的理论性质，但速度较慢。例如，在MCMC方法中，当马氏链运行时间趋于无穷时，所采样本严格服从真实分布，但如何加快马氏链的收敛速度一直是MCMC研究中的难题。相反，变分方法速度较快，但近似效果在理论和实际中都有缺陷。近年来，为了对更加复杂的概率图模型（如贝叶斯深度学习网络）进行有效推理，传统的推理算法通过与神经网络等方法的结合取得了显著突破，如变分自解码器（variational autoencoder，VAE）[176]等方法，不仅克服了对近似分布限制过强的缺陷，在速度上也有了提升。类似地，MCMC方法也已经充分利用神经网络的特性，发展了更加高效的采样算法。

概率图模型的学习可以分为结构学习和参数学习。一般图结构的学习已被证明是NP难问题，还没有通用的学习算法；现有方法主要基于约束、搜索、动态规划、模型平均、混合策略等。实际中通常的做法是针对具体问题人工设计图结构，例如，在混合高斯模型和话题模型中使用的混合加性结构，在语音识别、手写字符串识别中使用的链式结构，在图像降噪中使用的网格结构、层次化结构等。对于概率图模型参数的学习，极大化训练数据集上的似然函数是最常见的方式，但由于训练过程需要反复计算配分函数（partition function），通常计算复杂度较高。出于计算效率的考虑，实际中经常使用其他目标函数对似然函数进行近似，如似然函数的变分下界（evidence lower bound，ELBO）、分段似然（piecewise likelihood）、伪似然（pseudo likelihood）、分数匹配（score matching）等。其他常见的参数学习方法还包括矩匹配（moment-matching）、对抗训练等。

概率图模型在热力学、统计学领域很早就有深入研究，20世纪70～80年代，随着隐马尔可夫模型和马尔可夫随机场在语音识别与图像复原问题上的成功应用，概率图模型开始在模式识别和机器学习领域获得关注。人们发现概率图模型为关系数据（如序列、树、网格、图等）的建模和预测提供了一种便利且强大的数学工具，并开始为各种模式识别应用问题设计相应的模型和算法。如今，概率图模型在计算机视觉、语音识别、自然语言处理、生物信息学、机器人学等方向都有广泛的应用并产生了重大影响。隐马尔可夫模型以及相应的推理、学习算法［如前向-后向算法、维特比（Viterbi）算法等］首先在语音识别领域获得了巨大的成功，并随后被应用于其他序列数据上，如手写字符识别、DNA序列分析[177]等。在图像处理和计算机视觉领域，马尔可夫随机场及条件随机场被应用于图像降噪、图像复原、图像分割、语义分割、目标跟踪、行为识别、人体姿态估计等领域[167]。在自然语言处理领域，极大熵马尔可夫模型（maximum-entropy Markov model）、条件随机场及其变种（如高阶条件随机场、半马尔可夫条件随机场等）被成功应用于词性标注、浅层句法分析、命名实体识别等多种任务中[26, 178]。概率图模型还被广泛应用于信息检索领域，概率隐语义分析（probabilistic latent semantic analysis，PLSA）[179]、隐狄利克雷分配[61]都是信息检索中的经典方法。此外，概率图模型在因果推断（causal inference）上也有重要应用。实际上，作为研究因果推断的重要工具，因果图（causal graph）和结构因果模型（structural causal model）都与贝叶斯网络有着非常密切的联系[180]。2011年，朱迪亚·珀尔（Judea Pearl）教授因在贝叶斯网络和因果推断领域的杰出贡献获得了计算机领域的最高荣誉——图灵奖。进入深度学习时代以后，人们发现概率图模型在可解释性、结合先验知识等方面的突出特点能够与单纯靠数据驱动的神经网络方法形成有效互补，由此，研究两类方法内在联系、结合两类方法的工作不断涌现，成为新的研究前沿。

十、集成学习

集成学习主要研究如何构建并结合多个分类器（学习器）得到一个具有更好泛化性能的强分类器（强学习器）。集成学习又被称为多分类系统（multi-classifier system）、基于委员会的学习（committee-based learning）等。集成学习的典型计算框架如图3-10所示。首先产生一组个体学习器，然后再利用某种结合策略将这些个体学习器组合起来。早期（20世纪80～90年代）关于集成学习的工作主要集中于对多分类器结合策略的研究[181-189]。这些结合策略主要包括简单平均法、投票法以及基于学习的结合法。投票法主要包括绝对多数投票法（majority voting）、相对多数投票法（plurality voting）、加权投票法（weighted voting）和排序投票法［如波达计数法（Borda count）］等。

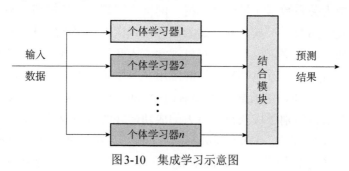

图3-10　集成学习示意图

当训练数据充足时，可通过一个学习器从数据中自适应地学习一种多分类器结合策略。这类基于学习的多分类器结合方法包括著名的层叠堆积（stacking）[182, 183]和贝叶斯模型平均（Bayes model averaging，BMA）[184]等。层叠堆积是一种分层模型集成框架，其中的个体学习器通常被称为初级学习器，用于结合的学习器被称为次级学习器或元学习器（meta-learner）。以两层堆叠为例，层叠堆积首先将数据集划分成训练集和测试集，基于训练集训练出多个初级学习器，然后用初级学习器对测试集进行预测，并将输出值作为下一阶段训练的输入值，用于训练次级学习器。贝叶斯模型平均的基本思想是利用后验概率为不同模型赋予不同的权重，该方法因此可看作一种特殊的加权平均法。贝叶斯模型平均与层叠堆积在理论上性能相近，然而在实际应用中，由于贝叶斯模型平均对模型的近似误差和数据噪声非常敏感，而层叠堆积通常具有更好的鲁棒性，因此层叠堆积的实际表现通常优于贝叶斯模型平均。除上述工作之外，在多分类器结合策略的研究上，早期较具影响力的工作还包括基于行为知识空间（behavior knowledge space）的方法、基于局部精度估计的方法[186]、基于置信度变换并结合D-S证据理论的分类器组合方法[187]以及Xu等提出的可对任意类型的分类器进行组合的方法[188]。此外，对多分类任务来说，将二分类学习器推广到多类的纠错输出编码（error-correcting output codes，ECOC）[189]也可视为一种分类器的结合策略。

集成学习通常涉及两个相关子问题，即基学习器的构建以及基学习器的结合。为得到好的集成结果，在生成基学习器时，要求基学习器具有一定准确性，同时还要具有多样性。根据基学习器的生成方式不同，集成学习可分为并行式集成学习和串行式集成学习。Bagging是并行式集成学习的代表性方法[190]。Bagging通过自助采样法对样本集进行扰动来并行构建多个基学习器。给定包括所有训练样本的数据集，自助采样法通过有放回的抽样产生多个采样集，然后基于这些采样集训练得到多个基学习器，最后通过投票法或平均法将生成的基学习器结合起来。Bagging最著名的扩展变体是随机森林（random forest）[73]。随机森林以决策树为基学习器，在构建决策树时，额外引入属性集扰动来增加基学习器的多样性。具体而言，传统的决策树从当前结点的属性集合中选择一个最优属性进行属性划分；而随机森林在构建基决策树时，对其每个结点，先从该结点的属性集中随机抽取一个子集，再从中挑选一个最优的属性进行划分。因此，相对于Bagging，随机森林的计算开销更小。随机森林在很多现实任务中均表现优异，被誉为"代表集成学习技术水平的方法"。

串行式集成学习的代表方法是 Boosting 系列方法[191]。Boosting 以串行方式来依次生成基学习器，通过引入样本权重分布，并根据基学习器的实际表现对样本权重分布进行调整，使得在学习基学习器时，算法能更多地关注那些之前被错分的样本。Boosting 系列算法中最著名的代表是 AdaBoost 算法[192]。AdaBoost 算法可以从多个角度来进行理解。从函数优化的角度看，AdaBoost 可认为是基于加性模型来分步优化指数型损失函数。对于一般形式的损失函数，Friedman 教授提出了梯度 Boosting 算法[193]，其基本思想是基于加性模型，并利用函数空间的梯度下降法对任意形式的损失函数进行优化。当基学习器是决策树时，该方法就是 GBDT 算法。该算法的一种高效实现，即 XGBoost[194]，目前被广泛使用。另一种视角是从统计的角度来认识 AdaBoost，并由此产生了一系列 AdaBoost 方法的变种[195]，包括 Real AdaBoost、Logit Boost、Gentle AdaBoost。从偏差-方差分解的角度来看，Boosting 主要关注如何降低模型的偏差，而 Bagging 更多关注如何降低模型的方差。

目前，集成学习已成为一种重要的机器学习思想，被广泛应用于聚类、分类、回归和半监督学习等几乎所有的学习任务中。深度神经网络训练中广泛采用的 Dropout 可看作集成学习思想的一种体现[196]。针对集成学习的理论工作已有许多探索，例如 AdaBoost 起源于计算学习理论中"强可学习性是否等价于弱可学习性"这个重要问题，其雏形本身就是对该理论问题的构造性证明[197]。集成学习也产生了许多重要理论问题，其中最受关注的"AdaBoost 为何在训练误差为零后继续训练很长时间仍不发生过拟合"问题才通过建立新的间隔理论得到彻底解决[198,199]。值得注意的是，不同类型的集成学习方法的理论基础仍处于分头探索、目前尚未建立起统一的理论基础阶段，这是一个需要深入研究的方向。另外，在使用大量基学习器进行集成学习后会形成黑箱模型，如何提升集成学习的可解释性也是一个值得深入研究的方向。这一方向的相关研究工作包括将集成转化为单模型、从集成中抽取符号规则以及由此衍生的"二次学习"（twice-learning）技术[200]、集成可视化技术[201]等。

十一、半监督学习

半监督学习是实现模式识别的重要途径之一。发展半监督学习方法的目的是解决标注样本不足的问题。半监督学习方法同时利用有标记样本和无标记样本来改善学习器的性能，因此是一种监督学习与无监督学习相结合的学习方法[202-204]。半监督学习的基本设置是给定一个分布未知的有标记样本集和一个未标记样本集，期望学习一个最优的学习器对数据点的标记进行预测。图3-11展示了半监督分类的直观思想。根据不同的任务目的，半监督学习方法可分为归纳型和直推型。通过联合利用标记样本和无标记样本，归纳型半监督学习方法旨在通过学习来获得参数化的预测函数，而直推型半监督学习方法旨在完成对无标记样本的标注。

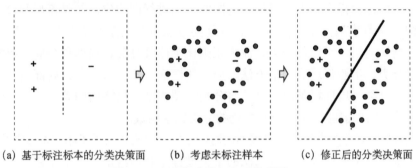

(a) 基于标注标本的分类决策面　　(b) 考虑未标注样本　　(c) 修正后的分类决策面

图3-11　半监督分类（文后附彩图）

在半监督学习中，由于数据的分布未知，为便于充分利用未标记样本中的信息建立样本与学习目标之间的关系，研究人员建立了平滑假设、聚类假设和流形假设。平滑假设认为数据的概率密度函数是平滑的，因此位于稠密数据区域中距离相近的样本点以大概率具有相似的标记。聚类假设认为属于同一聚类簇中的样本以大概率具有相似的标记。对分类问题而言，在聚类假设下，分类决策边界应尽可能地位于稀疏的数据区域。流形假设认为高维数据嵌入低维流形中且位于该流形中同一局部邻域内的样本以大概率具有相似的标记。在上述三个假设下，大量的未标记样本会让数据空间变得稠密，从而帮助学习器更好地进行数据拟合。上述三个假设已广泛应用于学习器的建立之中，形成了半监督分类、半监督聚类、半监督回归等主要研究主题。

半监督分类方法已取得了很大进展，并发展出了众多的方法，主要分为生成式模型[204-207]、自训练[208, 209]、直推学习[210-218]、基于图的半监督分类等方法。其中，生成式模型大多属于归纳型半监督分类方法。在技术上，自训练的思想在归纳型和直推型两种类型的半监督分类方法中均得到应用。具体地，在生成式模型方面，最具有代表性的方法包含高斯混合模型、隐马尔可夫模型、非参数密度模型、生成树、高斯过程等。该类方法通过与期望最大化算法相结合，利用无标记样本来改善似然损失，提高判别函数的分类决策能力。自训练方法假定多个不同的学习器同时得到训练，并利用对无标记样本的一致标注来自动地增加训练样本，从而迭代地提升分类器性能。自训练方法主要包括分类器协同训练、对偶协同训练、多模态协同训练、协同正则化、主动学习、自学习、图协同训练、深度协同训练、深度蒸馏等。

在直推学习方法中，最具有代表性的是直推支持向量机和基于图的半监督分类方法。直推支持向量机将支持向量机中最大间隔分类器构建思想同时应用于标记样本和无标记样本来提高分类器的泛化能力。基于图的半监督分类方法以标记样本和无标记样本为图的顶点进行图构建，并以流形假设为基础构建学习模型。基于图的半监督分类方法包含马尔可夫随机场、随机游走、高斯随机场半监督分类、流形正则化半监督分类、局部和全局一致性半监督分类、半监督近邻传播方法、局部线性嵌入半监督分类、局部线性回归半监督分类、局部样条回归半监督分类、图正则化核岭回归等。其中，图正则化核岭回归能够输出一个参数化的分类判别函数。

与半监督分类方法取得进展的同时，半监督聚类也获得了相应发展[219-222]。半监督聚类主要通过在现有算法的聚类过程中利用给定的少量监督信息来实现。监督信息一般以样本的类别标签、点对相似或不相似程度等形式呈现。典型方法包括种子/约束 k 均值聚类、约束层次聚类、隐马尔可夫随机场半监督聚类、局部线性度量自适应、线束非负矩阵分解、半监督因子分析、主动成对约束聚类、约束距离度量学习聚类、约性约束最大间隔聚类、用户反馈聚类、半监督核学习聚类、半监督核均值移动聚类、特征投影半监督聚类、图半监督聚类、半监督异构进化聚类、半监督深度学习聚类等。

半监督回归方法也取得了重要进展，代表性方法包括标签约束半监督线性回归、半监督局部线性回归、半监督核岭回归、半监督支持向量机回归、半监督谱回归、半监督高斯过程回归、半监督样条回归、半监督序回归、半监督多任务回归、协同训练回归等。

除了以上离线式半监督学习方法之外，半监督鲁棒在线聚类、并行式图半监督学习等在线、分布与并行式半监督学习方法也得到了发展。

目前，随着深度学习的兴起，半监督深度学习也以各种形式出现。利用受限玻尔兹曼机和自编码机的预训练方式成为训练大型神经网络的重要手段。随后，面向深度学习框架的半监督学习得到了快速发展[169, 223-226]。其中，阶梯网络成为标志性的半监督分类神经网络。半监督自编码机、半监督生成对抗网络得到了广泛的研究。同时，基于图卷积神经网络的半监督分类算法进一步拓展了深度半监督学习方法。

半监督学习是 21 世纪初模式识别与机器学习中的重要进展，丰富了模式分类的手段和方法体系，促进了分类器构造、聚类分析、维数缩减、特征选择、距离度量学习、迁移学习、概率密度函数估计等基本问题的研究。半监督学习在交互式图像分割、图像语义分割、文本分类[227]、信息检索、生物特征识别、生物信息处理[228]、遥感图像理解[229]等诸多模式识别任务中得到了广泛应用。

十二、迁移学习

迁移学习是机器学习中一类重要的学习范式，具体是指利用数据、任务、模型等之间的相似性，将一个领域（源域）的知识应用到另一个领域（目标域）中的学习过程，以帮助提升目标域的性能。迁移学习可以充分利用已有相关模型或数据中的知识，提升学习器对新数据的适应能力，减少对大量训练数据和大规模计算资源的依赖，从而有效地提高学习效率和性能。为便于说明，通常认为源域和目标域分别由域①与任务两个要素组成[230]，其中，域包括特征空间和样本的边缘概率分布，任务则包括标签空间和从特征到标签的映射函数，如图3-12所示。

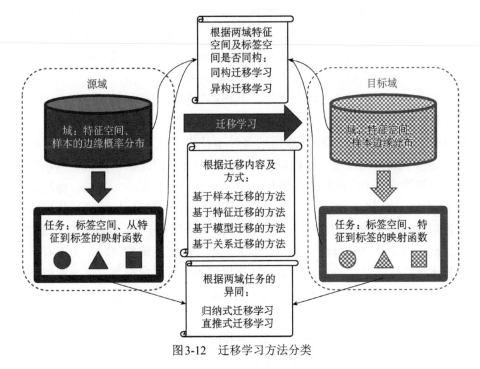

图3-12　迁移学习方法分类

---

① 此处指狭义的域，它是源域或目标域的构成要素之一。在有的场合下，域是指广义的领域，即源域或目标域。两种含义在英文文献中都使用 domain 这个单词来表示，但意思有所不同，需要根据上下文判断。其中广义的域更为常用。

迁移学习是人类自然掌握的一种学习方式，很早就有哲学家和心理学家提出相关的概念并展开研究[231]。在机器学习领域中，迁移学习的研究最早可以追溯到1995年国际神经信息处理系统大会上题为"Learning to Learn"的研讨会，从此，关于迁移学习的一些成果陆续得以发表，并有相关专著问世[232]。有关迁移学习的研究至今仍活跃在机器学习及相关领域。学者从不同视角、面向不同的情形提出了大量算法。一些相关方向，如领域自适应、领域泛化、多任务学习、元学习、终身学习、小样本学习等，均与迁移学习有着密切的关系。

现有迁移学习方法可以从不同的角度进行分类归纳[230]，如图3-12所示。根据两域特征空间及标签空间是否同构，可以分为同构迁移学习和异构迁移学习；根据两域任务的异同，可以分为归纳式迁移学习和直推式迁移学习。归纳式迁移学习假设两域任务不同，其目标域中需要有少量的标签数据进行学习，同时使用源域数据辅助提高性能；直推式迁移学习则假设两域任务相同，其目标域可以没有标签数据，完全使用源域的标签信息进行学习。源域和目标域任务相同但边缘分布不同情况下的迁移学习经常被称为领域自适应。另外，更常用的一种分类方式是根据迁移内容及方式来进行，可以分为四类，下面将按照该分类方式对常见方法进行介绍。

第一类是基于样本迁移的方法，其核心思想是通过加权重用或样本生成等手段，使目标域能够使用源域中的样本进行学习。在直推式迁移学习中，目标域可以在没有任何标签数据的条件下使用重加权后的源域数据完成训练。该权重通常由源域与目标域样本的边缘分布密度比来决定，它可以利用一个分类器或核平均匹配方法[233]进行估计，使重加权后的源域与目标域样本分布保持一致。在归纳式迁移学习的情形下，算法在目标域中灵活使用源域数据以学习更精准的模型。例如，TrAdaBoost[234]基于AdaBoost算法的重加权策略，对于源域和目标域中的样本采取不同的权重调整策略，实现有选择的样本迁移。除了重复利用样本，还可以利用生成对抗模型将源域数据的风格转移到目标域，从而将有标签的源域样本"翻译"成目标域样本，提升目标域的学习性能[235]。

第二类是基于特征迁移的方法，其核心思想是为源域和目标域学习一种良好的特征表示，使源域和目标域的样本分布差异在该表示下最小，再通过将数据映射到统一的特征表示而使源域的数据被目标域所使用。例如，谱特征对齐方法[236]以中心特征为桥梁，用谱聚类将源域和目标域的特征进行统一。最大均值差异嵌入及迁移成分分析方法[237]均以最大均值差异为准则，在再生核希尔伯特空间中使不同领域的特征分布差异最小。该思想在深度神经网络中也得到应用，在训练时用最大均值差异构造域损失，使神经网络前几层输出的特征差异最小[238]，从而得到统一表示。生成对抗网络也被用于学习域不变特征，在域对抗神经网络中[239]，利用域分类器引入对抗分支，使特征对于源域和目标域不可区分，从而使源域的标签信息得以为目标域所用。

第三类是基于模型迁移的方法，通过构建参数共享或正则化约束，将源域模型从数据中学习到的结构知识迁移到目标域中，辅助目标域学习到更准确的模型。该类方法大多属于归纳式迁移学习，且与多任务学习关系密切。在方法上，将一些多任务学习方法中的部分任务固定作为源域，即可实现知识从源域任务到目标域任务的迁移。另外，有学者使用高斯过程对相关的多个任务建模，通过共享随机过程模型参数实现从旧任务向新任务的信息迁移[240]。深度学习中常用的预训练配合参数微调技术[241, 242]是一种简单有效地提高训练性能的方法。使用大量源域数据对深度学习模型进行训练，再在有标签的目标域数据上进行参数微调，使目标域模型获得更好的泛化性。这种策略可以看作一种基于模型迁移的方法。

第四类是基于关系迁移的方法，假设源域数据之间和目标域数据之间的关系具有共同的规律，通过构建源关系域和目标关系域之间的关系知识映射实现迁移，包括基于一阶关系的迁移学习和基于二阶关系的迁移学习。该类方法的工作相对较少，代表性的有利用马尔可夫逻辑网络挖掘不同领域之间关系相似性的几个工作[243]。与其他三类方法不同的是，基于关系的迁移学习不需要源域及目标域中的样本满足独立同分布的条件。

迁移学习的理论研究也取得了一些进展，用来解释迁移学习的有效性、可行条件等。例如，学者分别针对有监督和无监督的迁移学习方法从不同角度展开研究，分析了迁移学习如何对目标域的泛化界产生影响等[244, 245]。近些年来，终身学习[246]受到越来越多的重视，它可看作连续的迁移学习，随着时间的推移，在连续不同的域中依次完成多个学习任务，依靠已解决的任务使之后的任务能够更快速高效地被解决，域之间的界限不清楚，模型始终处于进化中。

迁移学习的应用十分广泛，包括但不限于计算机视觉、文本分类、行为识别、自然语言处理、时间序列分析、视频监控、人机交互、生物信息学、推荐系统、机器人和自动驾驶等[230]。在这些领域，使用迁移学习，充分利用已有的模型和数据，减少了新任务对数据特别是标注数据的依赖，增加了模型在不同环境下的适应性，有效地提高了性能。

十三、多任务学习

多任务学习是指给定一批学习任务，其中全部或者部分任务是相关但不相同的，通过联合学习这批任务，共享这些任务中的知识，以提升所有任务的学习性能。多任务学习最早由Caruana于1997年正式提出[23]，常被用于样本稀少条件下的模型训练，通过信息在相关任务间的相互传递，使每个任务都能从其他任务中获得更多的样本信息，从而减轻因样本稀少造成的过拟合，提高泛化性能。该思想与迁移学习密切相关，两者几乎同时被提出，一个重要区别是多任务学习中不存在数据充足的源域而只有多个平行的目标域，因而在方法上有所不同。

多任务学习可以与多种学习范式相结合，以提高学习任务的性能，包括监督学习、半监督学习、主动学习、无监督学习、强化学习、多视图学习、图模型方法等[230, 247]。在诸多类型中，多任务监督学习最常用，包括大多数代表性的工作。根据任务间共享内容的类型，可分为基于特征共享的方法、基于参数共享的方法、基于样本共享的方法；根据共享方式，可以进一步细分成更多种类，如图3-13所示[247]。

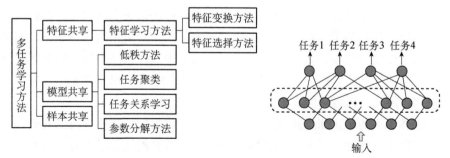

图3-13　多任务监督学习方法分类与特征共享的多任务神经网络

下面将按照该分类方式对常见方法进行介绍。

第一类是基于特征共享的方法，假设不同任务共享部分或全部特征，通过学习统一的特征表示来构建多任务学习，因此统称为特征学习方法。基于原始特征与学习到的特征之间的关系，可细分为特征变换方法和特征选择方法。其中，特征变换方法对原始特征进行变换以构造共享特征表示，Caruana在1997年最早提出的多任务学习方法即属于此类[23]。在该工作中，多个任务使用多层前馈神经网络进行预测，它们共享同一个隐层，但各任务使用独立的输出层，从而实现了共享特征表示，如图3-13所示。文献[23]还提出，为了提升某些任务的性能，可以根据能够获得的标签信息构造与该任务相关的辅助学习任务，并使其与主任务共享特征，从而间接利用辅助任务中的标签信息提升主任务的性能。这些简单的思想至今仍然被广泛地用于构建多任务学习。

深度学习依赖于深度神经网络，其隐层输出可视为特征，因此可以方便地通过学习不变特征构建基于特征变换的多任务学习。但是，由于具有大量隐层，因此有更灵活的构造方式。例如，十字绣网络[248]通过引入十字绣结构，在联合学习特征的同时自动学习两个任务之间的相关性，并根据它调节两个任务的关联强度，间接自动调整了实际的网络共享层数。另外，全自适应特征共享方法[249]通过逐层任务聚类与模型拓宽，自动发现最优的多任务网络结构等。

针对非神经网络模型，通常使用正则化来实现联合特征学习。例如，多任务特征学习方法[250]通过一个线性变换得到所有任务的共享特征表示，基于该共享特征构建损失函数，并对所有任务的重构参数施加结构稀疏正则化，使不同任务只使用少量共享特征来完成预测，从而学习到共享特征变换。

特征选择方法则从原始特征中选择最优的共享特征，通常对参数矩阵施加结构化稀疏正则化[251]或引入合适的先验[252]以实现联合特征选择。

第二类是基于模型共享的方法，即假设这些任务的模型之间以某种形式共享部分参数而建立关联，根据参数共享方式对学习过程施加相应的约束，从而实现知识在任务间的相互传递并提高所有任务的学习性能。其参数共享方式既可以通过直接共用部分参数实现硬共享，也可以通过对参数施加正则化实现各种形式的软共享。例如，低秩方法假设相关的任务参数具有线性相关性，当每个任务的参数是一个向量时，由所有任务参数构成的矩阵具有低秩的特点。因此，有的方法直接使用共享的低秩参数表示来建模，显式地获得线性相关的任务参数[253]；有的使用矩阵迹范数对参数矩阵施加正则化，在优化过程中使参数矩阵具有较低的秩[254]。当每个任务的参数是一个矩阵时，所有参数构成一个张量，则基于张量分解将不同任务的参数表示为少数基矩阵的线性组合，实现任务间的低秩线性关联[255]。

另一种参数共享形式是任务聚类，假设这些任务并非每个都与所有其他任务相似，而是分为若干个簇，簇内部的任务参数较为相似。由于这种相似结构是事先未知的，因此同时学习所有任务的模型参数以及任务间的聚类结构[256]，两者相互影响，得到聚类约束下的模型参数。

还有一种基于任务关系的方法，它使用任务关系定量地衡量任务间的相关性，该关系同样从各任务的数据中学习获得。例如，多任务关系学习方法[257]假设所有任务参数构成的矩阵服从矩阵变元正态分布，该分布参数中的行协方差和列协方差分别表示特征间的关系与任务间的关系。令各任务在学习过程中固定行协方差矩阵同时学习列协方差矩阵，即实现任务关系的学习。同时，学习到的关系反过来被用于对各任务的参数学习施加约束。类似地，对于多输出模型的情形，每个模型参数是一个矩阵，该情况可以引入张量变元正态分布，使用三个协方差矩阵分别描述特征间关系、类别间关系、任务间关系，建立多任务学习模型[258]。

此外，基于模型共享的方法还有参数分解方法[259, 260]，将模型参数分解为多个分量，并给各分量施加特定的约束，实现多种类型约束的组合，用于处理同时存在低秩结构和离群任务这种更复杂的任务关系结构等。

第三类是基于样本共享的方法，此类工作较少，代表性工作是多任务分布匹配方法[261]，通过调整样本权重使每个任务都可以使用来自所有任务的样本。

另外，有关多任务学习的理论研究一直受到关注。学者从超先验、数据集成、信息论等不同角度探索多任务学习对泛化界的影响[262]，从而为解释多任务学习的作用提供了定量分析的工具。

多任务学习自从被提出以来，就受到了学界的重视。多任务学习不仅丰富了机器学习理论，而且在实际应用中发挥了重要的作用。在计算机视觉、生物信息学、健康信息学、语音分析、自然语言处理、网络应用和普适计算等领域，多任务学习方法有效地缓解了单一任务训练样本不足时的过拟合问题，提高了学习性能。当任务数据大时，多任务模型的计算复杂度可能很高，并行及分布式多任务学习算法可有效提高学习速度[263]，近年来越来越受到学者的重视。

第三节　计算机视觉

计算机视觉是研究用计算机来模拟人或生物视觉系统功能的科学，其目的是基于图像让计算机能够感知和理解周围世界。具体地说，就是对图像或视频数据中的场景、目标、行为等信息进行识别、重建、测量和理解等。

计算机视觉的前提和基础是成像技术。早在公元前鲁国时代，墨子就已

经发现了小孔成像①。之后直到 19 世纪，约瑟夫·尼塞福尔·尼埃普斯
（Joseph Nicéphore Nièpce）和路易·雅克·曼德·达盖尔（Louis-Jacques-
Mandé Daguerre）等发明了照相机。也是在 19 世纪，惠斯通（Wheatstone）
发明了反光立体镜（mirror stereoscope），证实了双眼视差现象：两个二维图
片可以引起三维立体感觉②。20 世纪 50 年代，Gibson 提出了光流的概念，并
认为光流中包含了三维空间运动参数和结构参数③。20 世纪 60 年代起，乌尔
夫·格林纳德（Ulf Grenander）从数学的角度，整合代数、集合论和概率
论，提出综合分析（analysis-by-synthesis）的思想，为计算机视觉奠定了重
要的开创性的理论基础④。同一时期，在视觉模式识别研究中，傅京孙提出
了句法结构性的表达与计算，支撑了自底向上或自顶向下的视觉计算过程⑤。
20 世纪 70 年代，大卫·马尔力图用计算机模拟人的视觉过程，使计算机实现
人的立体视觉功能。马尔的视觉计算理论立足于计算机科学，并系统地概括
了当时心理学、神经科学等方面的重要成就，其重要特征在于使视觉信息处
理的研究变得更加严密，把视觉研究从描述的水平提高到有数学理论支撑且
可以计算的层级，从此标志着计算机视觉成为一门独立的学科⑥。自从马尔的
视觉计算理论被提出之后，计算机视觉就得到了快速蓬勃的发展。虽然马尔
的视觉计算理论框架存在不足，但时至今日依然占据计算机视觉的中心地
位。尤其是过去几十年来，三维视觉的重要研究进展多数集中在该理论框架
之下。

2012 年 ImageNet 大规模视觉识别挑战赛（ImageNet large scale visual
recognition challenge，ILSVRC）中，采用卷积神经网络模型的深度学习方法
取得了巨大的突破，其后基于深度学习的图像识别方法被广泛应用于各行各
业。伴随着计算资源、人工智能的迅猛发展和实际应用的大量需求，马尔的
视觉计算理论曾经存在争议的地方有了更明确的解析。例如，对马尔的视觉
计算理论提出批评的"主动视觉"（active vision）和"目的和定性视觉"

---

① 参见：陈静. "科圣" 墨子：他在古代中国播下科学火种. 科技日报，2019-08-02.

② 参见：王天珍. 立体镜视觉研究的回顾、反思与展望. 武汉理工大学学报，2011，33（1）：1-5.

③ 参见：Gibson J J. The optical expansion-pattern in aerial locomotion. The American Journal of
Psychology，1955，68（3）：480-484.

④ 参见：Zhu S C，Wu Y N. Computer Vision：Statistical Models for Marr's Paradigm. New York：
Springer，2021.

⑤ 同④。

⑥ 参见：Marr D. Vision：A Computational Investigation into the Human Representation and Processing
of Visual Information. San Francisco：W. H. Freeman，1982.

（purpose and qualitative vision）的学者认为，视觉过程必然存在人与环境的交互，认为视觉要有目的性，且在很多应用中不需要三维重建过程。但是，随着深度学习与人工智能发展对计算机视觉发展的促进，当今二维视觉的系列任务已经不能满足实际的应用需求，各种深度相机不断出现，二维视觉任务正在向三维拓展，越来越多的三维点云分析与处理的工作正在大量涌现，逐渐验证了马尔视觉计算理论的正确性。现阶段专用人工智能得到了充足的发展，未来将逐渐迈向通用人工智能的研究阶段。通用人工智能要求有时间、空间、推理的计算能力，马尔视觉计算理论框架正具备了前二者的能力，再融入推理，未来将会成为通用计算机视觉智能的基石。了解过去这个框架下的重要研究进展对未来研究的指导将具有重要意义。

本书在对过去计算机视觉领域的研究进展进行分析总结的基础上，考虑计算机视觉从图像获取到视觉信息理解的完整链条，提炼出对学科发展和应用技术产生了重要影响或推动力的13项重要研究进展进行介绍。这些重要研究进展体现在计算成像学、初期视觉、图像增强与复原、图像特征提取与匹配、多视图几何理论、摄像机标定视觉与定位、三维重建、目标识别与检测、图像分割、图像场景理解、图像检索、视觉跟踪、行为与事件分析方面。

一、计算成像学

自由空间中传播的光线携带着三维立体世界中丰富的信息，是人类感知外部世界最重要的介质和载体之一。光是一种高维信号，不仅自身具有波长（λ）、传播时间（t）等属性，在自由空间传播过程中还具有位置和方向属性，包括三维坐标（x，y，z）和角度（θ，ϕ）。计算成像（computational imaging）学结合计算、光学系统和智能光照等技术，通过联合优化光学成像系统和高维光场信号处理来实现特定成像功能与特性，将成像系统采集能力与计算机处理能力相结合，创新性地将视觉信息处理与计算前移至成像过程，提出新的成像机制，设计新的成像光路，开发新的图像重构方法，能够在视觉信息的维度、尺度与分辨率等方面实现质的突破，使得对光信号进行高维高分辨率的采样成为可能[264]。

1939年，Gershun[265]开始研究光线在空间中的分布，首次在论文中提出了"光场"（light field）的概念，用于描述光在三维空间的辐射特性。1992年，Adelson等进一步拓展和完善了光场的理论，提出了"全光函数"

（plenoptic function），用一个七维（7D）函数表征光线的空间分布，即 P（x，y，z，θ，ϕ，λ，t）。1992 年，Adelson 等在全光理论的基础上研制了光场相机原型[266]。忽略光线在传播过程中的衰减（省略 λ、t），戈特勒（Gortler）等提出了流明图（Lumigraph）的概念，进一步忽略 z，将 7D 全光函数降维成四维（4D），即仅用（x，y）和（θ，ϕ）四个维度表示一条光线，包含了光线的空间和角度信息。1996 年，马克·兰文（Marc Levoy）和帕特·汉拉恩（Pat Hanrahan）将光场引入计算机图形学，提出了光场渲染（light field rendering）理论，并对四维光场进行了双平面参数化。2005 年 5 月，麻省理工学院、斯坦福大学、微软亚洲研究院的研究人员在麻省理工学院召开了首届计算摄影学（computational photography）研讨会。自 2009 年，IEEE 计算摄影学国际学术会议（IEEE International Conference on Computational Photography）每年举行。斯坦福大学博士 Ng 在毕业论文[267]中详细地描述了家用级光场相机的硬件、软件问题和其解决方案，2006 年创立 Lytro 公司，并发布了 Plenoptic 1.0 手持式光场相机。随后又有 Raytrix、Pelican 等多家公司发布了光场相机，提出了多种不同的光场成像结构。光场成像二十余年的发展历程如图 3-14 所示。

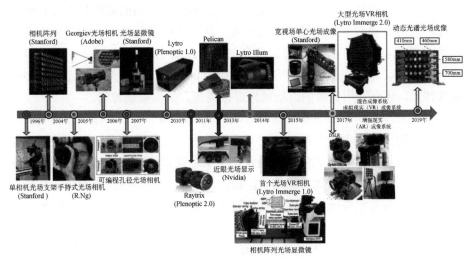

图3-14 光场成像二十余年发展历程

光场理论发展的同时，过去的数十年间，国内外各种各样的光场成像设备被研制和开发出来，特别是多种类型的工业级和消费级光场相机相继问世，比较有代表性的光场成像设备设计结构包括光场采集支架（light field gantry）、相机阵列（camera array）、微透镜型光场相机（microlens-based light field camera）和可编程孔径相机（programmable aperture camera）。近年来，光场成像技术多被用于虚拟现实、增强现实等沉浸式体验设备。同时，光场成像技术也被用在显微观测中，麻省理工学院和维也纳大学的研究人员使用光场显微镜第一次可在毫秒时间的尺度上产生整个斑马鱼幼虫大脑的三维影像，相关成果发表在《自然-方法》（Nature Methods）上。另外，为了探索全光函数中的光谱及时间维度，动态光谱光场成像[268]已经成为前沿研究的一个热点，棱镜掩模式光谱捕获和混合相机式捕获为动态光谱光场成像提供了可行的技术方案。

相对于传统光学成像，光场成像技术是重大技术革新，以其多视角、大景深、多聚焦成像等突出特性为模式识别、计算机视觉等学科的发展与创新带来了新机遇[269]，目前已经在深度估计、三维重建、自动重聚焦、合成孔径成像、分割、识别等视觉任务中得到了应用。除了经典视觉任务外，光场成像还在视觉里程计（visual odometry）、场景光流估计（scene-flow estimation）、相机转动估计（camera rotation estimation）和视频防抖（video stabilization）、全景拼接（panoramic stitching）等视觉任务中得到了一定程度的应用。

除了光场相机以外，考虑光线空间位置和传播方向的成像技术还有编码成像、散射成像、全息成像等典型代表。从光线传播的时间、相位维度进行光场的采集，则有单光子成像、飞行时间（time of flight，ToF）成像等手段。从波长、光谱层次进行研究，则衍生出可见光、近红外、高光谱等多种成像技术，还有利用光线的波动属性进行成像，如偏振成像等。

近年来，将光学成像和算法联合动态优化的研究[270, 271]有了一些突破，这些研究的出发点不再是像传统计算成像技术中分别优化光学系统和算法处理部分，而是以全局性优化思想统筹光学系统设计和后期信号处理，从而在联合优化求解中得到最优成像结果，使由简单的光学器件组成的成像系统也能与传统复杂光学系统的成像质量相媲美。这种基于光学成像链路的全局性优化计算，通常将光学子系统和数字处理子系统的设计相结合，输出的图像内容和算法处理结果作为光学系统设计参数的补偿环节参与成像系统的设计，将成像系统作为整体进行优化设计。2017年以来，在这些光学-算法联合设计的前沿进展中，深度学习技术得以成功应用，带来了从物理模型驱动到样本数据驱动的思想变革。深度学习能够从大量预先采集的实验样本数据中学习实际成像系统输入与待恢复输出之间的复杂高维关联，通过强大的非线性变换能力，拟合和适配足够复杂的真实成像系统，提升传统计算成像技术的信息获取能力。例如，利用深度神经网络来模拟相位提取算法的过程，可以从一幅相机拍摄到的离焦强度图像进行相位恢复。

在传统计算成像技术中，正向物理模型用来真实地反映真实世界成像的物理过程。真实场景中的成像过程受噪声、像差等因素影响，因此，计算成像的正向物理模型具有高度随机性。另外，在利用逆问题优化求解来重构图像的过程中，有很多中间参数依赖人为选取和调优。深度神经网络的数据驱动学习能力大大降低了对精准可知的正向物理模型的需求，减少了图像重构中人为参与的程度，更好地保证了重构图像的准确度。深度神经网络模型中成百上千万个权值参数蕴含了从训练数据中学习到的知识，为突破传统计算成像技术所能够达到的功能和性能极限提供了可能性。例如，深度学习可以学习低分辨率图像和对应高分辨率图像之间的映射关系，可望突破衍射极限。尽管如此，深度学习在计算成像技术中的应用仍存在很多问题，如训练数据的获取与标注成本高，模型缺乏泛化能力，无法满足工业、医疗等视觉测量领域的准确、可信、可重复等要求。

二、初期视觉

人类的视觉信息处理包括初期视觉和高层视觉，初期视觉主要通过分析输入的视觉信号变化来获取物体的位置、形状、表观和运动等信息，基本不涉及场景信息的语义理解。类似于人类的视觉信息处理过程，计算机视觉也分为初期视觉和高层视觉，其中的初期视觉主要涉及视觉信息预处理和编码，具体包括图像滤波、边缘提取、纹理分析、光流、图像增强与复原等方面的研究内容。是否具有物体识别、行为分析、事件解译等语义理解能力是区分初期视觉和高层视觉的主要依据。

图像滤波是图像预处理的主要手段之一，目的是突出图像中的有效信息，抑制不需要的其他信息。根据滤波的操作域不同，图像滤波可以分为空域滤波和频域滤波；根据滤波操作的计算特性不同，图像滤波可以分为线性滤波和非线性滤波；根据滤波的方式不同，图像滤波可以分为高斯滤波、形态学滤波、双边滤波、引导滤波等。高斯滤波是最常用的线性滤波器，适用于消除图像中的高斯噪声，通常应用于图像预处理；加博（Gabor）滤波器符合人类视觉初级视皮层的信息处理特性[272]，通过调节方向和尺度可以得到加博滤波器组，在图像特征提取中应用较多，例如早期的人脸识别系统中就较为广泛地采用了加博滤波特征；双边滤波[273]和引导滤波[274]具有良好的边缘保持特性，同时不会影响其他非边缘区域的滤波效果，相对双边滤波而言，引导滤波更加高效，而且可以保持更多类型的图像结构；引导滤波相对其他滤波方法的最大区别在于，它需要输入一幅图像作为引导（可以是待滤波图像本身，也可以是其他图像），在图像降噪、细节平滑、抠图等应用中使用较多，而且引导滤波的计算复杂度与滤波窗口无关，所以在大窗口滤波操作中具有较明显的速度优势。在图像滤波思想上发展出了局部图像特征，其中，局部二值模式（local binary pattern，LBP）[275]和哈尔（Haar）是两个具有深远影响的局部图像特征。前者利用相邻像素之间的灰度大小关系进行特征编码，具有良好的光照鲁棒性和判别能力，在人脸识别、纹理分析中发挥了重要作用；后者通过定义一系列矩形区域，通过它们的平均像素差进行判别分析，结合AdaBoost特征选择算法，是人脸检测领域里程碑式的工作[276]，也广泛应用于其他目标的检测任务中。

图像增强和复原技术是基于图像滤波发展而来的，早期的方法集中在滤波器设计上，如维纳滤波、约束最小二乘滤波、理查森-卢西（Richardson-Lucy）解卷积算法[277]等。2000年之后，以正则化方法和字典学习为代表的稀疏编码（sparse coding）方法因其出色的性能表现逐渐成为主流，如针对图像去噪问题的块匹配与三维（block matching and 3 dimensional，BM3D）滤波算法[278]和专家场（field of experts，FoE）模型[279]，以及针对图像去模糊问题的全变差（total variation，TV）正则化算法[280]、L1正则化算法等。目前，也出现了基于深度学习的图像增强和复原方法[281]。

在边缘提取的早期研究中，主要是根据边缘的物理特性，设计相应的滤波器进行图像滤波，代表性工作是坎尼（Canny）边缘算子[282]。2000年以后，这种根据设计者经验设计的滤波方法逐渐被基于学习的方法所替代，如PB和gPB[283]。近年来，深度学习进一步促进了边缘检测技术的发展，最早的工作有DeepContour和DeepEdge[284]，以及可端到端训练的整体嵌套边缘检测（holistically-nested edge detection，HED）算法，目前较好的方法是 RCF[285]。作为边缘的一种特殊形式，直线检测在初期视觉的研究中也受到一定的关注，代表性工作包括具有错误检测控制能力的快速线段检测器（line segment detector，LSD）[286]和基于点对图网络推断的线段检测器PPGNet[287]。

在立体视觉和光流这类基于像素点匹配对应的初期视觉问题中，基于马尔可夫随机场将全局约束信息进行建模的方法是深度学习出现之前比较有代表性的一类方法，该方法通常利用图割、信念传播、动态规划等算法对构造的极小化问题进行求解。对于立体匹配问题，基于全局优化的方法通常速度较慢，因此速度更快的半全局和基于特征的局部方法更加实用，但是局部方法忽略了较大范围的图像信息，匹配性能受到一定影响。相对而言，半全局匹配（semi-global matching，SGM）算法[288]在局部特征基础上考虑更大范围的半全局信息，相比局部方法具有更高的精度，并且在速度方面也具有较好的性能，是一种应用较广的立体匹配算法。光流是指空间运动物体在成像面上的瞬时运动速度，表现为视频中同一物体在相邻帧之间的像素移动速度，用于从图像中确定物体的运动信息。解决光流问题的基本假设是运动的颜色恒常性，即相同物体在连续视频帧之间的颜色保持不变，常用的方法可以分为基于梯度的方法、基于匹配的方法、基于能量的方法、基于相位的方法、神经动力学方法，以及最近出现的基于卷积神经网络的方法等。在深度学习出现之前，变分法在光流研究的发展中占主导地位[289]，大部分性能优异的光流算法都属于变分法的范畴，基于颜色恒常性假设，设计合适的优化目标函数，同时施加平滑约束对目标函数进行正则，最终通过求解最优化问题得到光流解。最近兴起的基于卷积神经网络的光流计算的基本思想是卷积神经网络可通过海量标注数据学习得到强大的逐像素预测推理能力，旨在通过一次网络的前向运算得到输入图像对应的光流，因此相比传统的基于变分能量模型的优化算法和基于块匹配的启发式算法更加高效，计算速度可达传统方法的几十倍，满足实时应用的需求，具有很大的潜力。目前在精度方面也逐渐开始超越传统方法，这方面比较有代表性的工作是 FlowNet 系列[290]，以及 SpyNet、TVNet、PWC-Net[291]等。

初期视觉研究产生了广泛的影响，如从图像滤波发展出来的图像卷积是深度卷积神经网络的核心组件，光流计算是视频行为分析中最基本的处理方法，基于立体视觉技术发展出来的颜色深度（RGB depth，RGB-D）相机作为传统图像传感器的重要补充，在许多应用中发挥着重要作用，双目视觉系统也在机器人以及许多依赖深度感知的应用中发挥着重要作用，图像超分辨率和视频去模糊技术则在各类摄影摄像、数码产品中广泛使用。初期视觉的主要研究内容与典型方法如图 3-15 所示。

三、图像增强与复原

图像增强与复原是图像处理和分析领域的一类经典问题。在图像的成像、保存和传输过程中，受各种内在或外在因素的影响，图像会产生多种不同类型的质量退化问题[292]。图像质量退化在实际应用场景中非常常见，如在

图3-15 初期视觉的主要研究内容与典型方法

图像的成像或传输过程中，传感器热噪声、传输信道噪声或图像压缩过程会为图像引入典型的高斯白噪声、联合图像专家组（joint photographic experts group，JPEG）压缩噪声等[278]。另外，相机成像时受各种恶劣的自然条件（如雨、雪、雾和沙尘暴等）影响，也常会导致图像出现模糊退化[293]。在拍摄照片时，因相机抖动、物体与相机间的相对运动以及相机失焦等，会产生各种类型的图像模糊[294]。图像几何畸变也是一类非常典型的图像质量退化。在利用扫描仪、相机等对书籍等文档进行数字化操作时，由于书脊区域的页面弯曲，获得的图像会产生严重的非线性几何畸变。图像质量退化常会影响后续图像分析和识别算法的性能，严重时会直接导致算法失效。

图像增强与复原主要研究如何基于图像先验和图像退化模型，提升图像的视觉质量或恢复图像的原本面貌。图像增强与图像复原又略有区别：前者通常以提升图像的视觉质量为最终目的，常作为后续图像处理与分析过程的预处理步骤；后者则以恢复图像的本来面貌为目标，因此复原过程往往需要考虑图像的退化机理，并构建合适的图像质量退化模型。经典的图像增强与复原问题包括图像去噪、图像去模糊、图像去雾、图像去雨、图像去尘、图像去阴影、图像去马赛克、图像超分辨率以及图像几何畸变校正等。图像复原问题通常涉及一类逆问题的求解。由于图像质量退化过程不可避免地伴随信息丢失，因此这类问题是一类典型的不适定问题。图像增强与复原不存在统一的处理方法，常需要根据具体问题，针对图像质量退化模型和可利用的图像先验构造恰当的求解方法。图3-16给出了一个图像去雾增强的例子，其中包括有雾图像的物理成像模型和图像去雾后的效果图。可以看出，在实际物理模型的引导下，图像复原过程能够有效地恢复图像丢失的细节等信息[293, 295]。

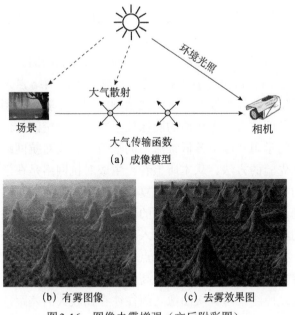

(a) 成像模型

(b) 有雾图像 　　　　(c) 去雾效果图

图3-16　图像去雾增强（文后附彩图）

早期的图像增强与复原主要包括各种图像滤波方法。由于噪声与图像内容通常具有不同的频谱，因此可在不同的谱段上分别处理，从而保证在去除噪声的同时尽量不损害图像内容。这类方法主要针对图像去噪和去模糊等问题，代表性方法包括中值滤波、同态滤波、维纳滤波、约束最小二乘滤波、加权最小二乘法、理查森–卢西解卷积算法等。由于图像质量退化过程中伴随着信息的丢失，一个自然的想法是如何为复原过程恰当地引入信息进行弥补。引入图像先验信息是图像复原方法中应用最广泛的手段之一，其代表性方法包括经典的正则化方法和以字典学习为代表的稀疏编码方法[296]。这两类方法因其出色的性能表现逐渐成为图像复原方法的主流。从贝叶斯观点来看，正则项对应图像的先验分布。因此，如何构建恰当的正则项来有效表示图像的先验分布直接影响着图像复原的最终效果。与早期的滤波方法相比，稀疏编码提供了一种更为精确、有效的手段来刻画图像先验。这一时期针对图像去噪和去模糊问题，涌现出大量的研究工作和性能优异的算法，如针对自然图像去噪的FoE模型[297]、BM3D算法[298]、基于k均值奇异值分解（k-means singular value decomposition，K-SVD）的图像去噪算法[299]，以及针对图像去模糊问题的TV范数、L1范数以及Lp范数正则化算法等。然而，正则化函数的构造依赖于人工经验，需要结合待复原图像的特点和领域知识来有效设计。由于图像空间维度通常很高，因而精确设计恰当的正则化函数具有挑战性。

近年来，随着深度学习热潮的兴起，基于数据驱动的、可端到端学习的图像复原方法逐渐受得研究者青睐[300]。受益于神经网络强大的模型表示能力，研究者尝试用深度神经网络来隐式地刻画图像先验以及图像退化模型。从流形学习的角度来看，退化前的图像位于高维图像空间的低维流形上。于是，图像先验的学习对应于该低维流形的学习。生成对抗网络提供了一个隐式的学习图像先验的方法。从本质上看，生成对抗网络是在学习图像所在的低维流形上的概率分布。通过将图像复原过程纳入生成对抗网络框架，可将图像复原问题最终转化成一个条件化的图像生成问题。该方法的优势在于可将多种类型的图像增强与复原问题纳入一个统一的计算框架来处理。需要指出的是，由于神经网络固有的黑箱特点，且缺乏退化模型约束，因此基于深度网络的图像复原方法虽然能够获得高质量的图像复原效果，但是模型的可解释性差，其复原结果与真实图像之间往往存在较大的差距，并不能看作是对真实图像的逼真复原。未来，图像复原仍将是一个有待继续深入研究的问题。相关领域知识的有效嵌入以及高效便捷计算模型的构建仍将是图像增强与复原研究关注的重点。

由于图像增强与复原研究涉及不适定问题的求解，以及高维空间中图像先验的表示与学习等问题，所以该研究也从客观上推动了图像稀疏编码、图像深度编码、图像先验表示与正则化学习等研究的进展。此外，作为图像处理领域的经典研究问题，图像增强与复原也成为新的图像表示理论和算法研究的试金石。作为提升图像视觉质量的一种有效手段，图像增强与复原在底层视觉、计算成像、文字识别、虹膜识别、指纹识别、人脸识别、目标跟踪、视频监控等众多领域获得了广泛的应用。

四、图像特征提取与匹配

图像特征提取与匹配的目的是对不同图像中相同或相似的基元建立对应关系，基元也称为图像特征，常用的图像特征包括点、直线/曲线、区域，因此根据使用的特征不同，图像特征匹配又分为点匹配、直线/曲线匹配、区域匹配，从图像中自动提取这些特征的过程称为图像特征提取。相对来说，点匹配的应用最广，更受研究人员关注。点匹配又可分为稠密点匹配和稀疏点匹配。稠密点匹配的任务是建立图像之间逐像素的对应关系，广泛应用于立体视觉、光流、运动场估计等计算机视觉任务中。稀疏点匹配又称特征点匹配，主要包括特征点检测、特征点描述、匹配模型的鲁棒估计三部分内容，旨在建立图像之间的稀疏点对应关系，在多视角几何相关的计算机视觉任务[如摄像机标定、基于图像的三维重建、视觉即时定位与地图构建（simultaneous localization and mapping，SLAM）、视觉定位]中发挥重要作用。

对于稠密点匹配，早期工作主要是局部匹配与全局优化相结合的方法，比较有代表性的工作是基于图割的方法和基于信念传播的方法，目前的研究重点集中在如何利用深度学习解决该问题。相对于稠密点匹配，特征点匹配应用更广，是主流的特征匹配方法。其中的特征点检测算法用于检测图像上的角点、斑点或者具备某种特性的点，以使得不同图像中的相同点能被重复检测，这是进行特征点匹配的基础。早期的哈里斯（Harris）角点检测算法[301]从角点的物理特性出发进行数学建模，得出从图像中计算像素角点测度的定量计算方法，利用该测度进行角点检测。哈里斯算法具有简单、物理意义明确的优点，一直使用至今，并且产生了许多改进算法。分段加速检验特征（feature from accelerated segment test，FAST）角点检测算子[302]则是快速特征点检测的首选算法，它只需要进行少量的像素灰度大小比较，就可以快速判断出大部分非角点，因此可达到极快的特征点检测速度。斑点检测算法中比较有代表性的工作是尺度不变特征变换（scale invariant feature transformation，SIFT）特征点检测算法[303]以及基于积分图技术对它的改进算法加速鲁棒特征（speeded up robust feature，SURF）[304]，它们通过检测图像中的高斯差（difference of Gaussian，DoG）响应值或者黑塞矩阵（Hessian matrix）行列式值的极值点进行特征点检测。近年来也涌现出一些基于学习的特征点检测方法，直接面向特征点的重复检测特性进行学习优化，如 TILDE、SuperPoint[305]。特征点描述的目的是根据特征点周围的图像信息建立一个向量对其进行表达，以建立不同图像间相同特征点的对应关系，分为基于专家知识设计的方法和基于学习的方法。基于分块梯度方向直方图设计的 SIFT 算法是基于专家知识设计的诸多特征描述方法中的杰出代表，在其基础上改进的著名特征描述方法还有 SURF，其在后来的二进制局部特征[如有方向的分段加速检验特征和旋转的二值鲁棒独立基本特征（oriented fast and rotated brief，ORB）[306]、二值鲁棒不变尺度关键点特征（binary robust invariant scalable keypoints，BRISK）等]出现之前的很长一段时间，一直都是作为 SIFT 在速度要求高的场合的替代算法，同样获得了广泛的应用。2010～2015 年，该研究领域主要在发展轻量化的二进制特征描述方法，在保持匹配性能相当的情况下追求特征提取与匹配速度的提升，以及存储空间的减少。在这期间，由于手工设计的描述子匹配性能已经达到一个较好的水平，传统浮点型特征描述子的研究在这段时间发展相对较慢，其中一个比较有特色的工作是基于图像灰度序的特征描述子，这类方法结合灰度序特征汇聚策略，可以达到理论上的旋转不变性，并达到较好的光照鲁棒性，典型的局部灰度序模式（local intensity order pattern，LIOP）方法[307]被集成进著名的VLFeat特征库。

2015年之后，研究人员开始关注使用深度学习进行特征描述子的设计，特征点描述领域在2017年基本完成了从基于专家知识设计的方法到基于深度学习的方法的转变，利用卷积神经网络强大的特征表达能力，基于成对的匹配/不匹配图像块自动学习得到区分能力强、鲁棒性好的特征描述子。目前，面向特征描述使用较多的网络结构是L2-Net[308]，在此基础上通过设计不同的特征匹配学习误差损失，得到的HardNet、DOAP、DSM Desc[309]都展现出出色的特征匹配性能。此外，将特征点检测和特征点描述两个具有内在关联的任务统一起来用深度网络求解是目前流行的方法，代表性工作包括LIFT[310]、D2-Net[311]、R2D2[312]、ASLFeat[313]，尤其在基于图像的视觉定位任务中，这种端到端的统一深度学习方法目前已展现出比较明显的优势，受到研究人员的关注。图3-17概括了图像特征点描述子近20年的发展历程。鲁棒的模型估计研究从包含错误匹配点的点匹配集合中计算出真实变换模型的方法，广泛使用的方法是随机抽样一致（random sample consensus，RANSAC）[314]。此外，如何对特征点匹配结果进行误匹配去除一直都受到研究人员的关注，主要有基于图匹配的方法和基于运动一致性的方法，如基于网格运动统计（grid-based motion statistics，GMS）方法[315]、基于一致性决策边界匹配（coherence based decision boundaries，CODE）方法[316]。近年来也出现了一些利用深度学习进行错误特征点匹配过滤的方法，总体思路是将一对匹配特征点看作一个四维向量，研究深度学习方法以四维向量集合作为输入，挖掘集合中不同点之间的上下文关系，推理得到误匹配特征点。在挖掘对应特征点几何位置内在联系的潜在约束时，同时考虑特征点描述子的相似性，有助于更好地解决复杂场景的特征点匹配问题，这也是2020年图像匹配和视觉定位竞赛冠军SuperGlue[317]的基本设计思想。

图像特征提取与匹配产生了广泛的影响，如受SIFT启发出现的方向梯度直方图（histogram of oriented gradient，HoG）特征[318]在目标检测领域产生了重要影响，是深度学习出现之前目标检测领域的首选特征；局部图像特征

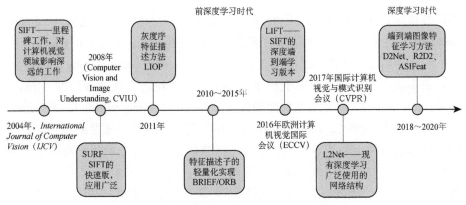

图3-17　图像特征点描述方法的发展历程

点提取和描述直接催生了基于词袋（bag-of-words，BoW）模型[319]的图像表示研究，是前深度学习时代图像分类与识别的主要方法；以图像特征点匹配为基础的全景图像拼接技术[320]已经走进了千家万户，在日常生活中得到广泛使用。此外，特征点匹配还广泛应用于三维重建、视觉定位、摄像机标定等三维视觉任务，在增强现实、基于视觉的定位、城市数字化、自动驾驶等新兴应用中发挥着重要作用。

五、多视图几何理论

多视图几何是计算机视觉研究中几何视觉（geometric computer vision）所使用的基本数学理论，主要研究在射影变换下，不同视角二维图像对应点之间，以及图像点与三维场景、相机模型之间的几何约束理论和计算方法，进而实现通过二维图像恢复和理解场景的三维几何属性。多视图几何建立在严格的代数和几何理论之上，并发展出了一系列解析计算方法和非线性优化算法，是三维重建、视觉SLAM、视觉定位等三维几何视觉问题所使用的基本数学理论。多视图几何研究的代表人物包括澳大利亚国立大学的哈特利（R. Hartley）、英国牛津大学的安德鲁·齐瑟曼（A. Zisserman）、法国国家信息与自动化研究所的福盖若思（O. Faugeras）等，2004年由Hartley和Zisserman合著的著作《计算机视觉中的多视图几何》（*Multiple View Geometry in Computer Vision*）[321]对这方面的研究工作做出了比较系统的总结。可以说，多视图几何的理论研究在2000年左右已基本成熟。

由于小孔相机的成像过程是三维场景到二维图像平面的中心投影过程，因此多视图几何主要研究在射影空间下的相机数学模型（camera model）与相机参数标定（calibration）[322]，两幅图像对应点之间的对极几何（epipolar geometry）约束[323]、三幅图像对应点之间的三焦张量（tri-focal tensor）约束[324]、空间平面点到图像点或多幅图像点之间的单应（homography）约束[325]等。在多视图几何中，射影变换下的不变量，如绝对二次曲线的像（image of absolute conic）、绝对二次曲面的像（image of absolute quadric）、无穷远平面的单应矩阵（infinite homography matrix）等，都是非常重要的概念，是实现相机参数自标定的基本参照物。由于这些量是无穷远处参照物在图像上的投影，所以这些量与相机的位置和运动无关（任何有限的运动不影响无限远处物体的性质），因此可以用这些射影不变量来自标定相机。多视图几何的核心算法包括多视图三角化[326]、八点法估计基本矩阵[327]、五点法估计本质矩阵[328]、多视图因式分解法[329]、基于克如帕（Kruppa）方程的相机自标定[330]等解析计算方法，以及以捆绑调整（bundle adjustment，BA）[331]为代表的迭代优化方法，目的都是通过二维图像基元（点、线、面等）来恢复相机参数、相机位姿、三维基元位置等信息，并分析计算中的退化情况和处理基元对应中存在外点时的鲁棒计算问题。

多视图几何中最核心的理论是从 1990 年至 2000 年左右建立起来的分层重建理论。分层重建的基本思想是在从图像到三维欧氏空间的重建过程中，先从图像空间得到射影空间下的重建（11 个未知数），然后将射影空间下的重建提升到仿射空间（3 个未知数），最后将仿射空间下的重建提升到欧氏空间（5 个未知数）。在分层重建理论中，从图像对应点进行射影重建，就是确定射影空间下每幅图像对应的投影矩阵的过程；从射影重建到仿射重建，在于确定无穷远平面在射影重建下（某个特定射影坐标系）的对应坐标向量；从仿射重建到度量重建，本质上在于确定相机的内参数矩阵，即相机的自标定过程。由于任何一个几何视觉问题最终都可以转化为一个多参数非线性优化问题，而非线性优化的困难在于找到一个合理的初值。待优化的参数越多，一般来说解空间越复杂，寻找合适的初值就越困难，所以，如果一个优化问题能将参数分组分步优化，则一般可以大大简化优化问题的难度。分层重建理论由于重建过程中的每一步涉及的未知变量少，几何意义明确，因此算法的鲁棒性得到了有效提高。分层三维重建的另一个特点是其理论的优美性，射影重建下空间直线的投影仍为直线，两条相交直线的投影直线仍相交，但空间直线之间的平行性和垂直性不再保持；仿射重建下可以保持直线的平行性，但不能保持直线的垂直性；欧氏重建既可以保持直线之间的平行线，也可以保持垂直性，因此在具体应用中可以利用这些性质逐级提升重建结果。三维场景、小孔相机、二维图像之间的几何对应关系如图3-18所示。

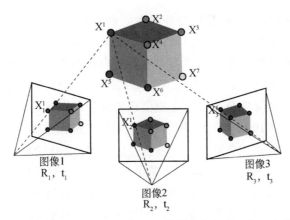

图3-18　三维场景、小孔相机、二维图像之间的几何对应关系

多视图几何和分层重建是计算机视觉发展历程中的一个重要理论成果，其本身的理论框架已经构建得比较完善。随着相机制作水平的提高，传统小孔成像模型下的相机内参数通常可以简化为只有焦距一个内参数需要标定，且焦距的粗略数值通常可以从图像的可交换图像文件格式（exchangeable image file format，EXIF）头文件中读出，因此相机的内参数通常可以认为是已知的。此时基于两幅图像之间的本质矩阵约束，通过五点法可以求解两幅图像之间的外参数（旋转和平移向量），进而直接进行三维重建，而不再需要分层进行重建。尽管如此，多视图几何和分层重建由于其理论的优美性与数学的完备性，在计算机视觉尤其是几何视觉领域仍然是不可或缺的部分。

多视图几何理论具有较为严密的数学逻辑，并包含一系列鲁棒计算方法，在三维计算机视觉领域占有重要地位。近年来，以深度学习为代表的端到端方法开始在三维视觉中发挥作用，但与在二维视觉中的全面替代不同，深度学习在三维视觉中更多的是起到提升数据鲁棒性的作用，场景三维表达的完整性、精确性和鲁棒性仍然主要依靠多视图几何算法来实现。这一方面源于多视图几何理论和算法具有严格的数学基础与明确的物理含义，相比于黑盒深度学习模型，其白盒性质使其在各种应用中更具鲁棒性和可解释性；另一方面，几何视觉算法在场景三维表达的精确性和完整性方面远超人类视觉能力，使智能机器人可以发展出远超人类的全局感知和精准操控能力。因此，无论在理论还是应用层面，多视图几何理论一直都在三维计算机视觉领域发挥着重要作用。

六、摄像机标定与视觉定位

摄像机的参数包括内参数与外参数。内参数包括焦距、纵横比、斜参数、主点等，属于相机的内在属性。外参数是指摄像机的运动参数，包括摄像机运动的旋转矩阵与平移向量。对摄像机内外参数的求解可以统称为摄像机标定，对摄像机外参数的求解又可以称为摄像机定位或视觉定位。

摄像机内参数标定分为基于先验信息的标定和自标定。首先介绍基于先验信息标定方法：1986 年，Tsai[332]提出了利用三维标定物的两步法。由于三维标定物的制作要求工艺较高，且容易发生遮挡，2000 年，Zhang[333]提出了基于二维棋盘格的标定法，该方法简单易用，在工业界与学术界被广泛使用。不是采用点特征，Jiang 等[334]采用二次曲线拟合给出了圆环点的约束方程，从而求解了相机内参数。Wu 等[335]提出基于准仿射不变性给出更多圆形分布图的相机标定原理，并且解决了单轴几何重建中[334]关于两个二次曲线不能标定的问题。之后一系列的工作专门研究二次曲线下的标定，例如采用共焦二次曲线的标定、采用同心圆的标定等。Zhang 等[336]研究了在已知标定模板、未知标定模板的多幅图像下，基于矩阵秩最小化和稀疏信号恢复的带有畸变的相机内参数的计算，该方法对视角变化、噪声、光照都有一定的鲁棒性。Ramalingam 与 Sturm[337]给出了标定针孔、鱼眼、反射折射、多相机系统的统一理论，采用二维或三维标定物都可以进行。Peng 和 Sturm [338]研究了基于二维棋盘格点如何交互地选择最优标定图像，根据前面采用的图像计算新图像的位姿来求得全局最优约减相机内参数的不确定性。与采用稀疏特征进行相机标定不同，近年来有基于稠密特征的全自动相机标定，具有较高的精度，例如 Schops 等[339]提出的基于稠密星型模板的全自动广义模型相机标定方法。

在摄像机内参数标定的第二类方法，也就是自标定方法中，最重要的方法是 1992 年 Maybank 与 Faugeras[340]提出的基于克如帕方程的自标定法，通过图像之间的匹配点，计算出图像之间的基本矩阵，则可建立相机内参数的方程。通常基于先验信息的标定是线性问题，而自标定都是非线性的。由于克如帕方程的原理简单，方程容易建立，如何求解这类非线性问题也曾吸引了很多研究者。当相机参数较少时，克如帕方程可转化为线性问题。之后，有比较重要影响的自标定方法是 1997 年 Triggs[341]提出的基于绝对对偶二次曲面的自标定方法，其中需要射影重建，比克如帕方程的自标定要复杂一些，但是可以避免一些退化的出现。基于绝对对偶二次曲面的自标定方法的重要性还体现在，当相机自标定后可以在射影重建的基础上自然过渡到度量重建上。当相机的内参数变化时，则自标定更加复杂。1997 年，Heyden 和Åström[342]研究了斜参数为 0、纵横比为 1 的其余相机内参数自标定，并在此基础上进行了三维重建。1999 年，Pollefeys 等[343]研究了相机内参数变化时根据不同的约束所需要的最少图像个数，并且证明了只使用斜参数为 0 的约束进行自标定是可以实现的，同时给出了其他约束下的自标定方法。之后有些工作是研究在特定场景下的自标定、特定参数的自标定，如基于平面的自标定方法、畸变中心的自标定方法等。近年来，相机标定的工作主要是多传感器融合标定或者在线标定。

摄像机定位可以分为两大类，即环境信息已知的方法和环境信息未知的方法。环境信息已知主要是透视 N 点（perspective n points，PnP）问题的研究，环境信息未知主要是 SLAM 的研究。PnP 的研究最早起源于 1841 年。1841 年 Grunert[344]、1937 年 Finsterwalder 与 Scheufele[345]研究发现，P3P 问题最多有 4 个解，P4P 问题有唯一解。之后，开启了 PnP 问题的系列研究。1999 年，Quan 和 Lan[346]给出 P4P、P5P 的近似线性方法。2003 年，Gao 等[347]使用了吴消元法来获取 P3P 问题的完整解。当 n 大于等于 6，PnP 问题是线性的，该问题最早的、有影响力的求解方法是 Abdel-Aziz 和 Karara[348]于 1971 年提出的直接线性变换法。目前使用最多的处理方法是 Lepetit 等[349]于 2009 年给出的 $O(n)$ 复杂度的有效透视 N 点（efficient PnP，EPnP）方法。2010 年后，环境信息已知的定位主要集中在大数据下的快速定位研究，如 Sattler 等[350]于2011 年推导出了一种基于视觉词汇量化的直接匹配框架，以及一种使用已知城市场景大规模三维模型的优先对应搜索，随后通过主动对应搜索进行了改进。2012 年，Li 等[351]给出了相对于一个大型地理位置注册的三维点云相机姿态估计方法。2016 年，Feng 等[352]给出了一种基于随机森林监督式二值特征索引的大规模环境中快速定位方法，在上千万的点云下可以达到实时定位。2018 年，Piasco 等[353]全面系统地介绍了异质数据下的视觉定位及未来展望。近年来，在三维结构已知的情况下，视觉定位中使用了大量的深度学习方法，突出贡献是推动了视觉定位的鲁棒性，如 2019 年采用 HFNet 进行分层定位的策略。

SLAM 最早由史密斯（Smith）和契斯曼（Cheeseman）于 1986 年提出，并于 1995 年在机器人研究研讨会上被正式命名。SLAM 技术具有重要的理论意义与应用价值，被许多学者认为是移动机器人实现真正自主的关键。2002 年，Davison[354]首次实现了单目实时的 SLAM 系统 MonoSLAM，其中采用了滤波的方法。从此，机器人采用单目相机进行实时定位成为可能，也为单目相机下进行增强现实打下了重要基础。随着计算机硬件的发展以及多视几何理论的逐渐成熟，2007 年，Klein 和 Murray[355]提出了并行跟踪和建图（parallel tracking and mapping，PTAM），摒弃之前滤波方法的主流框架，提出并实现了基于多视几何理论的跟踪与建图过程的并行化。之后广泛流行的 Mur-Artal 等[356]提出的 ORB-SLAM 方法，正是在 PTAM 的框架基础上修改而成。不考虑特征点，而是考虑图像的梯度信息，直接基于图像的光度一致性，2014 年，Engel 等[357]提出了直接法的 SLAM，不需要提取特征点、不需要计算描述子，达到了一个较高的跟踪速度。最近几年出现了一系列深度学习的 SLAM 方法，代表性的工作包括2017 年的CNN-SLAM、2018 年的CodeSLAM、2019 年引入记忆模块的视觉里程计（visual odometry，VO）方法[358]。与传统方法相比，基于深度学习的方法具有较高的鲁棒性能。

摄像机内参数标定是计算机视觉的基础，很多应用都是以标定内参数作为前提。摄像机定位（图3-19）是机器人、无人驾驶、增强现实、虚拟现实中的关键技术，具有广泛的应用价值，不仅可以应用于工业领域，而且可以在消费级领域具有广阔市场，吸引了大量的研究与关注。传统的视觉定位理论已经比较成熟，但在鲁棒性方面还没有完全彻底解决。深度学习为视觉定位的研究注入新的活力，有望在鲁棒性方面有较大的推动。

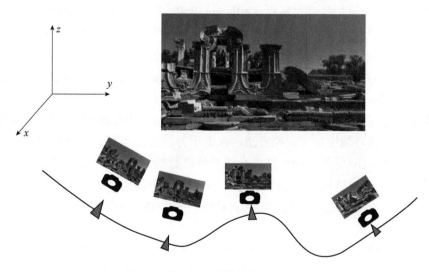

图3-19　摄像机定位

七、三维重建

三维重建旨在通过多视角二维图像恢复场景三维结构，可以看作相机成像的逆过程。最早的三维重建理论是 1982 年由马尔提出的视觉计算理论[359]，马尔认为，人类视觉的主要功能是复原三维场景的可见几何表面，即三维重建问题，同时马尔还提出了从初始略图到物体 2.5 维（2.5D）描述，再到物体三维描述的完整计算理论和方法。马尔认为，从二维图像到三维几何结构的复原过程是可以通过计算完成的，这一视觉计算理论是最早的三维重建理论。1990～2000 年，以射影几何为基础的分层重建理论的提出，使三维重建算法的鲁棒性得到了有效提高。分层重建理论构建了从射影空间到仿射空间再到欧氏空间的计算方法，具有明确的几何意义和较少的未知变量，是现代三维重建算法的基础理论[321]。近年来，随着大规模三维重建应用需求的不断提升，三维重建的研究开始面向大规模场景和海量图像数据，主要解决大场景重建过程中的鲁棒性和计算效率问题。虽然以今天的观点来看，马尔所提出的初始略图→2.5D→3D 的视觉计算框架也许与人类视觉感知的方式并不一致，但基于马尔视觉框架发展而来的三维几何视觉理论和算法一直在三维重建领域发挥着重要作用。

通过多视角二维图像恢复场景三维结构主要包括稀疏重建[360,361]和稠密重建[362]两个串行的步骤。稀疏重建根据输入的图像间特征点匹配序列计算场景的三维稀疏点云，并同步估计相机内参数（焦距、主点、畸变参数等）和外参数（相机位置、朝向）。稀疏重建算法主要包括增量式稀疏重建和全局式稀疏重建两类：增量式稀疏重建从两视图重建开始，不断添加新的相机并进行整体优化，渐进式地重建出整个场景和标定所有相机；全局式稀疏重建首先整体估计所有相机的空间朝向，之后整体计算所有相机的位置，最后通过三角化计算空间稀疏点云。在稀疏重建中，最后一步都需要使用捆绑调整算法[331]对所有相机参数和三维点云位置进行整体优化。捆绑调整以所有三维点重投影误差平方和最小化为优化目标，是一个高维非线性优化问题，也是决定稀疏重建结果质量的核心步骤。在稀疏重建完成后，稠密重建根据稀疏重建计算的相机位姿，逐像素点计算密集空间点云。稠密重建的主要方法包括基于空间体素的方法、基于稀疏点空间扩散的方法、基于深度图融合的方法等。基于空间体素的方法首先将三维空间划分为规则三维网格，将稠密重建问题转化为将每一个体素标记为内和外的标记问题，并通过图割算法进行全局求解，得到的内外体素交界面即为场景或物体的表面区域。基于稀疏点空间扩散的方法以稀疏点云为初始值，采用迭代的方式，通过最小化图像一致性函数优化相邻三维点的参数（位置、法向等），实现点云的空间扩散。基于深度图融合的方法首先通过两视图或多视图立体视觉计算每幅图像对应的深度图，然后将不同视角的深度图进行交叉过滤和融合得到稠密点云。

除了通过多视角二维图像计算场景三维结构外，计算机视觉领域还发展了一系列通过图像明暗、光度、纹理、焦点等信息恢复场景三维结构的方法，一般统称为从 X 恢复形状（shape-from-X）[363]。从明暗恢复形状（shape from shading）的方法通过建立物体表面形状与光源、图像之间的反射图方程，并在场景表面平滑约束的假设下，通过单幅图像的灰度明暗来计算三维形状。从光度立体恢复形状（shape from photometric stereo）的方法同样基于反射图方程，但使用多个可控光源依次改变图像明暗，从而构造多个约束方程，可以使三维形状的计算更加精准可靠。从纹理恢复形状（shape from texture）的方法利用图像中规则且重复的纹理基元在射影变换下产生的尺寸、形状、梯度等变化情况来推断场景结构，但该方法受限于场景纹理先验，在实际应用中使用较少。从焦点恢复形状（shape from focus）的方法利用透镜成像中物体离开聚焦平面引起的图像模糊（散焦）现象，使用聚焦平面或物体的运动，以及图像中检测到的清晰成像点来推断每个像素点到相机光心的距离。

由于图像中弱纹理、重复纹理、特征匹配外点等干扰的影响，从图像重建的三维点云通常不可避免地存在缺失、外点、噪声等。同时，海量的三维点云也给数据存储、传输、漫游、渲染等带来了本质困难。因此，对很多应用而言，稀疏或稠密的三维点云并不是场景三维模型的理想表达方式，通常会采用点云网格化方法[364-366]将其转化为封闭的三角网格模型，一方面可减少数据体积，另一方面可去除外点、封闭孔洞。

在获取了场景的三维点云或三维网格表达后，针对场景三维感知和理解的具体需求，通常会为三维模型中每一个几何基元（三维点、三角面片）赋予语义类别属性，实现对场景的三维几何和语义表达[367]。同时，对于一些特定的应用领域，如三维地理信息系统（3-dimensional geographic information system，3D GIS）、建筑信息模型（building information model，BIM）、无人系统高清（high definition，HD）地图等，通常需要进一步把特定的语义部件转化为更加紧致和标准化的矢量模型[368]，如建筑物的单体矢量模型、室内基本部件的矢量模型、高精度地图的车道线级矢量模型等。

　　近年来，随着深度学习方法的快速发展，深度学习也开始在三维重建领域发挥作用，包括从单目图像恢复深度、单幅图像焦距推断、端到端相机位姿估计、立体视觉匹配、多视图立体重建等。但目前这类基于学习的三维重建方法通常还无法超越几何视觉方法的精度和鲁棒性，因此在三维重建领域，深度学习目前更多的是起到提高数据鲁棒性和提高内点率的作用，如通过基于学习的特征描述、特征对应、图像检索、密集匹配等算法，提高几何重建算法对光照变化、弱纹理等情况的计算鲁棒性[369, 370]。

　　三维重建理论和方法伴随着诸多应用领域的需求而不断发展，如机器人环境地图构建和导航、城市级航拍三维建模、文化遗产三维数字化保护等。尤其是对于大规模复杂场景的三维建模，由于图像传感器具有低成本和采集方便的特性，往往成为这类应用的首选。比如在地理信息领域，基于航拍倾斜摄影的三维建模已经在很多场合替代了传统的航空激光雷达建模。近年来，随着图像三维重建算法鲁棒性和计算效率的进一步提高，其在室内建模与导航、无人驾驶高精度地图构建等领域的应用也在不断拓展，其共性目的都是为不同的应用领域提供低成本、高精度、高完整度、高度语义化和高度矢量化的三维表达（图3-20）。

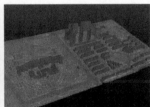

图3-20　基于倾斜摄影的城市场景三维几何、语义、矢量重建

八、目标识别与检测

　　目标识别与检测一直是计算机视觉和模式识别领域最受关注的研究任务之一，该方面的研究进展为其他复杂视觉任务，包括目标分割、行为检测、视觉−语言理解等奠定了坚实的基础。如图3-21所示，目标识别通常假设图像中出现的目标只有一个［例如，图 3-21（a）中的熊猫占据了大部分图像内容］，因此仅需要预测出该目标所属的类别即可。而目标检测通常需要同时处理图像中出现的多个目标［例如，图 3-21（b）中同时出现了狗、猫和球三个目标］，不仅要求识别出每个目标所属的类别，还需要进一步预测其尺寸和位置信息（通常以矩形框的形式来表示）。

（a）目标识别 （b）目标检测

图3-21 目标识别与检测任务示意图

传统目标识别方法通常包括两个主要阶段。

第一阶段是特征表示阶段。通过经验设计或自主学习的方式获得算子或滤波器，用来提取图像中具有判别性的局部特征。其中比较具有代表性的方法包括SIFT[371]和LBP[372]等。除此之外，还有一类基于物体几何形状分析的方法，能够在目标旋转、缩放等较大表观变化，以及形状特征失真情况下展现出较强的鲁棒性，相关代表性方法有形状上下文（shape context）[373]等。在特征提取后，特征编码通常被用来进一步强化特征的表示能力，代表性方法有稀疏编码[374]等。总体来说，很多传统特征表示方法被证明在不同视觉任务上都有很强的表示能力。但是，由于图像中包含的目标容易受到光照、角度、遮挡、距离等复杂环境因素的影响，因此并没有在各种场景下都能保持性能优异的统一特征表示方法。

第二阶段是分类器阶段。在特征表示的基础上，设计从特征表示到目标类别的映射，其中代表性方法有逻辑回归（logistic regression，LR）、k最近邻（k-nearest neighbor，KNN）、支持向量机[18]等。除此之外，也可以采用度量学习（metric learning）[104]方法自主学习出距离度量函数，用于找到与查询样本相同类别的样本。

对于绝大多数早期目标识别方法来说，特征表示和分类器这两个阶段是相互独立、互不影响的，即在特征表示阶段通常不会用到分类器阶段中的类别信息。

自2012年以来，以CNN[17]为代表的深度学习模型采取端到端的联合特征学习和分类器学习，即通过数据驱动的方式学习适用于分类的特征表示，使之更具有判别性。特别是近年来，随着深度学习的普及，特征表示的主流模式已发展成为依靠数据驱动而非传统手工设计，并且最终目标识别的精度也在很大程度上取决于训练数据规模和标注质量。自2012年以来，ImageNet

大规模视觉识别挑战赛[28]见证了基于深度学习方法在目标识别和检测任务上的巨大优势与不断进步。在这一过程中，涌现出大量新型深度学习方法，其中最具有代表性的方法包括 AlexNet[28]、VGGNet[375]、GoogLeNet[143]、ResNet[139]等。基于该系列方法的目标识别性能远超传统方法，并且在有限场景下甚至能取得超过人类的识别性能。自此，通用目标的识别问题基本上已经被解决，相关技术被广泛应用于实际场景，如人脸识别、植物识别、动物识别等。目前研究者更多关注如何通过轻量化网络进行更高效率的目标识别，比较具有代表性的方法包括 MobileNet[376]、ShuffleNet[377]、IGCNet[378]等。此外，如何最大限度地减少有标记训练数据的规模，做到高精度的无监督、半监督或者自监督学习也是未来研究的趋势。

在目标识别的基础上，传统目标检测方法通常对图像中每个位置上各种尺寸的潜在候选框逐一判断是否存在目标，然后通过非极大抑制等方法筛选出置信度较高的若干候选框作为检测结果。早期的目标检测方法大多针对某个具体的目标类别进行设计，如人脸检测、行人检测等。其中，针对人脸检测提出的 AdaBoost[192]在多个不同的目标检测问题中验证了有效性，也得到了较为广泛的应用。在 AdaBoost 之后，基于可变形部件模型（deformable part model，DPM）[379]方法成为当时最具有代表性和广泛使用的目标检测方法。但是这些传统目标检测方法的缺陷也是明显的：①基于多尺度滑动窗口的候选目标框提取策略没有针对性，模型时间复杂度和候选目标框冗余度都比较高；②与目标识别类似，手工设计的特征易受复杂环境因素影响，对环境所展现出的多样性变化不够鲁棒。

自2014年之后，目标检测全面进入深度学习时代。相对于传统目标检测方法，基于深度学习的目标检测方法在模型精度和效率方面均有大幅度提升。相关方法大致可分为两类，即两阶段目标检测方法和单阶段目标检测方法，这两类方法的主要区别在于如何生成候选目标框。具体来说，两阶段目标检测方法是先生成大量的候选目标框，然后对每一个候选框利用CNN进行目标识别。与传统目标检测方法不同的是，基于深度学习的两阶段目标检测方法大多使用额外的深度神经网络来自动生成较少数量的候选目标框，在提升准确率的同时能够显著降低计算量。与两阶段目标检测方法不同，单阶段目标检测方法首先将图片分成一系列网格并预设固定的模块框，通过将图像中的目标分配到不同的网格中进行分类，从而避免显式地生成大量候选目标框，由此模型效率得到进一步提升。两阶段目标检测方法中比较具有代表性的有R-CNN[380]、Faster R-CNN[381]等系列方法。它们相对于单阶段目标检测方法精度更高，但是运行速度因为显式生成候选目标框的缘故要更慢一些。单阶段目标检测方法中比较具有代表性的是 SSD[382]和 YOLO[383]系列方法。近些年，如何进一步提升单阶段目标检测方法的精度，以及如何将这两类目标检测方法的优势进行结合备受关注，相关技术也被逐渐应用于医学图像分析、交通安全、工业生产等领域。

九、图像分割

图像分割的目标是将图像在像素层面划分为各具特性的区域，并提取出感兴趣的目标。该任务可以看作是目标检测任务的进一步延展，即不仅需要识别出图像中出现的目标，还需要定位目标的位置并将其轮廓分割出来。图像分割发展至今，主要包括四种任务类型：①普通分割，即将分属不同目标的像素区域分开，但是不区分不同目标的语义类别，例如把图像中前景（橙子和刀）与背景（桌面）分割开 [图 3-22（b）]；②语义分割，即在普通分割的基础上进一步预测每个像素区域所包含目标的语义类别（不同类别被标记为不同颜色），包括可数目标（橙子和刀）和不可数目标（桌面）[图 3-22（c）]；③实例分割，即在语义分割的基础上给每个可数目标进行编号以示区分，例如图 3-22（d）中包含两个橙子，其中一个是橙子 A，分割区域为蓝色，另一个是橙子 B，分割区域为红色；④全景分割，该任务可以看作语义分割和实例分割的结合，即在图像中分割所有可数和不可数目标，并预测它们相应的语义类别，还需要对每个可数目标进行编号 [图 3-22（e）]。

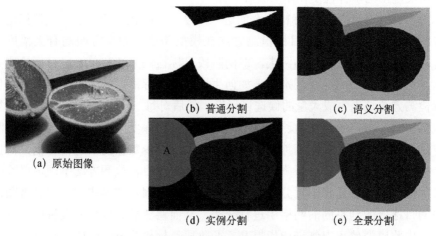

（a）原始图像　　（b）普通分割　　（c）语义分割　　（d）实例分割　　（e）全景分割

图3-22　图像分割任务示意图（文后附彩图）

　　传统图像分割方法通常采用无监督学习的方式进行处理。它们大多基于图像的像素值、颜色、纹理等信息来度量不同像素之间的相似性，进而判断各个像素所属的类别。典型方法包括阈值分割法、边缘检测法、特征聚类法、直方图法、区域生长法等。分水岭（watershed）算法[384]是其中具有代表性的方法，它首先将图像像素值中比较高和低的区域分别视为"山峰"与"山谷"，然后通过对不同"山谷"区域注入不同标签的"水"，以及在相邻"山谷"之间"水"的汇合之处增加"分水岭"以实现区域分割。尽管这些传统方法的处理速度都比较快，但是对于包含复杂视觉内容的图像来说，容易产生分割区域不完整、漏分割等问题。为了解决这些问题，规一化切割（normalized cut，Ncut）[94]把图像的所有像素建模为一个图，并通过最大流/最小割算法来获得两个不相交的子集，分别对应于图像的前景像素和背景像素，即完成了图像分割。另外一类常用方法通过设计能量泛函使得自变量包括用连续曲线表达的目标边缘，从而使分割过程转化为能量泛函最小化的问题，比较具有代表性的方法包括蛇（snake）模型[385]和水平集（level set）[386]等。此外，还有一类基于概率图模型的方法，比较具有代表性的工作包括马尔可夫随机场、条件随机场[387]和自动上下文（auto-context）[388]等。

　　自深度学习方法在目标识别和检测任务上取得巨大成功之后，多种新型深度模型也被提出并应用到了图像分割任务。除了普通分割之外，语义分割、实例分割和全景分割也得到了许多关注与研究。其中语义分割方面具有里程碑意义的模型是全卷积网络（fully convolutional network，FCN）[389]，其通过将传统卷积网络后端的全连接操作全部替换为卷积操作，可以高效地进行逐像素类别预测，并且避免了将二维特征图压缩成一维向量所带来的空间结构信息丢失的问题。为了同时保证准确率和预测分割图的分辨率，U-Net[390]、反卷积网络（deconvolution network，DeconvNet）[391]、SegNet[392]、高分辨率网络（high-resolution network，HRNet）[393]等模型采用了跨层关联的模式，通过渐进式融合跨层特征来恢复预测分割图的细节信息。DeepLab[394]、金字塔景物解析网络（pyramid scene parsing network，PSPNet）[395]等模型通过引入空洞卷积，使得模型能够输出较大分辨率的分割图。随着图像分割精度的大幅提升，相关方法计算效率低下的问题也吸引了研究者的注意。其中，图像级联网络（image cascade network，ICNet）[396]、双边分割网络（bilateral segmentation network，BiSeNet）[397]等方法通过设计多分支网络结构，大幅提升了模型的计算效率。

　　处理实例分割任务比较具有代表性的方法是Mask-RCNN[398]，该方法在目标检测方法 Faster-RCNN 的基础上增加了用于分割目标的分支，从而在每个检测框内都能够进行语义分割。考虑到目标检测方法中的感兴趣区（region of interest，ROI）操作限制了输出分割图像的精度，全卷积一阶段（fully convolutional one-stage，FOCS）[399]、由定位分割物体（segmenting objects by locations，SOLO）[400]等方法由此被提出，它们抛开 ROI 转而直接输出分割图。全景分割任务虽然在 2018 年被首次提出，但是已经吸引了越来越多的研究人员投身其中，其中代表性的方法包括全景特征金字塔网络（panoptic feature pyramid network，PanopticFPN）[401]、Panoptic-DeepLab[402]等。这些方法主要依赖语义分割方法来分割不可数目标，依赖实例分割方法分割可数目标，再融合两者的预测结果得到最终的全景分割图。除了以上分割任务之外，目前学术界在精细化图像分割方面的一个代表性方向是图像抠图（image matting），相关方法可以处理像头发丝这种非常精细目标的分割。

图像分割相关技术的实用性很强，目前已经被广泛用于行人分割、病灶分割、服装分割等实际场景中。不过，当前图像分割在实际应用中所面临的最大难题在于，标注大规模图像语义分割图用于训练模型的代价比较大。这是因为与目标识别和检测任务不同，图像分割要求逐像素地标注类别信息，相对于目标类别和目标框来说，标注过程要更加精细和烦琐。所以，目前的主流解决办法是研究弱监督学习的图像分割，即只给定弱监督信息，例如目标框或者目标类别，而非精细化的分割图，用来训练图像分割模型。此外，图像分割还广泛作为其他复杂视觉内容理解任务，例如步态识别、行人再识别等的预处理步骤，其分割的准确性直接决定了后续任务的最终性能。因此，研究遮挡、模糊等复杂视觉场景下的高精度图像分割方法也是亟待解决的问题。

十、图像场景理解

图像场景理解是比较宽泛的概念，所涉及的关键技术主要包括目标识别与检测、场景解析、语义描述等，近年来都得到了快速发展。

场景解析技术是计算机视觉领域的一个重要研究方向，是图像语义理解的重要一环。从数学角度来看，图像场景解析是将图像划分成互不相交的区域的过程，给予每个区域一个类别标签。场景解析能够给出精细化的图像分析和识别结果，在自动驾驶、自主机器人、监控视频等精细化定位和操作领域，需求尤为突出。近年来随着深度学习技术的逐步深入，场景解析技术有了突飞猛进的发展，与该技术相关的场景物体分割、人体前背景分割、人脸解析、人体解析、三维重建等技术已经在包括无人驾驶、增强现实、安防监控等行业都得到了广泛的应用。

场景解析是将像素按照图像中所表达的语义内涵不同加以分组或聚类。传统的场景解析方法包括像素级别的阈值法、基于像素聚类的分割方法和图划分的分割方法。传统基于图划分的语义分割方法将图像抽象为包含结点和边的图形式，进而借助图理论实现图像语义分割[403]。在深度学习兴起后，以FCN[389]为代表的语义分割方法一经提出便产生显著影响。FCN直接使用像素级端到端的框架进行语义分割，刷新了图像语义分割的精度，但它存在由于池化层所导致的信息损失不能够通过上采样找回来的问题[391, 404]。当前代表性的场景解析模型为DeepLab系列和PSPNet。DeepLab模型目前发展了3个版本[394]。DeepLab-v1在FCN框架的末端增加了全连接条件随机场，使得分割更加精确。DeepLab模型首先使用双线性插值法对FCN的输出结果上采样得到粗糙分割结果，以该结果图中每个像素为一个结点构造CRF模型提高模型捕获细节的能力。该系列网络中采用了膨胀/空洞卷积（dilated/atrous convolution）的方式扩展感受野，获取更多的上下文信息，避免了深度卷积神经网络中重复最大池化和下采样带来的分辨率下降问题。DeepLab-v2提出了一个类似的结构，在给定的输入上以不同采样率的空洞卷积并行采样，相当于以多个比例捕捉图像的上下文，称为空洞空间金字塔池化（atrous spatial pyramid pooling，ASPP）模块，同时采用了深度残差网络替换掉了VGG16增加了模型的拟合能力。DeepLab-v3重点探讨了空洞卷积的使用，同时改进了ASPP模块，便于更好地捕捉多尺度上下文，在实际应用中获得了非常好的效果。此外，PSPNet[395]也是一类代表性的场景解析模型。PSPNet提出的金字塔池化模块能够聚合不同区域的上下文信息，从而提高获取全局信息的能力，通过金字塔结构将多尺度的信息，将全局特征和局部特征嵌入基于FCN的预测框架中，针对上下文复杂的场景和小目标做了提升。

虽然基于深度学习的图像语义分割方法取得性能上的显著提升，但其不仅需要海量图像数据，还需要提供昂贵的像素级别的标注信息，因此，越来越多的研究者开始研究弱监督信息下的语义分割问题，如图像标签[405]、点[406]、涂鸦[407]、目标方框[408]等，这些弱监督方法试图降低标注数据需求，并获得与完全标注可比较的结果。语义分割对数据标注要求高、体量大等问题仍未得到很好的解决，特别是面对开放环境的弱标注数据或无标注数据，相关研究仍处于初步研究阶段。

虽然当前大部分视觉研究仍关注检测、分割、识别等经典的视觉任务，但研究人员发现，人类的视觉系统在处理信息时往往是与听觉和语言系统协同工作的，这样才能将视觉感受到的信息加工、抽象成为高级的语义信息。语义描述是计算机视觉技术的前沿研究领域，根据给定图像，给出一段描述性文字，力图符合人类给出的描述标签。当前图像语义描述起源于著名华人科学家李飞飞博士策划的视觉基因组（Visual Genome）计划，目标是把图像和语义结合起来。当前的图像语义描述技术是联合卷积神经网络和循环神经网络的一种新型网络。语义描述被认为是当前感知智能向认知智能发展的开端，不仅是跨模态模式识别的典型问题，而且具有广阔的应用前景。语义描述改变了计算机视觉与自然语言处理、语音识别等学科相对独立的状态，提供了一种新的图像场景理解的研究范式。当前图像描述的技术难点主要集中在两个方面：一是语法的正确性，映射的过程中需要遵循自然语言的语法，使得结果具有可读性；二是描述的丰富程度，生成的描述需要能够准确描述对应图片的细节，产生足够复杂的描述。为求解上述问题，学者们引入了注意（attention）机制、生成对抗网络（generative adversarial network，GAN）等技术，试图生成更加贴近人类自然语言的图像语义描述。

当前的图像描述方法主要分为三类，即基于模板的方法、基于搜索的方法和基于语言模型的方法。基于模板的方法提前预定义好用于句子生成的模板，并把句子分成多个部件（如主语、动词、宾语），进而生成句子[409]。基于搜索的方法通过选择句子库中最具有语义相似度的句子来生成描述[410]。基于语言模型的方法通过学习语义内容和文本句子之间的通用空间内的概率分布，从而利用更灵活的语法结构来生成新颖的句子表达，利用这类方法通过神经网络来探索概率分布并取得了不错的效果[411-413]。当前图像语义描述方法是将图像与文本两种模态关联起来，从表面上看实现对场景的语义理解。但这些方法本质上只是建立起封闭集合上图像特征到文字特征的映射关系，不能够满足开放环境下语义分析与理解的需求。

十一、图像检索

图像检索（image retrieval）（图 3-23）是为了在输入查询图像时，在包含丰富视觉信息的海量图像库中方便、快速、准确地查询并筛选出用户所需的或感兴趣的一些相关图像。检索的主要步骤依次为用户输入查询（query）、查询分析、索引和词库、内容筛选、结果召回和结果排序及展示。查询经常包含文字、颜色图、图像实例、视频样本、概念图、形状图、素描、语音、二维码及多种形式的组合。为了更好地给出用户需要的图像，检索系统会使用相关性反馈和交互式反馈，充分利用用户提供的反馈信息（如浏览记录、点击记录、再次搜索等），从而更好地理解用户的搜索意图以得到更好的搜索结果。图像检索方法按照描述图像内容方式分为基于文本的图像检索（text-based image retrieval，TBIR）和基于内容的相似图像检索（content-based image retrieval，CBIR）。图像检索的主要任务包括图像自动标注、图像特征提取与表示、特征编码与聚合、大规模搜索。

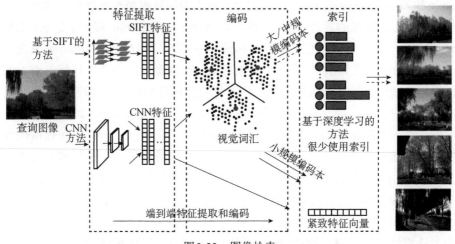

图3-23 图像检索

图像自动标注是指针对图像的视觉内容，通过机器学习方法自动给图像添加能反映其内容的文本特征信息（如颜色、形状、区域属性标注、概念类别等）的过程。互联网上存在大量没有标签信息的图像，需要图像自动标注算法自动生成缺失的图像标签，这样图像检索问题可转化为技术相对成熟的文本信息处理问题。根据标注模型的不同，图像自动标注主要包括基于统计分类的自动图像标注、基于概率图的图像自动标注和基于深度学习的图像自动标注等。基于统计分类的图像自动标注方法将每个图像的语义概念作为一类进行分类，自动图像标注转化为多分类问题。基于概率图的图像自动标注方法尝试推断图像和语义概念之间的相关性或联合概率分布。基于深度学习的图像自动标注方法则自动学习图像高层语义特征表达，并对海量图像进行分类标注。

图像特征提取与表达是基于内容的图像检索的初始阶段。模式分类和视觉目标识别中常用的特征提取与表达方法，如 SIFT 局部特征描述子[371]、SURF 局部特征描述子[304]、词袋[414]、卷积神经网络等，也可用于图像检索。为了降低原始特征"维数灾难"带来的影响，特征编码和聚合是基于内容的图像检索的第二阶段，主要是基于特征提取阶段得到的图像特征进行聚类并生成编码本，有利于构建倒排索引，可以分为小规模编码本、大规模编码本[415]。根据编码方法不同，小规模编码本包括基于视觉词袋的特征编码[414]）、局部聚合描述向量（vector of locally aggregated descriptors，VLAD）[416]。大规模编码本包括层级 k 均值聚类算法[417]和近似 k 均值聚类算法。2003 年，Sivic 和 Zisserman 提出了视频谷歌[414]，标志着词袋模型在图像检索领域的开端。为了加快图像的查询速度，2006 年，Nister 和 Stewenius 提出了层级 k 均值聚类算法，以便使用词汇树进行大规模识别[417]。2007 年，Philbin 等也提出了近似 k 均值聚类算法[418]进行图像快速的空间匹配。这两个工作标志着大规模编码本在图像检索领域的应用。由于浮点特征计算图像相似度/距离复杂度高、存储空间大，而二进制特征存储高效，汉明（Hamming）距离计算复杂度低，二进制特征和哈希（Hash）方法受到了广泛关注。哈希是在保留图像或视频的相似性条件下将高维数据编码为二值化特征表达。里程碑的工作是 2008 年 Jegou 等[419]提出的使用汉明嵌入进行中等规模码本的表达。传统方法需要通过构建模型将浮点特征编码成二进制特征，如谱哈希[420]、紧致特征表达[416]等。进入深度学习时代后，前期的工作采用卷积神经网络与传统编码聚合方法相结合的思路，如 CNN+BoW[421]、Fisher 编码+CNN[422]等。后期研究人员则提出了各种面向图像检索任务的端到端训练的深度卷积神经网络，这时候就不再需要显式编码或聚合步骤。代表性工作包括基于孪生网络和对比损失的视觉相似性学习[423]、受 VLAD 启发的 NetVLAD[424]等。二进制编码也是特征编码的重要部分，主要进展包括数据独立哈希和数据依赖哈希。数据独立哈希的代表性工作有随机预测哈希[425]、局部敏感哈希[426]等。数据依赖哈希算法需要使用训练数据学习哈希函数，对数据敏感，传统代表方法是乘积量化[427]。由于深度学习强大的特征学习能力和端到端的学习哈希函数能力，一批相关哈希算法越来越受到重视，代表性工作包括卷积神经网络哈希[428]、基于语义保持哈希的跨模态检索[429]、基于自监督对抗哈希网络的跨模态检索[430]等。

为了解决由于海量网络图像视频数据快速增长带来的大规模图像搜索问题，需要对图像进行快速相似度搜索，主要是快速查找技术，包括查找优化（建立倒排索引，通过优化检索结构进行性能优化，优化检索结构进行性能优化不改变向量本身）和向量优化（通过将高维浮点向量映射为低维向量或映射到汉明空间，减少计算复杂度和存储空间）。查找优化方法分为最近邻查找和近似最近邻查找。最近邻查找的代表性工作是 k 维（k-dimensional，KD）树、基于查询驱动迭代最近邻图搜索的大规模索引法[431]等。近似最近邻查找通过减少搜索空间，大幅度提高效率，找到近似最近距离的匹配目标，常用的方法有局部敏感哈希[426]、近似最近邻搜索的快速库（fast library for approximate nearest neighbors，FLANN）等。向量优化方法是将特征向量进行重映射，将高维浮点向量映射到其他空间，映射后的向量可以使用更高效的方式进行距离计算。哈希算法是其中最具代表性的技术。

此外，图像检索在相关性的定义方面有许多外延，包括语义相关、纹理相关、表观相关等。为了更好地获得图像检索结果，排序算法和重排序算法经常被应用于图像检索系统中。为了更好地与用户进行交互或者广告推荐商业化，检索结果的合理展示也是各大互联网公司非常重视的领域。总的来说，图像检索推动了计算机视觉、模式识别、机器学习等领域的发展，其技术得到了广泛的应用，包括百度、谷歌、微软公司的搜索引擎，阿里巴巴、京东、拼多多等公司的电子商务中的商品垂直搜索，国际商业机器公司（International Business Machines Corporation，IBM）的医疗辅助等。

十二、视觉跟踪

视觉跟踪是视频（图像序列）分析中的重要问题。视觉跟踪就是在图像序列中的每一帧图像里，通过算法确定目标的状态和运动轨迹。第一帧中的待跟踪物体的状态由人工或其他算法确定。目标状态通常包括其中心在图像中的位置、恰好包围住物体的矩形框和该矩形框的旋转角度等。对于在被跟踪过程中形变剧烈的物体，有时会用多个矩形框来共同近似表示其位置和姿态等，也可以利用多边形或图像分割算法将物体包围框中的像素分为目标像素和背景像素，以提高被跟踪物体的标示精度。

跟踪算法种类繁多，可以按照算法是在线还是离线跟踪物体来划分。在线跟踪是指算法只能利用在当前及之前时刻的图像来定位物体，离线跟踪则可以利用整个视频来确定其中任意一帧图像中物体的状态。显然，在线跟踪相对难度更大，当然应用也更加广泛。跟踪算法也可以根据是否事先知道被跟踪物体或其种类来划分。如果跟踪算法只能利用物体在初始帧中的信息，则通常被称为无模型（model free）跟踪问题；如果能事先知道被跟踪物体或其种类，就可以首先搜集大量的相关样本，然后设计并训练跟踪器，以便在跟踪物体时减少误判，从而显著提高跟踪性能。跟踪算法还可以按照需要在一帧图像中跟踪单个目标还是多个目标来划分。单目标跟踪算法一般由表观模型、运动模型和搜索策略构成，多目标跟踪算法通常由在同一帧图像中的多物体定位和在相邻帧图像中关联相同物体两部分组成。从实际应用考虑，跟踪算法还可以进一步按照背景或摄像机是否静止、是否进行三维跟踪，以及是否需要跨摄像机跟踪等来进一步细分。跨摄像机跟踪往往针对特定类目标，更多地涉及高效目标检测、重识别或者多对多匹配问题。当前学术界研究最多的是单目标跟踪和多目标跟踪。这两类跟踪算法可以用图 3-24 统一表示。

对于最基础的单目标视觉跟踪，从技术上来看，跟踪算法经历了由最初的基于生成式物体模型的仿射对应[432]、卡尔曼滤波[433]与粒子滤波方法[434]，到 20 世纪末至 21 世纪初在物体建模中引入判别性方法[435]，再到 21 世纪第二个十年中出现的基于相关滤波的方法[436]，以及基于深度网络的跟踪算法[437]。在大数据支持下，相关滤波方法与深度特征的结合[438]，以及在深度网络跟踪器中引入相关滤波[439]，在极大地提升跟踪算法定位性能的同时，也使算法具有较高的处理帧频。随着相关滤波跟踪算法研究的不断深入，相关滤波理论本身也取得了一系列突破。

自 1964 年 Lugt[440]首次使用相关滤波处理模式识别问题以来，各种相关滤波算法始终受到因不得不使用快速傅里叶（Fourier）变换对运算加速而产生的边界效应的不利影响。CFLB[441]通过在 KCF[442]的样本上引入掩码，向着通过减轻边界效应的影响而提高定位精度迈出了第一步。随后出现的类似方法 SRDCF[443]和 BACF[444]，通过采用多维特征显著提升了弱边界效应相关滤波跟踪器的定位精度，但同时也明显降低了跟踪频率。为了解决在 KCF 中有效利用各种特征的问题，MKCF[445]将多核学习理论首次引入相关滤波算法中，并从数学上解决了多核循环矩阵的快速计算问题。为克服 MKCF 相对于 KCF 精度提升有限、跟踪频率下降太多的缺点，MKCFup[446]通过将多核相关滤波优化问题的上界作为优化目标，以及从数学上推导新的在线优化算法，使得其在处理帧率和定位精度上都显著高于 KCF。nBEKCF[447]的提出彻底结束了自 1964 年 Lugt 的工作[440]以来相关滤波算法的高速性能不得不依赖于快速傅里叶变换的历史。nBEKCF 从理论上完全避免了边界效应，并且可以自然地利用多个非线性核函数，实现快速在线目标跟踪。在定位精度上，nBEKCF 超过了所有采用相同特征的相关滤波算法，而且跟踪帧率明显快于除 KCF

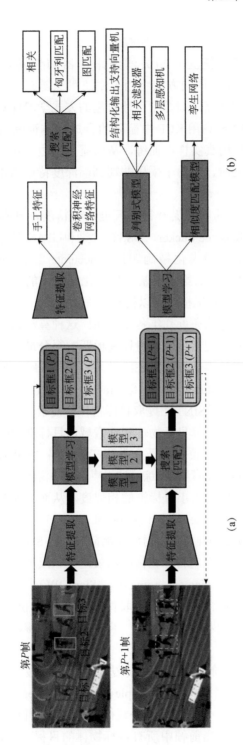

图 3-24　（a）单目标跟踪算法与多目标跟踪法框架的统一表示。上方的细实线表示针对不同的目标训练各自的模型，下方的虚线表示第 $P+1$ 帧中标示被定位的目标。（b）跟踪算法三个主要组成部分中当前的常用方法

和MKCFup等之外的绝大多数相关滤波跟踪器。

为了充分利用深度特征提升相关滤波跟踪器的性能，CFNet[439]、DiMP[448]和DCFST[449]采用不同的方法将相关滤波跟踪器嵌入卷积神经网络中，使卷积神经网络能够在离线训练中以端对端的方式学习针对相关滤波模型的最优深度特征。CFNet利用KCF中循环的合成样本训练相关滤波器，DiMP和DCFST则完全采用真实样本训练，从而避免了边界效应。它们在获得较高在线跟踪帧率的同时，相对于采用非端到端深度特征的相关滤波跟踪器，显著提升了定位精度。

为了在准确定位目标的同时提升目标尺度估计精度，判别尺度空间跟踪器（discriminative scale space tracker，DSST）[450]和GPAS[451]给出了基于尺度空间的回归模型，重叠最大化精确跟踪（accurate tracking by overlap maximization，ATOM）[452]方法给出了基于最大化交并比的精细化方法，使目标物体在被定位后其尺度和纵横比可以得到精确的估计。

基于孪生网络的跟踪算法在近几年备受关注。这种算法通过离线学习相似性匹配，于在线跟踪中将搜索域内与目标模板匹配得分最高的区域作为目标物体。该类算法的特点是不需要进行在线学习，因此跟踪速度较快。孪生实例搜索跟踪器（siamese instance search for tracking，SINT）[453]是第一个基于孪生网络的目标跟踪算法。SINT在提取目标物体与搜索域内感兴趣的目标框的特征后，通过相关匹配计算目标物体和搜索域内目标框的匹配得分，从而实现搜索域中目标物体的定位。基于全卷积孪生网络（fully-convolutional siamese networks，SiamFC）的目标跟踪算法[454]以滑动窗的方式计算目标模板的特征与搜索域内所有同等大小目标框的相似度，从而实现高效的在线匹配。孪生区域提案网络（siamese region proposal network，SiamRPN）[455]将目标跟踪建模为单例（one-shot）目标物体检测问题，在SiamFC的网络基础上添加RPN子网络，从而实现对目标物体的高效定位和尺度估计。更深更宽孪生网络（deeper and wider siamese networks，SiamDW）[456]使SiamRPN受益于更深且更宽的卷积神经网络，因此取得了领先的定位精度。此外，SiamDW将基于SiamFC的目标跟踪算法进一步扩展到长时跟踪问题中，也取得了领先的定位精度。

基于目标外观模型匹配的多目标跟踪方法取得了目前最好的精度和速度平衡。深度简易在线实时跟踪（deep simple online and realtime tracking，DeepSORT）方法[457]给出了一种基于目标外观模型和帧间交并比的多目标关联框架。在通过检测器获得了当前帧中所有目标物体的目标框后，DeepSORT

利用目标重识别网络提取每个目标框的外观特征，然后利用匈牙利匹配算法实现当前帧中目标物体与当前轨迹的一对一匹配。回归自回归网络（recurrent autoregressive networks，RAN）[458]利用RNN对随时间变化的目标物体的运动和外观建模，从而实现更鲁棒的关联匹配。联合学习检测和嵌入（jointly learns the detector and embedding，JDE）模型[459]将目标检测和外观模型输出整合到同一个网络中，通过共享骨干网络节省特征提取时间，并结合多任务模型学习，实现高效且高精度的多目标跟踪。统一检测和重识别的多目标跟踪（on the fairness in multiple object tracking，FairMOT）[460]方法在单阶段目标检测方法的基础上扩展外观模型分支，并结合自监督预训练，进一步提高JDE的运行速度和跟踪精度。

视觉跟踪是计算机视觉领域一个非常困难而又应用广泛的基础性问题。当前的跟踪算法往往大量借鉴计算机视觉中的其他领域，特别是目标检测领域中的技术，并使之适应于视觉跟踪的特定问题。而在实际应用中，视觉跟踪算法往往需要考虑应用场景的特性，并结合工程技巧，以获得较为满意的实际跟踪效果。

十三、行为与事件分析

行为与事件分析是高层计算机视觉的重要任务。行为分析是利用计算机来分析视觉信息（图像或视频）中的行为主体在干什么，相对于目标检测和分类来说，人的行为分析涉及对人类视觉系统更深层的理解。事件是指在特定条件或外界刺激下引发的行为，是更为复杂的行为分析，包括对目标、场景及行为前后关联的分析。事件分析是行为分析的高级阶段，能够通过对目标较长时间的分析给出语义描述。行为识别可以是事件分析的基础，事件分析也具有其特殊性，仅仅依赖于行为识别并不能很好地解决事件分析。行为与事件分析的核心任务是对其包含的行为或事件进行分类，以及在空间、时间对其定位及预测等。根据行为/事件中涉及的目标个数，可将其分为个体行为/事件和群体行为/事件。

行为分析主要开始于20世纪70年代，该任务的一般流程包括两个步骤：一是特征提取去除视频中的冗余信息，二是利用分类、比对等学习方法进行识别分析。早期的研究主要局限于简单、固定视角且已切分好后的动作，基于全局特征表示的方法是早期最具代表性的方法，典型做法是首先利用背景差分获得目标轮廓，然后累加这些差分轮廓生成运动能量图（motion energy image，MEI）或者运动历史图（motion history image，MHI）[461]，利用模板匹配法对该视频中的行为进行分类；或者提取每帧图像中的轮廓信息，采用线性动态变换、隐马尔可夫模型[462]等进行时序建模，利用状态空间法进行识别。然而，基于全局特征表示的方法依赖于背景分割且对噪声、角度、遮挡等都很敏感，无法很好地分析复杂背景下的复杂行为和事件。21世纪初，大量基于局部特征表示的方法出现，克服了全局特征方法存在的一些问题，对视角变化、光照变化、人的表观变化和部分遮挡具有一定的不变性，取得了更好的效果。这类方法的流程是局部区域提取、局部特征提取、局部特征编码与池化、分类器学习。局部区块通常采用密集采样或者在时空兴趣点周围采样得到，其中，时空兴趣点是视频中运动发生显著变化的时空位置，并假设这些时空位置对行为识别非常关键。局部特征描述子表示的是图像或视频局部区块的特征，典型的有梯度直方图[463]、光流直方图[464]、SIFT[465]、SURF特征[466]、运动边界直方图（motion boundary histograms，MBH）[467]、轨迹特征小段轨迹（tracklet）[468]等。局部特征需要再经过编码和池化才能得到整个视频的特征描述，最常见的特征编码方式有视觉词袋模型、矢量化（vector quantization，VQ）、稀疏编码、费舍尔向量、局部条件约束线性编码（locality-constraint linear coding，LLC），以及局部聚合描述向量等。而此时最常用的分类方法是SVM结合多核学习、度量学习等。

近10年来，基于深度学习的方法在各种各样的视觉任务中取得了突破，也被广泛应用于行为分析任务中。图3-25列出了部分经典的深度学习行为识别方法。基于2D卷积神经网络的行为识别方法[469-471]，采用2D卷积网络提取视频特征，根据是否使用光流特征，可以分为双流方法和单流方法。双流方法用视频的RGB和光流两个通道（two streams）描述视频序列，最后使用两个通道的加权平均结果作为对整个视频的预测结果。时序分割网络（temporal segment networks，TSN）[470]基于双流网络提出了一种简单有效的方法来建模长时运动信息，该网络将输入视频沿时间维度均匀划分为多个片段，并从每个片段中采样一帧输入网络，最后将多帧的结果进行融合得到整个视频的预测结果。在TSN的基础上，时序线性编码（temporal linear encoding，TLE）[469]在网络中引入了线性编码（如费舍尔向量编码、VLAD编码等）来更加有效地融合多帧的结果。单流方法通常设计专用的操作来增强模型提取时序特征的能力，如时序移动模型（temporal shift module，TSM）[472]提出了一种移位操作用于聚合时序信息，该操作不需要额外的参数及计算，因此可以高效地进行行为识别。时序激发和聚合方法（temporal excitation and aggregation, TEA)[473]提出了一种运动指导的通道注意力机制,可以使网络根据运动信息关注更加重要的通道特征。

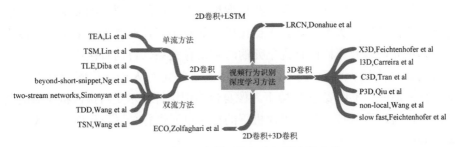

图3-25 基于深度学习的行为识别方法分类

基于三维卷积神经网络的方法[474-478],将二维卷积神经网络直接扩展到三维卷积神经网络,将整个视频作为整体输入三维深度卷积神经网络中,实现端到端的训练。膨胀三维卷积网络(inflated 3D ConvNet,I3D)[475]将二维CNN在ImageNet上的预训练权重用作三维网络的初始化参数,大大降低了三维网络的训练难度。为了建模远距离时空信息,非局部(non-local)法[477]提出了一种类似于自注意力(self-attention)的方式来建模远距离时空点之间的相关关系,并根据相关关系实现远距离特征融合。SlowFast[478]网络提出了快慢分支来建模不同的信息,慢分支的输入帧率低以捕捉精细的表观信息,快分支的输入帧率高以捕捉运动信息,另外快慢分支之间存在横向连接,用于快慢分支之间特征的融合。高效卷积操作(efficient convolution operators,ECO)[476]将二维卷积和三维卷积组合在同一个网络里以降低网络的计算量,它首先使用二维网络独立提取多帧图像的特征,之后将得到的特征组成一个特征序列送入三维网络进行建模。基于循环神经网络的方法对视频每帧上提取的深度特征在时间序列上建模,例如先用卷积网络提取底层视觉特征,然后使用LSTM对底层视觉特征进行高层建模。另外,很多方法通过增加空间、时间或通道注意力模块,使网络关注到更有判别性的区域,从而提高识别性能。也有方法利用图卷积神经网络建模高层特征及特征的关系来提高模型的表达能力,然而由于人体骨架数据的结构显著性,图卷积神经网络在基于骨架数据的行为识别中使用更为广泛。最后,这些基于神经网络的方法往往会融合基于密集运动轨迹方法来进一步提升最后的性能。

对于群体行为分析,除了上述方法,即整体性方法外,还有一些学者提出了基于个体分割的群体行为分析框架,大致是将多人交互的行为过程分解为多个人单独的动作过程,再采用一些高层的特征描述和交互识别的方法得到最终的交互结果。行为的发生时间一般都很短，目前的视频行为分析方法大都适用于不同的拍摄视角和场景，对视角、场景变化具有一定的不变性。然而事件往往持续时间长，存在跨摄像机事件分析的需要，如多摄像头下的大场景监控环境。大范围场景多摄像机下的复杂事件通常涉及多个相互联系的行为单元，以及不同的行为单元的时空依存关系，目前直接进行关联行为分析的研究比较少。而跨摄像机网络中基于特定行人进行检索的行人重识别、行人追踪、不同姿态/环境下人像身份的识别等技术是跨摄像机领域的研究热点，通过这些技术将跨摄像机下的行为单元进行关联，从而进一步进行事件分析。

行为与事件分析是极具挑战性的任务，不仅包括对视频中静态目标的感知，也包括对动态变化的分析。目前，从基于时空兴趣点局部特征描述的方法等到基于深度神经网络的方法，行为与事件分析的性能均得到了显著提高。对于复杂现实场景的大样本，已能够达到较高水平。这给行为与事件分析带来了更广阔的应用空间，包括智能视频监控、机器人视觉系统、人机交互、医疗护理、虚拟现实、运动分析及游戏控制等，比如篮球/足球等体育运动视频中的运动行为检测，老年患者等监控视频中的行为识别和预测，公共安全场景下的暴力事件、群体行为分析与预警等。

第四节　语音语言信息处理

语言是人类思维的载体，是人类交流思想与表达情感最自然、最直接、最方便的工具。人类历史上以语言文字形式记载和流传的知识占知识总量的80%以上。20世纪40年代，从计算机刚刚诞生之日起，人们就希望通过计算机解决自动机器翻译（machine translation，MT）问题。当人工智能概念于1956年提出时，自然语言理解（natural language understanding，NLU）就成为人工智能研究的核心内容之一，其主要目的是探索人类自身语言能力和语言思维活动的本质，研究如何模仿人类语言认知过程建立语义的形式化表示和推理模型。在当前全球性人工智能研究大潮中，自然语言理解更是被视为人工智能皇冠上的明珠。

在美国国家科学院语言自动处理咨询委员会（Automatic Language Processing Advisory Committee，ALPAC）于1966年公布的调查报告中，计算语言学（computational linguistics，CL）这一术语首次被提出，其基本理念是希望通过数学方法建立形式化的计算模型来分析、理解和生成自然语言，更多地强调计算模型的有效性、可行性等基础理论和方法研究。

随着信息时代的到来，互联网和移动通信技术大规模普及和应用，人们使用自然语言进行通信和交流的形式也越来越多地体现出它的多样性、灵活性和广泛性。这种趋势扩大了自然语言处理的需求，也对计算机的自然语言处理能力提出了更高的要求。20世纪70~80年代，从语言工程和建立实际应用系统的角度，人们提出了自然语言处理（natural language processing，NLP）的概念，使这一学科方向的内涵得到了进一步丰富和扩展。简单地说，自然语言处理是研究如何利用计算机技术对语言文本（句子、篇章或话语等）进行处理和加工的一门学科。从研究任务的角度，自然语言处理可分为基础技术研究和应用技术研究两部分。其中，基础技术研究包括词法、句法、语义和篇章分析，以及知识表示与计算等自然语言处理的基本任务；应用技术研究包括文本分类聚类、信息抽取、情感分析、自动文摘、自动问答与对话和机器翻译等自然语言处理的应用。

自然语言理解、计算语言学和自然语言处理三个术语的内涵与外延略有不同，如果说自然语言理解更多地聚焦于如何借鉴神经科学和认知语言学的研究成果建立语义的形式化表示和推理模型，计算语言学侧重关注对语言现象的数学建模方法（用计算的方法来研究语言/语言学，为NLP提供可计算的语言学理论），那么自然语言处理则更多地关注以自然语言文本为处理对象的应用技术和系统实现方法，但很难给出它们之间的严格区分。

需要说明的是，无论是自然语言理解和计算语言学，还是自然语言处理，其研究对象都是文本（文字）。语音和文字是自然语言的两个基本属性，因此，除了以文字为主要研究对象的上述各类技术和理论方法以外，围绕语音开展的语音识别、语音合成和说话人识别等相关研究则成为语言技术这一泛化领域的另一重要组成部分。目前人们通常把涉及自然语言的各类技术统称为人类语言技术（human language technology，HLT）。自1947年机器翻译概念提出和1949年沃伦·韦弗（Warren Weaver）正式发表题为"Translation"的备忘录以来，人类语言技术经历了70多年的曲折发展历程，其技术方法大致可以分为三个阶段：第一阶段从学科萌芽期到20世纪80年代后期及90年代初期，为采用以模板、规则方法为主的符号逻辑阶段，属于理性主义方法；第二阶段从20世纪90年代初期到2013年前后，是以统计机器学习为主流方法的经验主义方法时期；第三阶段为2013年之后，进入了以基于多层神经网络的深度学习方法为主流的联结主义时期。从某种意义上讲，以神经网络为基础的深度学习方法也是经验主义方法的一种具体体现，都是数据驱动的方法。

正如前文所述，语音和文字是人类语言的两个基本属性，以语音为主要处理对象的语音识别、语音合成和说话人识别等通常被称为语音技术，以文本（词汇、句子、篇章等）为主要处理对象的研究则通常被称为自然语言处理。以下分别从语音技术和自然语言处理两大方向阐述语音语言基础资源建设方面的成果进展，以及语音语言技术方法、应用系统实现及未来挑战。

回顾语音语言技术走过的70多年曲折历程，可以从如下三个方面归纳出这一领域的12项重要进展。

第一，相关技术的基础和支撑条件。语音语言基础资源和知识库建设是整个领域技术方法得以实现的基础与条件，如果没有这些资源的支撑，再好的理论和算法也都是空想；汉字编码、输入和输出则是中文信息处理的前提条件，一度成为困扰整个领域发展的关键因素，这一技术的突破理当载入史册。文字速录机的发明和汉字照排及印刷技术的诞生不仅彻底改变了行业的发展，而且直接影响着整个人类的社会生活。

第二，关键技术和理论方法。可以说，语言模型、序列标注模型和文本表示方法是自然语言处理中三大支柱性的模型（尤其是在基于统计和神经网络模型的经验主义方法中），其中的n元语法模型（n-gram model）被推广应用于图像、视觉信息处理和基因预测等领域。以诺姆·乔姆斯基（Noam Chomsky）的句法结构理论为代表的理性主义方法不仅对语言学、计算语言学、认知语言学和自然语言处理等相关研究具有重要且深远的影响，甚至成为计算机编译系统建立的理论基础，而且广泛应用于模式识别的其他任务。篇章表示和分析理论近年来受到了广泛关注，成为众多自然语言处理技术进一步突破的重要环节。听觉场景分析和语音增强技术则在现代语音识别系统中发挥着不可替代的作用。

第三，产业化应用情况。从产业化应用及对人类社会生活的影响等角度来看，汉字输入、激光照排、搜索引擎、机器翻译、自动问答和人机对话系统以及语音识别和语音合成等，当仁不让地成为这一领域的闪光点，并在各行各业发挥着越来越大的作用，甚至日渐影响人类的生活方式和思维方式。

一、语音语言基础资源建设

语言资源库描述并存储了客观的语言知识和世界知识，是自然语言处理各种应用的核心和基础。无论是基于理性主义的规则方法还是基于经验主义的统计和深度学习方法，语言资源库始终发挥着核心的知识支撑作用。语言资源库包括语料库、词汇知识库、语法语义词典等，它们在不同层面构成了自然语言处理各种方法赖以实现的基础，甚至是建立或改进一个自然语言处理系统的"瓶颈"。因此，世界各国对语言资源库的开发建设都付出了巨大的努力。

从 20 世纪 70 年代末期开始，国际上的语料库建设开始兴起，在美国、英国和法国等各国政府的资助下，一大批语料库被建成，如英国的兰卡斯特大学与挪威的奥斯陆大学和卑尔根大学联合建成的 LOB 语料库（Lancaster-Oslo/Bergen Corpus）、英国国家语料库（British National Corpus，BNC）等。美国语言数据联盟（Linguistic Data Consortium，LDC）组织构建、收集和发布的一系列语言资源库[如宾夕法尼亚大学树库（UPeen Tree Bank）、命题库（PropBank）、名词化树库（NomBank）等]在国际上颇具影响，为语言学和自然语言处理研究发挥了重要作用。由美国普林斯顿大学认知科学实验室乔治·米勒（George Miller）领导的研究组开发的英语词汇知识库 WordNet，是一种传统的词典信息与计算机技术以及心理语言学的研究成果有机结合的产物。从 1985 年开始，WordNet 作为一个知识工程全面展开，经过近 40 年的发展，WordNet 已经成为国际上非常有影响力的英语词汇知识资源库。美国加利福尼亚大学伯克利分校研发的语义型词典 FrameNet 从语义和句法两个层面对词汇进行了分类标注，为自然语言理解的方法研究提供了有力支撑。

自 1979 年以来，我国开始进行语料库建设，并先后建成汉语现代文学作品语料库（1979 年，武汉大学）、现代汉语语料库（1983 年，北京航空航天大学）、中学语文教材语料库（1983 年，北京师范大学）、现代汉语词频统计语料库（1983 年，北京语言学院）以及我国第一部汉语义类词典《同义词词林》（1983 年，梅家驹等）。40 多年来，相当一批大学和研究机构都对汉语资源库建设做了大量工作。其中，北京大学计算语言学研究所开发的综合型语言知识库、董振东等开发的知网（HowNet）是两项有代表性的成果，而中文语言资源联盟（Chinese Language Data Consortium，Chinese LDC）则是为推动我国语言资源共享所建立的第一个联盟性学术组织。

综合型语言知识库由北京大学俞士汶教授带领团队从 1986 年起历时 30 余年研制而成，涵盖现代汉语语法信息词典、汉语短语结构规则库、现代汉语多级加工语料库、多语言概念词典、平行语料库、多领域术语库。具体包括 8 万词的 360 万项语法属性描述；汉语短语结构规则库，含 600 多条语法规则；现代汉语多级加工语料库，实现词语切分并标注词类的基本标注语料库，其中精加工的有5200万字（《人民日报》1998年和2000年两年的全部原始语料），标注义项的有2800万字（1998年1月和2000年全年的数据）；多语言概念词典，含10万个以同义词集表示的概念；平行语料库，含对译的英汉句对100万；多领域术语库，有35万个中英对照术语。该成果获得了2011年国家科学技术进步奖二等奖，为我国自然语言处理研究提供了多种类知识资源。

知网由董振东教授于1988年提出，是一个以汉语和英语的词语所代表的概念为描述对象，以揭示概念与概念之间以及概念所具有的属性之间的关系为基本内容的常识知识库。知网认为世界上一切事物（物质的和精神的）都在特定的时间和空间内不停地运动与变化，通常是从一种状态变化到另一种状态，并通常由其属性值的改变来体现。因此，知网以万物为运算和描述的基本单位，万物包括物质的和精神的两类，以及部件、属性、时间、空间、属性值和事件。知网作为一个知识系统，汉语和英语的词语数量超过5万，对应的概念数量分别超过6万和7万，这些概念及其属性通过上下位、同义、反义、部件-整体、场所-事件和事件-角色等16类语义关系进行描述。知网被广泛应用于词义消歧和机器翻译等中文信息处理的各种任务。知网项目获得2012年钱伟长中文信息处理科学技术奖一等奖。

与此同时，用于语音识别和合成技术研发的语音库也同步兴起。用于语言及言语工程研究的自然语音库以中国社会科学院语言研究所为代表，主要包括：①汉语普通话单音节语音语料库（Syllable Corpus of Standard Chinese，SCSC）：由汉语单音节语音数据、单音节表及管理软件组成。②汉语普通话两音节语音语料库（Word Corpus of Standard Chinese，WCSC）：由汉语两音节语音数据、两音节语料表及管理软件组成。③汉语普通话朗读语篇语料库（Annotated Speech Corpus of Chinese Discourse，ASCCD）：由语篇语料、语音数据和语音学标注信息组成，内容包括18篇文章，体裁覆盖记叙文、议论文、通讯、散文等常见文体。④汉语普通话自然口语对话语料库（Chinese Annotated Dialogue and Conversation Corpus，CADCC）：由自然口语对话语音数据和对话文本组成，为保证自然口语的纯粹性，该语料库对发音人的对话内容不作任何限制，完全反映真实环境下的汉语自然口语特征。⑤TSC973-973电话语料库：由真实环境下收集的酒店订房电话（对话）语音数据、文字转写和多层语音学标注组成，共有10个对话单元。上述语料库是自然语音库的典范，为语音学、自然语音处理和语音人机交互等领域的发展奠定了坚实的基础，极大地促进了相关领域的理论创新与技术突破。

二、汉字编码与输入输出及汉字信息处理

汉字作为中华民族璀璨文化中独具特色的一项发明，在数千年一脉相传的历史中，为记载、继承和传播中华文化立下了不朽的功勋。20世纪40年代电子计算机问世，并迅速引发席卷全球的信息技术革命，如何对汉字进行编码、存储、输入和输出等一系列关于汉字处理的难题，曾一度成为电脑在中国普及和推广的"拦路虎"。因此，从20世纪70年代中期到80年代末期，汉字信息处理技术成为当时的研究热潮。

汉字信息处理主要指以汉字为处理对象的相关技术，包括汉字字符集的确定、编码、字形描述与生成、存储、输入、输出、编辑、排版以及字频统计和汉字属性库构造等。一般而言，汉字信息处理关注的是文字（一种特殊的图形）本身，而不是其承载的语义或相互之间的语言学关系，因此，这里将其分离出来单独介绍。后面将要重点介绍的"汉语信息处理"部分则是指对传递信息、表达概念和知识的词、短语、句子、篇章乃至语料库和网页等各类语言单位及其不同表达形式的处理技术。

在汉字信息处理中，有两个问题最引人注目，一是汉字的输入问题，二是汉字的排版、印刷问题。汉字输入分为键盘输入和非键盘输入两种。键盘输入是指通过对汉字进行"编码"，即利用普通计算机键盘上的英语字母键之间的组合，建立起它们与汉字之间的对应关系，并将这种对应关系以编码对照表的形式存储在计算机内部，最终利用转换软件将键入的字符串转换为对应的汉字。

我国最早的计算机汉字编码输入始于20世纪50年代的俄汉机器翻译研究，当时只能用电报码和四角号码做汉字编码。60年代完成了"见字识码"的方案设计和码本[479]。1967年美国信息交换标准代码（American Standard Code for Information Interchange，ASCII）规范标准正式发表，利用8位二进制（一个字节）表示控制状态和所有英文字符，解决了英文的计算机存储和处理难题。由于一个字节只能表示256种符号，而常用汉字多达几千个，因此汉字无法仅用一个字节表示。1978年5月，上海推出了一台汉字信息处理实验样机。20世纪80年代，继联想汉卡、四通中文电脑打字机之后，中国的汉字编码出现了"万马奔腾"的局面，从五笔字型到自然码、郑码、拼音输入法、智能ABC、智能狂拼等，相对规范、易学易用的输入法不断推出。国

家"七五""八五"国家重点科技攻关项目"PJS普及型中文输入系统""规范码汉字输入系统""认知码"等都对汉字编码输入方法进行了深入研究，并取得了一批研究成果。尤其值得提及的是，速记专家唐亚伟先生发明的亚伟中文速录机（图3-26），实现了由手写速记跨越到机械速记的历史性突破，这一成果被迅速推广应用，催生了速录行业和速记师职业。2006年，91岁高龄的唐亚伟获得我国中文信息处理领域的最高科学技术奖——钱伟长中文信息处理科学技术奖一等奖。

图3-26　亚伟中文速录机

图片来源：百度百科

非键盘输入是指不借助键盘直接将汉字或数字等字符输入计算机，常用的方法包括手写识别、语音识别等。手写识别输入简称手写输入，是将人在手写设备上书写时产生的笔画顺序等有序轨迹信息转化为汉字的过程，实际上是手写轨迹对应的坐标序列到汉字内码的映射过程，是汉字输入最自然、最方便的方式之一。手写识别技术从单字识别发展至整句识别，手写输入设备也经历了电磁感应手写板、压感式手写板、触摸屏、触控板和超声波笔等的发展历程。目前，手写识别技术已经比较成熟，其中汉王文字识别技术是一个成功的代表。随着智能手机和移动办公设备的普及，手写识别输入成为人们日常生活的必备。语音识别输入简称语音输入，是指将人说话的流式语音信息实时地转换为文字的过程。语音输入伴随着语音识别技术的发展不断成熟，目前已经成为一种主流的汉字输入方式。百度语音输入、讯飞语音输入和搜狗语音输入等应用工具正在改变人们的语言使用习惯。可以预见，不久的将来，通过语音输入的汉字要远远多于通过键盘和手写输入的汉字。

在汉字的排版、印刷方面，以北京大学王选院士为代表的从事汉字照排和印刷技术研究的老一代专家在解决巨量汉字字形信息存储与输出等问题中做出了卓越贡献[480]。王选院士等提出的汉字激光照排（图3-27）就是把每一个汉字映射为特定的编码在计算机中进行存储，输出时用激光束直接扫描成字。汉字字形由以数字信息构成的点阵形式表示，一个一号字要由8万多个点组成，因此全部汉字字模的数字化存储量非常大。王选院士带领团队攻克了字形信息压缩和快速复原技术，并实现了基于附加信息的字形变化时敏感部分的质量控制，突破了汉字激光照排的关键难题，打开了计算机处理、排版和印刷汉字信息的大门。1981年，第一台汉字激光照排系统原理性样机通过鉴定。1985年，激光照排系统在新华社正式运行。1987年《经济日报》采用激光照排系统出版了世界上第一张采用计算机组版、整版输出的中文报纸，成为国内第一家全部废除铅字排版的报纸。此后，国产激光照排系统迅速推广应用，在中国掀起了"告别铅与火，迎来光与电"的印刷技术革命。另外，20世纪80年代完成的《汉字频度表》、《现代汉语频率词典》、GB2313—80、6763汉字属性信息库等一系列基础性工作，都为后来的汉语信息处理研究奠定了坚实的基础。

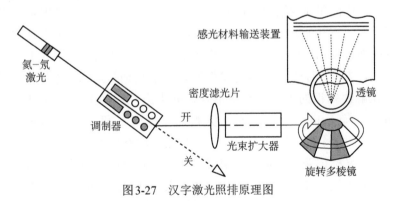

图3-27 汉字激光照排原理图

三、知识工程与知识库建设

知识是信息的一种抽象形式，是构成智能的基础。知识工程的概念于1977年由图灵奖获得者费根鲍姆（Feigenbaum）提出，主要是研究知识获取、知识表示、推理和知识使用，目标是将知识集成到计算机系统从而替代专家完成特定领域的复杂任务。概括地讲，知识工程是研究知识信息处理的学科，完成从数据到信息再到知识的生产过程，并最终在智能应用中提供知识支撑。知识工程起源于20世纪70年代的专家系统，在近50年的发展过程中主要经历了三个标志性阶段，近年来出现了大规模知识图谱技术。

自20世纪70年代开始，随着人工智能方法论的转变，一批限定领域专家系统在实际场景中得到成功应用。其中，计算机故障诊断专家系统R1（XCON）[481]、医疗领域的诊断专家系统MYCIN[482]和石油探测领域的地层倾角顾问（Dipmeter Advisor）系统等是传统知识工程的代表，主要通过知识库与推理机联合实现智能应用。20世纪80年代，面向各个特定领域的专家系统不断涌现，知识工程呈现一片繁荣景象。专家系统在规则明确、边界清晰和应用聚焦的具体场景中取得了巨大成功。但是，专家系统需要领域专家手动总结和编写知识，知识的规模和可扩展性严重受到制约，知识应用也面临信息孤岛的窘境。

1989～1990年，蒂姆·伯纳斯-李（Tim Berners-Lee）发明了超文本链接技术，并成功开发出世界上第一个Web服务器，将网络中不同计算机内的信息通过超文本传送协议（HTTP）有机连接在一起。Web万维网（world wide web，WWW）提供了一个开放平台，基于超文本链接标记语言（HTML）定义和编辑网页文本内容，通过超链接将网页互联，世界上不同地方的人们得以分享、传播和获取知识。1994年，蒂姆创建了万维网联盟W3C，提出了可扩展标记语言（XML），推动了WWW技术标准化，进一步为互联网环境下大规模知识表示、传输与共享奠定了基础，极大便利了知识的组织形式与获取方式。2001年，"万维网之父"蒂姆·伯纳斯-李再次提出语义网的概念，旨在解决知识的表示和组织形式，并提出互联网上语义标记语言RDF（resource description framework，资源描述框架）和OWL（web ontology language，万维网本体语言），利用本体描述互联网内容的语义结构，通过对网页进行语义标记获取网页语义信息，从而得到网页内容的语义信息，使得网络信息的组织更加结构化，更加便利了人们获取知识的方式。维基百科是这一阶段的典型代表，大规模维基百科等半结构化知识资源的出现和壮大促进了大规模知识获取方法的突破性发展，为今天大规模结构化知识图谱的构建和应用奠定了重要基础。

2012年诞生的谷歌知识图谱是大规模知识构建和应用的标志性产物，它推动知识工程进入全新阶段[483]。知识图谱（图3-28）以结构化的形式描述客观世界中的概念、实体及其相互关系。实体是客观世界中的事物，概念是对具有相同属性的事物的概括和抽象。知识图谱主要以图的形式表示，其中结

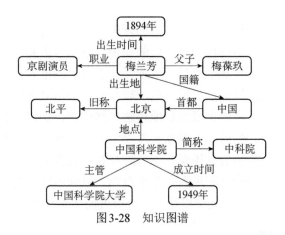

图3-28 知识图谱

点表示实体和概念，边表示概念之间、实体之间以及概念与实体之间的关系。因此，实体、概念和关系组成的三元组是知识图谱的基本表示单元，表示现实世界中的事实。紧随谷歌之后，Meta（原Facebook）和Microsoft也相继推出图谱搜索和Satori知识图谱。商业、金融、生命科学以及电商等特定领域的知识图谱也如雨后春笋般涌现。近年来，百度知心和搜狗知立方等成为中文知识图谱的典型代表，为搜索引擎输出准确和丰富的知识回答提供了核心知识支撑。此外，FreeBase、ConceptNet、BabelNet、NELL、YAGO、DBPedia、Wikidata、XLORE和Zhishi.me等大规模知识图谱为英语和汉语等语言的分析和理解、机器翻译、问答和对话等自然语言处理应用任务提供了丰富的知识资源，直接推动了知识问答和对话等技术的实际落地。

以知识图谱为代表的知识库建设给产业界和学术界带来了积极且深远的影响。以百度知识图谱为例，该知识图谱拥有数亿实体和千亿事实，具备丰富的知识标注与关联能力，包括通用知识图谱、行业知识图谱和关注点图谱等多维度知识图谱，自2014年上线以来，服务规模增长了300多倍。知识图谱技术推动着搜索引擎向智能化发展，从而更好地理解用户需求，并以更加便捷友好的呈现方式直接给用户答案。从学术角度来说，知识图谱技术还处于高速发展过程中，知识图谱构建技术、知识图谱查询和推理技术，以及知识图谱应用都在孕育着更大的突破。例如，在知识图谱构建技术中，当前的三元组表示体系能够表示的知识非常有限，还无法表示序列关系、集合关系、数字关系以及事件关系等。近年来，事件图谱表示和构建技术受到越来越多的关注，有望增加以三元组为核心的知识图谱表示的能力和应用范围。在知识图谱查询和推理计算中，复杂的图结构表示形式给知识图谱的存储和查询带来了挑战，尤其是在知识图谱的规模非常庞大时，空间和时间开销是必须要面对的难题。知识推理从给定的知识图谱推导出新的实体与实体之间的关系，如何有效融合基于符号的推理和基于统计的推理是未来知识推理需要解决的问题。在知识图谱应用方面，越来越多的研究开始在自然语言处理模型中融入知识图谱，使机器更好地理解自然语言，让模型具有更强的学习能力和可解释能力。当前，大数据和深度学习给自然语言处理带来了突破性进展，但同时也面临小数据场景、不可解释和可控性差等一系列问题，导致自然语言处理研究开始逐渐进入一个平台期。以知识图谱为代表的知识库建设被认为是驱动自然语言处理取得下一个突破的关键技术。

四、语言模型

语言模型（language model）最早来自语音识别研究，之后在自然语言处理中得到广泛应用，其目的就是自动估计自然语言句子或词语序列真实出现的概率，或者说衡量句子或词串的流畅程度和符合文法的程度。例如，语言模型可以用来在语音识别系统生成的多个候选结果中选择语言表达最流利的文本。形式上，语言模型通过计算每个词语概率并累积的方式获得整个词语序列符合真实语言表述的概率，因此每个位置（或称时刻）对应词语的概率计算是语言模型的核心。面向每个词语的概率计算，语言模型刻画了一种条件概率，即给定前驱 $t-1$ 个前缀词语的条件下，估计第 t 个词语出现的概率。一般来说，这种条件概率基于最大似然估计通过相对频率的方式进行计算，也即 t 个连续词语作为词组在真实语言数据中出现的次数与前 $t-1$ 个连续词语构成的词组对应次数的比率。由于真实语言数据无法穷尽，因此，通常采用一个规模较大的文本数据模拟真实语言数据。

由于 t 越大，t 个词语组成的序列在真实语言中出现的可能性就越小，导致相对频率无法计算，因此原始语言模型的条件概率难以估计。1980 年，Jelinek 等假设语言模型条件概率符合 $n-1$ 阶马尔可夫链，即第 n 个词语出现的概率仅依赖于之前 $n-1$ 个词语的历史信息，也即 n 元语法模型[484]。例如，如果假设序列中每个词语的出现概率不依赖于其他任何词语，那么称之为一元语言模型（unigram model）。二元语言模型（bigram model）假设序列中每个词语的出现概率当且仅当由其前面的一个词语确定。若每个词语的概率由其前面的两个词语决定，则称之为三元语言模型（trigram model）。在统计机器学习时代，n 元语法模型通过符号串匹配的方式计算相对频率，即使 n

比较小（如$n=2$），很多n元词串也有可能从未在实际文本数据中出现过，从而导致严重的数据稀疏问题。而数据稀疏问题会直接导致零概率事件，即某n元词组在已知真实语言文本中的出现次数为0，从而相对频率为0。为此，研究者提出了一系列数据平滑方法解决零概率事件问题，例如加法平滑（additive smoothing）法、古德-图灵（Good-Turing）法、线性插值（linear interpolation）、KN算法（Kneser-Ney smoothing）和Katz平滑法等，为语言模型在语音识别和自然语言处理等领域的大规模应用提供了关键技术支撑[485]。

虽然平滑方法在一定程度上缓解了数据稀疏问题，但是无法解决词汇之间的语义鸿沟难题。例如，"教师"和"老师"两个词语几乎拥有相同的语义信息，然而在字符层面却是两个不同的词语，基于离散符号匹配算法得到的相似度为0，于是"学生与教师"和"学生与老师"两个词语序列作为历史信息时代表不同的上下文，从而预测下一时刻的词语时就会产生截然不同的结果。为了更加有效地缓解相对频率模型的数据稀疏和语义鸿沟等问题，Bengio于2003年提出基于前馈神经网络的n元语法模型，将每个词语映射至低维实数向量，拼接前$n-1$个词语对应的向量，并通过多层前馈神经网络计算第n个词语的语言模型概率[486]。在低维连续实数向量空间中，语义相似的词语，例如，"教师"和"老师"就会非常接近，从而"学生与教师"和"学生与老师"共享相似的语义，预测后续词语时就会给出相似的概率分布。

前馈神经网络语言模型［图3-29（a）］有效缓解了语义鸿沟问题，不足之处在于仅能建模固定窗口大小的历史信息。2010年，Mikolov等提出基于循环神经网络的语言模型（recurrent neural network language model）[487]，舍弃n阶马尔可夫链的假设，直接对$t-1$个词语序列的历史进行建模，通过循环编码的方式不断累积历史信息，使得每个时刻对应的语义表示理论上编码了之前的所有历史上下文信息，从而实现了基于完整历史信息预测下一个词语的出现概率［图3-29（b）］。循环神经网络在长距离信息传递过程中面临梯度消失和梯度爆炸问题，虽然长短时记忆网络在该问题上有所缓解，但是在长距离依赖关系建模方面仍然面临效率的挑战，例如第1个时刻的信息传递至第n个时刻需要经过n步的循环操作。

受到2017年谷歌提出的变换器模型的启发，亚历克·拉德福德（Alec Radford）等于2018年提出基于完全自注意力机制的语言模型，历史信息对当前时刻语义表示的贡献可以通过直接计算当前词语和历史信息中每个词语的注意力权重，然后对历史信息中每个词语的语义表示依据注意力权重分布进行线性加权来得到所有历史信息的语义表示。在该模型中，任意时刻的信息传递至第 n 个时刻仅仅需要一步操作，语言模型的性能和效率同时得到实质性的提升［图3-29（c）］。

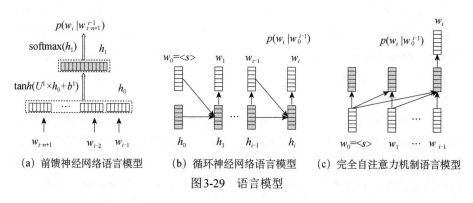

(a) 前馈神经网络语言模型　　(b) 循环神经网络语言模型　(c) 完全自注意力机制语言模型

图3-29　语言模型

语言模型被广泛应用于中文输入法、机器翻译、自动摘要与人机对话等各种文本生成和文法自动校对等任务中，推动了这些任务的技术发展和产业应用。在统计机器学习时代，语言模型用来度量候选结果序列的出现概率，从候选结果列表中挑选出最流畅的候选。在深度学习时代，机器翻译、自动摘要和人机对话等文本生成任务直接可以视为一个语言模型问题，在分布式表示和端到端建模方法的基础上取得突破性进展。尤其是 ELMo[488]、GPT[489]和 BERT[490]等预训练模型的提出极大地推动了语言模型在各个自然语言处理任务上的应用。这类模型基于分布式表示和深度神经网络模型（尤其是多层自注意力机制模型），以互联网海量文本为输入，学习一个通用的语言模型，能够充分记忆上下文语义信息。若以该模型为基础在不同自然语言理解任务上进行参数微调，则可在很多任务上达到目前的最佳性能，如在阅读理解任务上已经超越普通人类的水平。特别是，使用更多模型参数在更大规模数据上训练的 GPT-2[491]和 GPT-3[492]模型可以自动生成行文流畅的新闻文本，充分体现了语言模型的优势。

五、序列标注模型

序列标注模型（图3-30）就是利用机器学习方法为给定序列中的每个元素预测一个标签。在自然语言处理任务中，作为处理对象的文本可以视为字符或单词的序列。很多自然语言处理任务，例如以汉语分词为代表的词法分析、以依存关系分析为代表的句法分析和以语义角色标注为代表的语义分析等，都可以形式化为序列标注问题，即为文本序列中每个字符或单词预测一个标签。自数据驱动的自然语言处理方法兴起后，序列标注模型成为词法、句法和语义分析等自然语言处理任务的主流方法，20世纪90年代的隐马尔可夫模型[493]、2000年后的最大熵模型[494]、支持向量机和条件随机场模型[26]以及21世纪最初10年的深度学习模型，是不同历史时期典型的序列标注模型，在各自的历史阶段推动了自然语言处理技术的发展[495]。

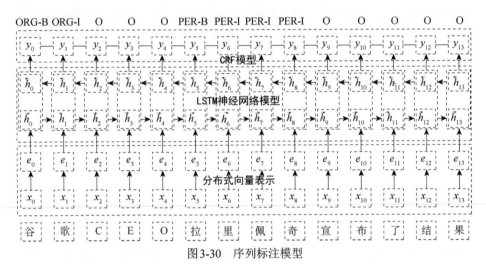

图3-30 序列标注模型

从输入、输出和模型角度，序列标注模型可以划分为不同的变体。从输入的角度，文本是序列标注模型的处理对象，在自然语言处理中通常是一个个句子。句子既可以视为词语序列，也可以视为字符序列。例如英语句子的字符序列就是英文字母、标点符号和空格的序列，而汉语句子的字符序列就是汉字和标点符号的序列。在词性标注、命名实体识别和语义角色标注等一些自然语言处理任务中，词语序列和字符序列都可以作为模型输入。以词性标注为例，若以词语序列为输入，模型需要预测每个词语属于哪类词性；若以字符序列为输入，模型需要预测每个字符属于哪类词性以及属于该词性的哪个角色，例如"学习"中的汉字"学"属于动词（v），而且是动词的开始（v-begin）。由于词语序列依赖分词结果，而分词不可避免地会存在错误，从而引起错误累积问题。很多研究表明，基于字符序列的序列标注模型更加适合自然语言处理任务，能够取得更优的效果。

从输出的角度，标注类别的设计是序列标注模型的核心。通常，输出类别与输入形态密切相关。如上所述，词语序列为输入时，词性标注任务的输出类别就是所有可能词性的集合；字符序列为输入时，词性标注的输出类别标签集合将是词性类别与角色（位置）类别的笛卡儿积。如果角色采用类别的开始 B（begin）、内部 M（middle）和结尾 E（end）作为标签，那么输出类别包括所有词性类别与三种位置角色的组合。不同的自然语言处理任务需要设计不同的位置角色集合，例如命名实体识别任务不仅需要开始、内部和结尾三种标签，还需要另外一个角色 O（out）来表示当前待预测词语或字符不属于任何命名实体类别。研究发现，在同一种任务中使用不同的位置角色集合，例如将 M 和 E 都替换为 I（in）表明某个类别的内部，序列标注的性能基本不会产生显著变化。

模型是序列标注任务的核心。20世纪90年代，隐马尔可夫模型是序列标注任务的主流方法。作为一种生成式方法，隐马尔可夫模型认为输出类别序列是隐变量，而输入文本序列由隐变量生成。具体地，隐马尔可夫模型对 $t-1$ 时刻的输出类别、t 时刻的输出类别、t 时刻的输入文本单元（词语或字符）三者的联合概率进行建模，即 $t-1$ 时刻的类别产生 t 时刻的类别，t 时刻的类别产生 t 时刻的文本单元。隐马尔可夫模型在早期推动了汉语分词、词性标注以及命名实体识别等自然语言处理任务的发展。隐马尔可夫模型对前后时刻的类别和输入文本单元之间的假设过于严格，无法充分利用长距离的依赖和更加丰富的特征。2000年前后，最大熵模型、支持向量机与条件随机场模型等一系列判别式方法相继被提出。判别式方法直接对输出类别序列给定输入文本的条件概率进行建模，任何有利于判别输出类别标签的信息都可以设计为特征融入判别式模型，以提升序列标注任务的性能。其中，条件随机场模型能够对输出类别标签序列进行全局联合推断，在众多自然语言处理的序列标注任务中取得了最好的效果。即使进入深度学习时代，条件随机场模型也经常作为最后一层与多层双向长短时记忆网络结合，对输出标签序列进行联合推断。进入深度学习时代后，循环神经网络，尤其是基于长短时记忆单元的循环神经网络，擅长对输入文本的长距离依赖关系进行建模，逐渐成为序列标注任务的主流模型[496]。2018年，基于完全自注意机制的预训练语言模型 BERT 横空出世，任意距离的依赖关系可以直接建模，性能和效率得到突破性的改善，目前成为几乎所有序列标注任务的统一模型[490]。

由于汉语分词在自然语言处理序列标注模型的发展过程中发挥了非常关键的作用，下面以汉语分词为例详细介绍其发展历程。汉字书写时字与字之间没有空格，汉语分词就是利用计算机将汉字序列自动准确地切分为词语序列，是汉语句法、语义、篇章等基础分析和各种中文信息处理应用的基础。

传统基于词典的模型很难处理歧义词和未登录词语，Xue等提出由字构词的汉语分词思想，将词语中的每个字分为四类：词首（begin，B）、词中（middle，M）、词尾（end，E）和单字词（single，S），将汉语分词问题自然转换为针对汉字的序列标注任务，使得最大熵、条件随机场和循环神经网络等序列标注模型能够应用于汉语分词任务，极大地提升了汉语分词任务的性能。例如，在新闻领域的F1值从90%左右提升到超过97%，带动了以汉语分词为基础的各种自然语言处理技术的发展和应用[497]。

无论是学术界还是产业界，序列标注模型给自然语言处理技术的发展都带来了积极深入的影响。在学术界，序列标注模型已经成为各种自然语言处理任务的基本处理范式。研究者将几乎所有自然语言理解的研究问题都转换为序列标注任务，特别是2018年谷歌提出的BERT预训练语言模型，将11种自然语言理解任务统一于序列标注模型的框架下，取得了媲美人工水平的效果。在产业界，序列标注模型推动了自然语言处理技术的实用化。百度、搜狗等搜索引擎公司和京东、阿里巴巴等电商公司都在使用基于序列标注模型的自然语言理解技术提升用户的满意度。

六、句法结构理论和篇章表示理论

20世纪50年代是句法理论发展的辉煌时期。1953年，法国语言学家Tesnière发表《结构句法概要》[498]。1957年，Chomsky出版《句法结构》[499]。1960年，美国学者Yngve发表《句法翻译框架》[500]。一批语言学理论相继问世，由此开创了语言研究的新历程，在自然语言处理领域近四十年盛行不衰，对于本领域的贡献和影响毋庸置疑。尤其需要提及的是，诺姆·乔姆斯基的句法结构理论不仅在自然语言处理领域广泛应用，而且成为计算机编译系统的理论基础，同时对语音识别、模式识别和认知语言学等相关研究产生了深远影响。

句法结构理论主要用于分析句子中词语之间的组合和依赖关系，其中，以乔姆斯基上下文无关文法为基础的短语结构分析和以泰尼埃配价理论为基础的依存关系分析是两大主流技术。短语结构分析技术将句子分析成层次化的短语结构树。例如，在句子"北京是中国的首都。"中，"中国""的""首都"构成下层的名词短语，然后与"是"形成中间层的动词短语，最后与"北京"、句号"。"构成最上层的完整句子（图3-31）。该技术被广泛应用于命名实体识别、词性标注、语言教学、问答系统和机器翻译等几乎所有的自然语言处理任务，甚至在语音识别中也用到短语结构分析技术。为了缓解和建模词汇组合的歧义问题，概率上下文无关文法（probabilistic context-free grammar，PCFG）对上下文无关文法进行了扩展，能够为句子找到最有可能的短语结构树，从而进一步提升了句法结构分析的准确率和实用性。

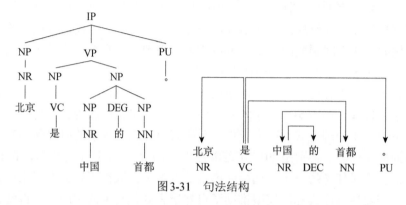

图3-31　句法结构

依存关系分析主要用于刻画词语之间的语义依赖关系（或称从属关系）。通常，句子中的某个动词是整个结构的中心（如图3-31中的"是"），其他词语直接或间接地依赖或从属于该核心动词，其中每种依赖关系通过有向边连接，由中心词语指向从属词语（如图3-31中的从属词语"中国"修饰中心词语"首都"）。相比于短语结构分析输出层次化树结构，依存关系分析得到的是扁平的树结构，每个词语对应当且仅当对应一个结点，结点之间的边由依存关系表示，核心动词代表根结点。由于该技术直接从词语间的语义从属角度分析句子，因此在词义消歧、文本蕴涵和推理、自动问答及机器翻译等很多自然语言处理任务中同样发挥了巨大作用。依存关系分析可以在短语结构分析结果的基础上通过转换的方法实现。

另外，20世纪60至80年代提出的格语法（case grammar）[501]、词汇功能语法（lexical functional grammar，LFG）[502]、管辖与约束理论（government and binding theory，GB）[503]和功能合一文法（function unification grammar，FUG）[504]等理论进一步丰富了句法和语义理论的发展，共同成为理性主义的自然语言处理方法中不可忽视的家族成员。其中，格语法由美国语言学家查尔斯・菲尔墨（Charles Fillmore）于1968年提出，旨在分析句中动词所需要的语义角色，如主体、客体、受益人、地点和工具等。词汇功能语法由琼・布雷斯南（Joan Bresnan）和罗纳德・卡普兰（Ronald Kaplan）于20世纪70年代提出，该语法认为语言由多维结构组成，主要结构包括语法功能表示结构、句法成分结构、论元结构、语义结构、信息结构和形态结构等。管辖与约束理论由诺姆·乔姆斯基于 20 世纪 80 年代提出，管辖适用于格分配的抽象语法关系，约束理论主要用于处理代词和其指之间的关系。由于句法理论为句子分析提供了结构化信息，成为很多自然语言处理任务的关键技术，因此在端到端的神经网络方法提出之前几乎成为无法绕开的技术核心，甚至直到今天仍然在很多应用系统中发挥着不可替代的作用。例如，百度公司利用依存结构文法分析用户查询的语义，准确把握用户意图，提升搜索结果的用户满意度，很多自动问答和客服系统是基于规则与模板实现的。

篇章是由句子按照一定的逻辑语义顺序组成的语言单位，包括段落、整篇文章或对话，甚至一部著作也可算作一个篇章。因此，篇章理论研究的是段落或篇章中句子之间的组合和依赖关系。伯格兰德（Berglund）于 1981 年提出满足篇章性的 7 条标准，包括衔接性、连贯性、意图性、可接受性、信息性、情景性与篇际性。其中，衔接性与连贯性是篇章理论的主要研究内容。篇章的衔接关系分析旨在分析词汇之间的语义关联，如同义关系、反义关系、整体与部分关系、远程搭配关系以及指代关系等，其分析结果一定程度上可以揭示话题的演化过程。连贯分析主要研究前后句子段落的关联关系，从而发现前后文的内容演进与逻辑关系。目前广泛采用的篇章理论包括修辞结构理论（rhetorical structure theory，RST）[505]、中心理论（centering theory）[506]、脉络理论（veins theory）[507]、篇章表示理论（discourse representation theory，DRT）[508]和言语行为理论（speech act theory）[509]等。遗憾的是，这些理论无一例外地来自西方语言学，主要的研究对象是英语，而不同的语言的篇章结构和重点研究问题都不尽相同。例如，汉语的篇章结构与英文有明显的区别，这是大家所共知的事实。针对汉语，我国的 Song 等提出的广义话题结构理论能够较好地处理汉语中典型且常用的流水句[510]。苏州大学自然语言处理团队提出以篇章主次关系作为媒介[511]，归纳出一个微观和宏观统一的多层篇章结构表示体系，该体系为语料资源构建和篇章语义分析与计算模型研究奠定了基础，可应用于自动文摘与机器阅读理解等领域。近年来，基于篇章的问答、阅读理解和机器翻译成为人们关注的研究热点。

七、文本表示模型

文本是序列化和结构化的语言表达。在计算机中如何表示文本和如何计算文本之间的相似性一直是自然语言处理面临的一个挑战。文本表示模型旨在对文本进行高效准确的表示，为自然语言理解和语义计算提供基础。文本表示模型的核心体现在基本单元词汇的语义表示和词汇表示到文本表示的语义组合方法。在自然语言处理几十年的发展历程中，文本表示方法经历了从离散符号表示到连续向量表示的范式转变。

离散符号表示将词语视为离散的符号，每个词语可以表示为维度等于词表规模的 one-hot 向量，其中某一维为 1，其余维都是 0。在这种表示体系下，句子和篇章通常采用词袋模型来表示。1954 年 Harris 在 *Distributional Structure* 一文中提出词袋的概念，在随后的几十年中词袋模型一直是文本表示的主流模型[512]。词袋模型是一种简洁高效的文本表示模型（图 3-32），首先遍历所有文本计算词汇集合，然后将每个文本视为词汇集合的一个子集，并赋予集合中的每个元素相应的权重，最终获得文本的词袋表示。其中，词汇权重的计算是关键，一般可以采用布尔值（词汇是否在文本中出现）、频率（词汇的出现次数）和词频-逆文档频率等方式进行估计。为了增强词袋模型的表示能力，也可以采用 n 元词组作为基本单元，从而捕捉更大范围的语言使用习惯。词袋模型极大地推动了文本匹配、文本分类和情感分析等自然语言处理任务的发展。词袋模型的概念也被成功应用于视觉和图像领域，发展成为视觉词袋模型，展现了该模型的重要意义和价值。

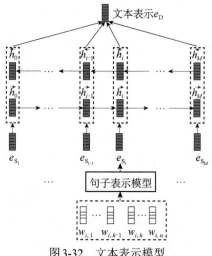

图 3-32　文本表示模型

离散符号表示的不足是词语和词语之间没有距离的概念，以 one-hot 表示为例，无论采用哪种距离度量方法，任意两个词语之间的语义距离都是 0。20 世纪 90 年代提出的布朗聚类算法可以解决这个问题。该算法为词表中的所有词汇学习一个层次化的聚类，根结点到词汇之间的路径便可以用来表示该词汇。

分布式连续向量表示便于语义计算和度量，理论上可以解决词语、句子和篇章之间的语义鸿沟问题，关键是如何学习词语的连续向量表示，以及如何由词语的连续向量表示获得句子和篇章的语义向量表示。Harris 和 Firth 分别于 1954 年和 1957 年提出并明确了词语的分布式假说：一个词语的语义由其上下文决定，即上下文相似的词语其语义也相似[512, 513]。矩阵分解和神经网络是学习词语分布式向量表示的两大主要模型。矩阵分解方法首先构造"词语–上下文"的共现矩阵，然后采用奇异值分解、非负矩阵分解以及典型相关分析等矩阵分解方法得到词语的向量表示，代表方法包括潜在语义分析模型和潜在狄利克雷分配模型。若采用"词语–句子"或"词语–文档"的矩阵构造方法，矩阵分解方法同时可以得到句子或篇章的分布式向量表示。

近年来，神经网络是学习分布式向量表示的主流模型。2003 年，Bengio 提出采用低维连续的实数向量表示每个词语，并以此为基础采用前馈神经网络学习 n 元语法模型，标志着基于神经网络的分布式文本表示的开端[486]。Mikolov 等于 2013 年提出基于 Skip-gram 和 CBOW 模型的 Word2Vec 方法，极大地简化了词语的分布式向量学习方法，从而可以充分利用海量无标注文本数据高效学习词语的低维连续向量表示[514]。Word2Vec 方法还发现了基于分布式连续向量的词语表示之间存在类比关系，例如 man-woman≈king-queen、China-Beijing≈Japan-Tokyo。Word2Vec 高效学习方法的出现加快了分布式向量表示在自然语言处理领域的广泛应用。词汇的分布式表示解决了词袋模型"非 0 即 1"的问题，并且能够在低维连续的实数向量空间中度量词汇的语义距离，这样数学上的连续函数、可导、可微操作都可以在语义计算上得到应用，大大增强了语义计算模型的描述能力。

在词汇分布式表示的基础上，语义组合方式成为文本表示的焦点。基于分布式表示的词袋模型是一种学习句子和篇章表示的常用语义组合模型，即采用词向量平均或加权平均的方法获得句子和篇章的分布式表示。这种简单方法忽略了词序和句间逻辑关系的作用，难以获得准确的语义表示。考虑到语序关系，前馈神经网络、循环神经网络、卷积神经网络和变换器网络是语义组合的代表模型。前馈神经网络拼接固定窗口中相邻词汇的语义表示，并通过线性和非线性映射获得输入文本的表示[486]。前馈神经网络只能对固定长度的输入进行编码和分布式表示，而自然语言中句子和篇章的长度变化范围较大。后三种神经网络模型可以解决非固定长度输入的分布式文本表示问题。其中，循环神经网络从左往右或从右往左按顺序组合词汇的语义表示，并用最后时刻的隐藏状态作为文本最终的语义表示[515]。卷积神经网络自下向上不断地卷积局部窗口信息，并通过池化的方式学习文本最重要内容[516, 517]。2017 年开始兴起的变换器网络通过词汇间两两计算的方式更加高效地组合词汇的语义，从而获得文本的语义表示[518]。虽然循环神经网络、卷积神经网络和变换器网络都可以对变长输入进行编码表示，但是这些模型更擅长句子表示，在更长的篇章表示方面还需要不同模型进行层次化的组合表示。例如采用循环神经网络、卷积神经网络或者变换器网络对句子进行表示，然后采用循环神经网络或卷积神经网络对句子序列再进行编码表示。

自 2018 年以来，ELMO[488]、BERT[490]和 GPT[489, 491]等大规模预训练模型的兴起进一步奠定了分布式向量表示的统治地位。分布式文本表示模型极大地便利了自然语言的表示和计算，成为深度学习应用于自然语言处理任务的基石，推动了文本理解和机器翻译等应用的突破性发展。

八、自动问答与人机对话

自动问答与人机对话一直是自然语言处理和人工智能领域的研究热点。自动问答的目标是利用计算机自动回答用户提出的问题以满足用户的知识需求。

不同于现有搜索引擎，问答系统是信息服务的一种高级形式，系统返回用户的不再是基于关键词匹配排序的候选问答列表，而是精准的自然语言答案。1950 年，Turing 以自动问答的实现方式提出了经典的图灵测试[519]。在技术上，自动问答主要经历了检索式问答和知识库问答两种范式。检索式问答以问题检索和答案抽取为核心任务，具体包括问题分析、文档检索和答案抽取，主要分为基于模式匹配的问答方法和基于统计文本信息抽取的问答方法。1999 年，美国国家标准与技术研究院（NIST）组织的问答评测任务推动了检索式问答技术的发展。2011 年 IBM 开发的战胜人类冠军的"沃森"（Watson）问答系统就是检索式问答的典型代表[520]。

检索式问答的核心还是浅层语义分析和关键词匹配，难以完成需要深层逻辑推理的问答，与理想的智能问答存在巨大的语义鸿沟。随着 FreeBase 和 DBPedia 等知识图谱的构建与完善，基于知识库的问答技术开始受到越来越多的重视。基于上述结构化知识，问答系统的任务就是分析用户问题的语义，并直接在知识库中查找、推理出对应的答案。主要流程包括：首先将用户的自然语言问句转换为结构化的语义表示，如 Lambda-范式，然后根据问句的结构化语义表示在知识库中进行查询、匹配和推理等操作，最终返回候选答案。

　　与自动问答相比，人机对话更加广泛，是指让计算机像人一样通过自然语言与人类进行自由沟通和交流。除了自动问答，人机对话还包括聊天型对话、任务型对话和推荐式对话。聊天型对话系统旨在模拟人类的对话行为，通过语音或文本实现机器与人类在任意开放话题上进行长时间的自然交流。从发展历程的角度，聊天型对话技术经历了基于规则的方法、基于检索的方法和基于生成的方法的发展历程。基于规则的聊天型对话系统依据事先设计的规则对用户输入进行自然语言解析，并抽取出预定义的关键词等信息，然后根据抽取出的关键词等信息，通过预定义好的模板进行回复。基于检索的聊天型对话系统需要事先从互联网等各种途径抓取大量人与人之间的聊天历史记录并进行索引，执行对话时通过匹配模型实现对用户问题和候选回复的语义理解，最后通过排序模型选择最佳回复。基于生成的聊天型对话系统采用类似于编码-解码的端到端机器翻译思想，利用大规模人类聊天的一问一答数据进行训练，然后直接利用训练好的模型对用户输入进行编码并解码输出系统回复。1966年，历史上第一个聊天机器人伊丽莎（Eliza）在麻省理工学院诞生，主要功能是通过与患者聊天达到心理治疗的目的[521]。1995年，卡内基·梅隆大学开发出ALICE聊天机器人[522]。2014年，代表性聊天机器人微软"小冰"（XiaoIce）诞生，截至2020年已经迭代至第八代[523]，2020年7月"小冰"走出微软，已经作为独立公司运营。

　　任务型对话系统是指以完成特定任务为主要目的的人机对话系统，主要流程如图3-33所示。早期的任务型对话系统以单一任务为主，如机票预订对话系统、天气预报对话系统和医疗诊断对话系统等。近年来，面向多任务的对话系统不断涌现并逐渐进入人们的日常生活中。个人智能助理和智能音箱是任务型对话系统的典型应用。Siri是以任务型对话为主的智能助理的代表，于2011年正式发布。2015年百度公司研发推出了对话式智能秘书"度秘"（Duer）。其他还有谷歌助理（Google Assistant）、微软小娜（Microsoft Cortana）和Facebook虚拟助手M（Facebook M）等。亚马逊于2014年推出的Alexa是智能音箱的代表，其他包括Google Home、Apple HomePod、小度和小爱同学等。自动问答和人机对话已经成为人们生活中的常用工具。

　　2011年，IBM公司开发的"沃森"问答系统参加知识问答节目《危险边缘》的知识竞赛，一举击败两位顶级人类专家获得世界冠军，标志着自动问答技术的突破性进展。据微软公司报道，截至2019年，聊天机器人微软"小冰"在全球已拥有6.6亿用户，1.2亿月活跃用户，一次对话可达23轮交

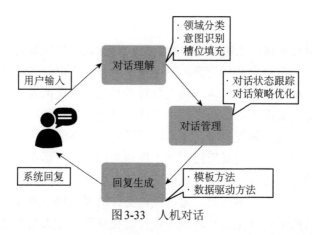

图3-33　人机对话

互[524]。亚马逊公司表示，截至2019年，该公司已经售出了超过1亿台Alexa智能助理终端。可见，应用于手机、电脑、智能家电等各类型终端的自动问答和人机对话已经成为很多人生活中的一部分。

在学术影响方面，近年来的顶级会议投稿数据显示，自动问答与人机对话已经是最大的关注点。据2020年自然语言处理领域的顶级国际会议国际计算语言学协会（Association for Computational Linguistics，ACL）年会统计，在20多个领域中，自动问答与人机对话的投稿量占所有投稿量的11.7%。在产业影响方面，越来越多的公司重点投入人机对话系统的研发，例如除了谷歌、微软和亚马逊等美国公司外，我国的百度、阿里巴巴和京东等公司都在发力人机对话系统，尤其是智能助理和智能客服。

九、机器翻译

机器翻译是自然语言处理技术最典型的应用，其目标就是利用计算机将一种自然语言（源语言）自动转换为另一种自然语言（目标语言），是自然语言处理的代表性应用技术，是突破全球语言障碍的关键。根据系统输入的不同，机器翻译包括文本翻译和语音翻译两种。语音翻译是语音识别、文本翻译和语音合成三种技术的集成。

自1947年机器翻译概念被正式提出以来，机器翻译经历了70多年的发展历程[525]。1990年之前，基于规则的方法是机器翻译的主流，由通晓两种语言的专家设计语言转换规则，实现从源语言文本到目标语言文本的自动翻译。规则翻译方法简单高效，具有一定的通用性，但是存在一些难以突破的瓶颈问题，如规则一般只能处理规范的语言现象，获取规则的人工成本较高，维护大规模规则库比较困难，而且新规则与已有规则易发生兼容性问题，等等。1990年至今，随着双语对照的平行语料数据规模的不断增长和机器学习理论方法的不断发展，数据驱动的机器翻译方法占据主导地位。数据驱动的翻译方法主张从已知的翻译实例中自动学习两种语言之间显式或隐式的转换规则，其中包括统计机器翻译和神经机器翻译两种方法。

1990年前后，IBM公司的研究人员提出统计机器翻译的数学建模方法，将机器翻译过程形式化为噪声信道模型，利用从目标语言到源语言的翻译模型和目标语言的语言模型构建完整的机器翻译模型[526]。随着2000年左右词语对齐方法、基于最大熵的判别式多特征建模方法[527]、最小错误率训练方法[528]以及基于短语的翻译方法的提出和开源[529]，统计机器翻译逐渐成熟。截至2014年左右，统计机器翻译一直是主流。该技术从双语对照的训练语料中学习两种语言词汇、短语和片段之间的映射关系（显式翻译规则），并估计每条翻译规则的概率，最终对未见的测试句子利用概率化的显式翻译规则进行解码获得目标语言译文。基于统计机器翻译技术，谷歌公司于2006年上线了第一个机器翻译在线系统，百度公司于2011年上线了以汉语为中心的在线翻译系统，使机器翻译快速进入大众的学习、工作和生活之中。然而，统计机器翻译的译文质量十几年里一直无法令人满意，该模型中的词语对齐、翻译模型、语言模型和调序模型等多个人工设计模块的级联范式受到错误传递的严重影响，而且这种基于离散符号匹配的框架缺乏相似语义建模的能力，难以捕捉词语、短语和句子等语言单元之间的深度语义关系，无法充分拟合训练数据。

2014年，随着深度学习技术的逐渐成熟，Sutskever等提出基于端到端序列生成的神经网络机器翻译模型[530]，它在词语、短语和句子分布式表示的基础上，直接采用编码器–解码器的全新范式对机器翻译进行建模，如图3-34所示。其中，编码器将源语言句子编码为一个低维连续的语义向量，解码器将该语义向量解码生成目标语言的句子。这种全新的端到端序列生成范式直接拟合两个序列之间的映射函数，学习两种语言之间的隐式翻译规则，极大地提升了模型的学习能力和泛化能力。鉴于一个向量难以准确表示一个完整句子，并且目标语言每个时刻的译文生成应该依赖源语言句子的不同部分，Bahdanau等于2015年将注意力机制模型首次引入端到端的机器翻译任务，为预测目标语言句子每个词语动态计算应该关注的源语言句子的局部上下文信息，极大地提升了译文质量和解码过程的可解释性，推动了机器翻译技术的变革性发展[531]。注意力机制也被成功应用于自动问答、阅读理解和人机对话

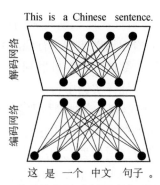

图3-34　基于编码器–解码器的机器翻译模型

等各种自然语言处理任务以及图像和视觉任务，成为模式识别领域的一个标准模块。2016年，谷歌公司上线了基于深度学习的端到端机器翻译系统，分析证明在多个语言对上相比统计机器翻译模型性能提升50%以上。2017年，谷歌公司创造性地提出变换器机器翻译模型，采用完全注意力机制取代循环神经网络和卷积神经网络，任意两个位置之间的依赖关系利用直连方式计算，增加了语义的全局建模能力，进一步改善了机器翻译的效果，提升了模型的训练效率[518]。

　　近年来，随着语音识别、机器翻译和语音合成技术的快速进展，语音翻译的性能不断提升，甚至在简单的日常口语对话场景下，说话人发音基本标准时，汉英、汉日等大语种之间的口语翻译基本可以满足普通用户的简单翻译需要。机器同声传译也在语音技术和翻译技术的推动下得到了快速发展，基于流式语音的低时延高质量的机器同声传译在国际会议与国际产品发布会等多语言场景下有着广泛的应用。

　　在学术影响方面，机器翻译一直是向不同领域、不同学科输出技术的研究方向。端到端建模和注意力机制成为自然语言文本生成与诸多人工智能任务的基本建模方法。在产业影响方面，谷歌、百度、阿里巴巴、有道和搜狗等公司基于端到端建模和注意力机制开发的在线翻译系统，已成为人们日常生活中多语言信息获取的必备工具，据谷歌、百度和阿里巴巴等公司报道，在线机器翻译每天提供几千亿字符的翻译服务；科大讯飞、百度和搜狗等公司基于此技术研发的多语言翻译机已经成为人们出国旅游的日常语言交流工具。

十、听觉场景分析与语音增强

　　语音增强的目标是提高带噪语音的可懂度和感知质量，在降低回声、噪声和混响干扰的同时保持语音不失真，它对语音识别和语音通信等现实应用具有重要价值，是语音信号处理领域的一个重要研究问题。语音增强主要包括回波抵消、语音降噪、语音去混响和语音分离等技术，具体如图3-35所示。

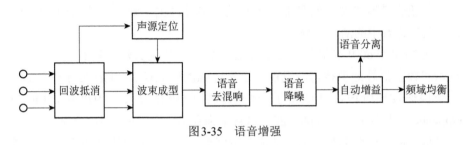

图3-35　语音增强

听觉场景分析（auditory scene analysis，ASA）是语音增强的一个非常经典的方法，它是Bregman[532]于1990年根据人类对声音信号的处理原理和认知心理学而首次提出的概念。人类听觉系统对语音信号的感知能力大大超过目前的信号处理水平，特别是在强噪声干扰下，人类能有选择地"听取"所需的内容，即所谓的"鸡尾酒会效应"。听觉场景分析是解决这一问题的关键技术。目前针对听觉场景分析的研究有两种方法：一种是从人的听觉生理与心理特征出发，研究人员在声音识别过程中的规律，即听觉场景分析[532]；另一种是利用计算机技术模仿人类对听觉信号的处理过程，即计算听觉场景分析（computational auditory scene analysis，CASA）[533]。计算听觉场景分析技术以听觉场景分析为机理，试图通过计算机模拟人耳对声音的处理过程来解决语音分离问题，是一种结合人类听觉特性的语音增强方法。Weintraub博士[534]最早提出了计算听觉场景分析系统，实现了两个说话人的语音分离。这个系统基于频谱的周期性及时间连续性线索，利用两个说话人的基音包络对时频（time frequency，TF）单元进行组织，最后利用二值掩蔽从输入的混合语音信号中提取出目标语音信号。接着，英国谢菲尔德大学的Cooke[535]提出了利用CASA进行目标语音和噪声信号分离技术。该方法主要是利用相邻TF单元在瞬时频率或幅度调制率相似性以及频谱结构的连续特点，从而可以将独立的TF单元合并成同步流片段，最后利用基音作为线索对同步流片段进行组织，从而可以实现语音和噪声分离的功能。此后，在Cooke语音分离系统的基础上，布朗（Brown）在CASA中引入了共同起止语音点。2004年，Hu和Wang[536]对不同的频段采用不同的处理方法，具体来说，就是针对高频非确定谐波和低频确定性谐波采取不同的处理策略，该系统显著增强了语音分离的性能，特别是高频段的语音分离，进一步推动了CASA技术的发展。上述方法能够实现具有谐波结构的浊音段的分离，很难处理没有明显谐波结构的清音部分。相对于其他的语音增强方法，CASA 对噪声没有任何假设，具有更好的泛化性能。然而，CASA 严重依赖于语音的基音检测，而在噪声环境里，语音基音检测通常是非常困难的。另外，由于缺乏谐波结构，CASA 很难处理语音中的清音成分。

从 20 世纪 60 年代开始，语音增强开始受到广泛关注。随着电子计算机技术和数字信号处理技术的发展，语音增强的研究在 20 世纪 70 年代达到了一个快速发展阶段，并取得了一些阶段性的研究成果。1978 年，Lim 和 Oppenheim 提出了基于维纳滤波的语音增强算法[537]。1979 年，博尔（Boll）提出基于最大似然准则的谱减法语音增强算法，该方法使用噪声的平均谱来估计带噪语音段的噪声信号，通过谱减法可以对加性噪声进行抑制。该方法是在平稳噪声环境下或是缓慢变化的噪声环境下且语音信号与噪声互相关系数为零的前提下提出的，虽然背景噪声可以得到有效抑制，但是它对音乐噪声的抑制情况并不理想，主要原因是谱减法中噪声信号局部平稳的假设与实际环境有所差异。20 世纪 80 年代，机器人和模式识别领域的发展推动了语音增强技术的迈进，其间莫莱（Maulay）和马尔帕斯（Malpss）提出了软判决噪声抑制法，该算法对语音增强技术的发展产生了较为深远的影响。伊弗雷姆（Ephraim）和马拉（Malah）在 1984 年提出了基于最小均方误差（minimum mean square error，MMSE）估计的语音增强算法，这类方法将统计建模的思想应用于语音增强，在一定程度上克服了谱减法的不足。进入 20 世纪 90 年代，语音识别与移动通信技术的不断发展为语音增强研究提供了更多的需求和动力，相继出现了一些语音增强方法，如基于信号子空间的语音增强算法、基于小波变换的语音增强方法、基于离散余弦变换的语音增强方法、基于人耳听觉掩蔽效应的语音增强方法等。这些方法在某些环境下可以改善语音增强算法的性能，但是在非平稳噪声环境下的性能仍然难以达到令人满意的效果。

此外，随着盲源分离技术的发展，将语音信号和背景噪声作为源信号，通过信号分离的方式达到语音增强目的，这类方法也得到了越来越多国内外学者的关注，基于非负矩阵分解的语音增强方法，至今仍然是语音增强领域的研究热点。但是这类方法通常计算复杂度较高，因此难以在实际的语音通信系统中得到应用。进入 21 世纪后，随着语音信号处理技术的不断成熟，许多新的语音增强算法被相继提出，如派尔沃（Pailwal）将卡尔曼滤波器的思想应用于语音增强领域，伊弗雷姆提出了基于隐马尔可夫模型的语音增强算法。基于人工神经网络的方法在语音增强和语音分离中也得到了广泛的应用。这类基于数据驱动的语音增强方法可以自动学习带噪语音和安静语音之间的映射关系，但是这类算法在不同噪声环境下的鲁棒性难以提升。这些方法计算复杂度相对较低，但是难以有效抑制非平稳干扰。基于麦克风阵列的语音增强方法可以有效增强目标方向的语音，但通常受限于麦克风阵列的结构。

2013年以后，随着深度学习的成功，基于深度学习的单通道语音增强方法也越来越流行。汪德亮等利用深度神经网络学习时频域的声学特征和目标掩蔽值之间的映射，有效提升了语音增强算法的性能[538]，但是在非平稳噪声环境下的性能仍然难以达到令人满意的效果。李锦辉[539, 540]等提出利用深度神经网络建立噪声信号的幅值谱和干净目标语音的幅值谱之间的映射关系。陶建华[541]等则通过将信号处理中后置滤波的思想运用到深度学习中，提出了基于深度注意力融合特征的端到端后置滤波语音分离方法，显著提升了语音分离的性能。近几年，循环神经网络、卷积神经网络和对抗网络等网络结构也应用于语音增强中，并且都取得了较好的效果[542, 543]。同时，为了进一步提升语音增强的性能，近年出现了基于端到端的语音增强方法，其直接利用时域的波形点作为特征来进行语音增强。这类方法可以很好地解决以前方法中增强后幅值谱和相位谱不匹配的问题。基于深度学习的语音增强方法可以有效抑制复杂场景下噪声、混响、人声等干扰。

在学术影响方面，语音增强由传统的信号处理方法转向基于深度学习的方法，从而提升复杂场景下的语音建模能力。在产业影响方面，谷歌、百度、科大讯飞、阿里巴巴和搜狗等公司已经将基于深度学习的语音增强方法作为语音识别和声纹识别的前端模块，应用到输入法、智能家居、智能车载、语音质检和法庭语音转写系统等产品中。

十一、语音识别

语音识别是指利用计算机，自动地将人类的语音转换为对应的语言符号的过程。语音识别是人类与计算机利用语音进行交互的基础性技术，也作为人工智能的代表性技术出现在众多科幻作品中。经典的自动语音识别（automatic speech recognition，ASR）系统主要包括四个部分，即特征提取、声学模型、语言模型和解码搜索，具体如图3-36所示。

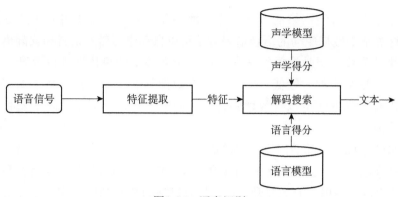

图 3-36 语音识别

早在 20 世纪 50 年代初期，研究者便开始尝试研究自动语音识别技术，迄今已有 60 多年的历史。贝尔（Bell）实验室的戴维斯（Davis）等于 1952 年成功研制出了世界上第一个能识别 10 个英文数字的识别系统 Audrey。1956 年，美国无线电公司（Radio Corporation of America，RCA）实验室的奥尔森（Olson）和贝拉（Belar）独立研发出能识别 10 个音节的识别系统。英国研究人员弗莱（Fry）于 1959 年开发了音素识别系统，该系统可识别 4 个元音和 9 个辅音。同年，麻省理工学院的林肯（Lincoln）实验室开发了能识别 10 个元音的系统。上述系统均只适用于特定说话人的孤立语音，采用模板匹配的方法在模拟电子器件上实现。由于当时的理论水平和计算能力不够成熟，自动语音识别系统并未获得明显的成功。20 世纪 60 年代，三项重要研究成果的出现推动了自动语音识别技术的发展。第一，RCA 实验室的马丁（Martin）等解决了语音事件中时间尺度的非均匀性问题。马丁等提出的时间归一化方法能可靠地检测出语音的开始和结束，有效地降低识别结果的可变性。第二，苏联学者文楚克（Vintsyuk）提出了基于动态规划（dynamic programming，DP）的动态时间规整（dynamic time warping，DTW）技术，并将该技术应用于语音识别系统中。这种算法有效地解决了特定说话人孤立词识别中的语速不均和不等长匹配问题，对于中小词汇量的孤立词识别问题亦能取得较好的效果。第三，卡内基·梅隆大学的雷迪（Reddy）开展了一项开创性的工作，提出将基于音素的动态跟踪方法应用于连续语音识别系统中。

20 世纪 70 年代，自动语音识别研究取得了若干项具有里程碑意义的成果。第一个里程碑式的成果是孤立词识别系统已达到可实用的程度，来自俄国、日本和美国的学者做了杰出的贡献。俄国的韦利奇科（Velichko）和扎戈鲁伊科（Zagoruyko）在语音识别技术中运用了模式识别的思想，日本的佐江（Sakoe）和千叶（Chiba）所做的研究则展示了如何将DP技术成功应用于语音识别系统，美国的Itakura亦在语音识别系统中有效地运用线性预测编码（linear predictive coding，LPC）技术[544]。第一个里程碑式的成果是美国电话电报公司（American Telephone & Telegraph，AT&T）贝尔实验室开始尝试研制说话人无关的语音识别系统；第二个里程碑式的成果是IBM公司在大词汇量的语音识别任务中获得巨大成功。

20世纪80年代，基于统计建模的语音识别技术已逐渐取代了基于模板匹配的方法，最具代表性的统计建模技术是隐马尔可夫模型[166, 545]。80年代早期，只有IBM公司、美国国防部研究所（Institute for Defense Analyses，IDA）等为数不多的几个研究机构掌握HMM的原理。直至80年代中期有关HMM理论的书籍出版后，该技术才广泛应用于世界各地的语音识别系统中。到了80年代末期，已有学者尝试研究基于神经网络的声学建模技术[546]。在美国国防部高级研究计划局（Defense Advanced Research Projects Agency，DARPA）的赞助下，大词汇量的连续语音识别取得佳绩，很多机构研发出了各自的语音识别系统，例如卡内基·梅隆大学的SPHINX系统和BBN科技（BBN Technologies）公司的BYBLOS系统。20世纪90年代，语音识别技术发展较为缓慢，这一时期几乎全是基于HMM的方法，但是基于HMM的自适应技术成绩斐然。针对由说话人差异导致识别性能下降这一问题，Gauvain[544]等和Leggetter[545]等分别提出了最大后验（maximum a posteriori，MAP）和最大似然线性回归（maximum likelihood linear regression，MLLR）说话人自适应算法。此外，大量研究机构和科技公司开源了语音识别工具的代码，其中最具代表性的是英国剑桥大学的隐马尔可夫工具包（hidden Markov toolkit，HTK）。

21世纪初期，基于高斯混合模型（Gaussian mixture model，GMM）和HMM的声学建模框架与区分性训练技术推动了语音识别技术的蓬勃发展[546]。威灵（Welling）等提出了在GMM-HMM框架下的说话人自适应训练技术。另外，波维（Povey）等提出了子空间高斯混合模型（subspace Gaussian mixture model，SGMM）模型，与GMM相比，SGMM的结构更紧凑。在区分性训练方面，Juang等提出了最小分类误差（minimum classification error，MCE）准则，波维等提出了最小音素错误（minimum phone error，MPE）准则。在解码方面，比较经典的研究成果是Mohri等将加权有限状态转换机（weighted finite state transducer，WFST）用于构建语音识别系统的搜索空间[547]。

2010年之后，随着深度学习的兴起，自动语音识别技术取得重大突破。

2011年，微软公司的俞栋等将深度神经网络成功应用于语音识别任务中，在公共数据集上的词错误率（word error rate，WER）相对下降了30%[548]。近年来，各种深度神经网络模型的提出以及语音识别开源工具Kaldi的发布，促使语音识别系统在公共数据集上的WER不断降低。联结主义时序分类（connectionist temporal classification，CTC）被提出用于端到端声学模型，该模型摒弃了隐马尔可夫模型，直接对声学特征进行建模，不仅克服了高斯混合模型-隐马尔可夫模型生成强制对齐信息所带来的误差，而且简化了声学模型的训练步骤[549]。在语言模型方面，早期的语言模型采用基于马尔可夫假设的n元语法模型。近年来，基于循环神经网络的语言模型将上下文信息编码为隐变量，理论上可以记忆无限长的上下文信息，精度相比n元语法大大提升[487]。近几年，一系列完全采用深度神经网络的端到端语音识别系统受到很多学者的关注。相比于非端到端系统，端到端系统语音语言联合建模体积更小，便于应用在终端，并且可以大大简化训练流程。端到端语音识别模型主要可以概括为两类，即基于注意力机制的编码器解码器模型（attention-based encoder-decoder model，LAS）[550]和循环神经网络转换器（RNN-transducer）[551]。2015年，LAS被提出声学特征编码为隐变量，然后利用条件化的语言模型逐字地生成标注序列。2018年，学者提出RNN-transducer利用多层感知机融合声学预测和语言预测，训练时极大化所有可能的对齐情况，但是这种端到端模型不能进行流式解码。一些学者在尝试研究流式的端到端语音识别[552]，如2019年中国科学院自动化研究所的陶建华等学者提出了基于自注意力机制的转换器（self-attention transducers，SA-transducers）模型来解决这个问题[553]。此外，端到端模型需要大量语音-文本成对数据训练模型才能实用化，但语音数据标注成本较高，因此基于额外语言模型进行重打分的融合方法[554]和基于合成数据的方法[555, 556]被提出用以从大规模纯文本数据中的知识提升模型效果。中国科学院自动化研究所的陶建华等学者[557]提出基于知识迁移的方法不仅能有效利用额外的文本知识，而且不增加解码的开销。

在学术影响方面，作为一种典型的序列到序列的转换问题，语音识别是模式识别学科的重要研究问题。一系列针对序列问题的建模技术在语音识别的研究中诞生或发展，如隐马尔可夫模型、联结主义时序分类、编码器-解码器模型等。在产业应用方面，语音识别是人机语音交互的第一关，是让机器听懂人类声音的"耳朵"，可以广泛地应用于人机对话、智能语音助手、智能家居系统、输入法、机器人等产品中。语音识别还可应用于会议速记、字幕生成、语音翻译等。

十二、语音合成

语音合成又称文语转换（text-to-speech，TTS），指从文本信息到语音信号的转化过程，其主要目标是让机器更加拟人地说话。经典的语音合成系统主要可以分为文本分析模块、韵律处理模块和声学处理模块，其中文本分析模块可以视为系统的前端，韵律处理模块和声学处理模块则可以视为系统的后端，如图3-37所示。

输入文本 → 文本分析 → 韵律处理 → 声学处理 → 合成语音输出

图3-37　语音合成

语音合成技术起源于 18 世纪，发展至今已有两百多年历史，按时间顺序，语音合成的发展大致经历了机械式、电子式、计算机的语音合成三个阶段。机械式语音合成器的研究起源于欧洲，最早的语音机器是由冯·肯佩伦（von Kempelen）于 1780 年制造的。它完全是机械式的，通过风箱向簧片送气来模拟声带的振动。声道是用一段软的橡胶管模拟的谐振器，其形状由操作员的手来控制。操作者通过控制操作杆和开口，可以发出/a/、/o/、/u/、/p/、/l/、/m/、/r/、/n/等元音和辅音。在此之后的许多年中，很多人致力于这种机械式语音合成器的改进和完善。20 世纪 30 年代，Paget 的合成器已能说出像 "Hello London，are you there?" 之类简单的话。但是，所有这些机械式语音合成器合成的语音都和人说的自然语音相差甚远。20 世纪初叶，无线电技术的进步使得采用电子的方法生成声音成为可能。霍默·达德利（Homer Dudley）与他的同事——贝尔电话公司的工程师里奇（Ricsz）和沃金（Watking）于 1937 年研制了 Voder，使语音合成技术从机械模拟步入了电子模拟的新时代。但电子式语音合成声音的音质还是不理想，随着通信技术的发展，人们对发音机理的认识逐渐完善，这也为基于计算机的语音合成奠定了基础。

范特（Fant）在 1960 年所著的 *Acoustic Theory of Speech Production* 一书中，系统地阐述了语言产生的声学理论，从而使语音合成技术的发展迈出了关键的一大步，随之而来的是大批基于该理论之上的串联或并联共振峰合成器的诞生。克拉特（Klatt）于 1987 年总结了这一时期的语音合成技术发展过程。他从合成器的早期发展、按规则合成方案、实验室文语转换系统和商用文语转换系统四个层面，沿着发音参数合成、共振峰合成和波形编码合成三条线索描述了英语语音合成技术的发展过程，其中典型的合成器有 Coker（1967 年）、Olive（1977 年）、Klatt（1980 年）、Holmes（1983 年）等。值得一提的是 Holmes 的串联共振峰合成器和 Klatt 的串、并联共振峰合成器。只要精心调整合成参数，这两种合成器都能合成非常自然的语音。后来，许多语音合成系统都是基于这两个模型的。20 世纪 80 年代末，语音合成技术又有了很大的发展，特别是基音同步叠加方法的提出，使基于时域波形拼接方法合成的语音自然度大大提高。基于基因同步叠加技术的汉语、法语、德语、英语、日语等语种的文语转换系统已研制成功，并公开发表。时域基因同步叠加（TD-PSOLA）算法只作用于时域波形，而线性预测基因同步叠加（LP-PSOLA）及频域基因同步叠加（FD-PSOLA）是与 LPC 编码技术相结合的产物，使语音合成的质量又提高了一步。进入 90 年代后，计算机的迅猛发展为基于大语料库的波形拼接语音合成系统提供了大量的技术保证，并成为语音合成的主流方法[558]。随着 20 世纪计算机技术的迅猛发展和计算机硬件设备的不断提高，语音合成技术进入了计算机语音合成时代，分别经历了线性预测编码器技术，串、并联混合型的共振峰合成器，基于时域波形修改的基音同步叠加算法等算法，这些算法使波形拼接语音合成技术迎来了一次发展高峰。20 世纪末，统计参数语音合成（statistical parametric speech synthesis，SPSS）逐渐成为新的主流，其典型代表是基于隐马尔可夫模型的语音合成，其相应的合成系统为基于 HMM 的语音合成系统（HMM-based speech synthesis system，HTS）[559]。HTS 可以在不需要人工干预的情况下，高效自动地搭建合成系统，由于统计缘故对发音人和发音风格的依赖较小，合成语音的语音风格和音色容易人为控制，并且合成系统的规模没有波形拼接的那么大。

2006 年以来，基于神经网络的建模方法在机器学习的各个领域都表现出优于传统模型的能力。自 2013 年开始，在统计参数语音合成领域，深度学习也迅速发展，在系统中的韵律模型、声学模型、参数生成、声码器建模等方面均显著提升[560]，正逐渐取代基于 HMM 的参数语音合成成为主流的建模方法。在传统 HTS 合成框架的基础上，将深度置信网络（deep belief network，DBN）作为语音参数后增强模型应用到语音合成中。利用 DBN 强有力的学习能力，在语音合成的后端实现在谱参数上的一个更加精细的调整，使得合成音质有了不少的改善。Zen[561]提出了基于深度神经网络（deep neural networks，DNN）的统计参数合成方法，其核心思想是直接通过深层神经网络来预测声学参数，避免了基于 HMM 的语音合成方法中由于决策树聚类导致的模型精度的降低，从而提高了合成语音的音质。从 2014 年开始，LSTM 在语音技术中的使用掀起了新的热点[562]。宋謌平（Frank K. Soong）等[563]进一步将双向 LSTM 神经网络应用到语音合成中，大大提高了合成语音的音质。

近年来，一些学者致力于端到端的语音合成模型的建模，并取得了性能上的巨大提升。2016 年，谷歌公司提出了基于深度学习的 WaveNet 语音生成模型[564]，该模型可以直接对原始语音数据进行建模，避免了声码器对语音进行参数化时导致的音质损失，在语音合成和语音生成任务中效果非常好。然而由于该模型是样本级自回归采样的生成方式，速度较慢，同时，它还需要对来自现有语音合成文本分析前端的语言特征进行调节，因此不是完全的端到端。此外，百度公司提出了 Deep Voice[565]和支持多说话人的 Deep Voice 2[566]，它们通过相应的神经网络代替传统参数语音合成流程中的每一个组件，但其中的每个组件都是独立训练出来的，因此也不是纯粹的端到端模型。2017 年 1 月，约书亚·本吉奥等提出了一种端到端的用于语音合成的模型 Char2Wav[567]，其有两个组成部分：一个读取器和一个神经声码器（nerual vocoder）。读取器用于构建文本（音素）到声码器声学特征之间的映射；神经声码器则根据声码器声学特征生成原始的声波样本。本质上讲，Char2Wav 是真正意义上的端到端的语音合成系统。2017 年 3 月，谷歌公司的研究人员 Wang 等提出了一种新的端到端语音合成系统 Tacotron[568]，该模型可接收字符的输入，输出相应的原始频谱图，然后将其提供给 Griffin-Lim 声码器直接生成语音，在美式英语测试里的平均主观意见评分达到了 3.82 分。此外，由于 Tacotron 是在帧层面上生成语音，所以它比样本级自回归生成方式的速度快得多。谷歌公司的研究人员 Wang 等还进一步将 Tacotron 和 WaveNet 进行结合，在某些数据集上能够达到媲美人类说话的水平。不仅如此，中国科学院自动化研究所的陶建华等提出基于前后向解码的端到端语音合成方法，获得了性能上的大幅度提升，甚至在某些数据集上逼近了真实声音的水平[569]。

在学术影响方面，语音合成是一种将文本序列转换为语音序列的生成问题，属于模式识别学科的重要研究内容。一系列针对序列生成问题的建模技术在语音合成研究中得到迅速发展。在产业应用方面，语音合成技术让机器成为会说话的"嘴巴"，已经广泛应用于语音交互、智能家居、智能客服、阅读、教育、娱乐、可穿戴设备等场景，涉及军事、国防、政府、金融等不同领域，其应用产品在人们的日常生活中亦随处可见。

第五节　模式识别应用技术

模式识别是人工智能领域的一个重要分支。人工智能通过计算使机器模拟人的智能行为，主要包括感知、推理、决策、动作、学习，而模式识别主要研究的就是感知行为。在人的五大感知行为（视觉、听觉、嗅觉、味觉、触觉）中，视觉、听觉和触觉是人工智能领域研究较多的方向。模式识别应用技术主要涉及的就是视觉和听觉，触觉则主要与机器人结合。随着计算机和人工智能技术的发展，模式识别取得了许多引人瞩目的科学进展和应用成就，使得计算机智能化水平大幅提高，在国家安全、经济发展和社会生活中的应用日益广泛。生物特征识别、多媒体信息分析、视听觉感知、智能医疗等都是目前发展较快的模式识别应用领域。

生物特征识别是模式识别最主要的应用之一，是指通过计算机对人体的生理特征（面部、手部、声纹）或行为特征（步态、笔迹）等固有模式进行自动识别和分析，进而实现身份鉴定。它是智能时代最受关注的安全认证技术，凭借人体特征的唯一性来标识身份，已经逐渐替代人们常用的钥匙、磁卡和密码，在智能家居、智能机器人、互联网金融、军事装置等领域发挥着重要作用。

医疗诊断和医学图像处理是模式识别一个较新的应用领域。利用模式识别技术对医学影像进行处理和分析，并结合临床数据加以综合分析，找到与特定疾病相关的影像学生物指标，从而辅助医生进行早期诊断、治疗和愈后评估。主要涉及医学图像分割、图像配准、图像融合、计算机辅助诊断、三维重建与可视化等。

文字识别和文档图像分析、遥感图像分析长期以来是模式识别方法验证与应用的主要方向，甚至在这些应用方向的研究中产生了很多模式识别方法的创新。多媒体信息分析旨在解决多媒体数据的挖掘、理解、管理等问题。多媒体数据除传统的文字信息外，还包含表现力强、形象生动的图像和视频等媒体信息，涉及多种模式识别方法和技术。相对于真实的多媒体数据，使用模式识别方法也可以合成高质量和多样化的虚拟数据，合成及鉴别虚假信息在经济、政治、安防等领域都具有重要应用价值。

本书拟介绍的模式识别应用技术的具体研究进展主要包括如下几个方面：面部生物特征识别、手部生物特征识别、行为生物特征识别、声纹识别、图像和视频合成、遥感图像分析、医学图像分析、文字与文本识别、复杂文档版面分析、多媒体数据分析、多模态情感计算、图像取证与安全等。

一、面部生物特征识别

人体多种模态的生物特征信息主要分布于面部（人脸、虹膜、眼周、眼纹）和手部（指纹、掌纹、手形、静脉）。相比手部生物特征，面部的人脸、虹膜和眼周等特征具有表观可见、信息丰富、采集非接触的独特优势，在移动终端、中远距离身份识别和智能视频监控应用场景具有不可替代的重要作用，因而得到了学术界、产业界乃至政府部门的高度关注。

人脸识别是模式识别的经典问题，主要研究内容聚焦于人脸检测、人脸对齐、人脸特征比对与人脸活体检测等方面，近些年随着生成对抗网络的发展，人脸图像编辑也逐渐进入研究者的视野。人脸检测是指判断一幅图像是否存在人脸，如果存在则给出人脸位置。人脸检测的早期经典算法是 Viola-Jones 算法[570]，该算法利用 Haar 特征描述人脸的共有属性，且结合了积分图快速计算特征值，最后利用 AdaBoost 和层级训练策略使得检测人脸准确且快速。近些年，随着深度学习的发展，一些物体检测方法，如 RCNN[380]、SSD[382]、YOLO[571]等在人脸检测领域取得很好的检测精度。另外，基于深度学习的人脸检测算法速度得到了大幅度的提升，最快可以到达每秒 1500 帧。如何检测小人脸和部分脸是现在人脸检测的重点关注方向，如卡内基·梅隆大学提出的 TinyFace[572]以及中国科学院自动化研究所提出的 RefineFace[573]等。人脸对齐需要在图像中定位出人的眼角、鼻尖、嘴角等关键点，早期代表性的方法包括主功形状模型（active shape model，ASM）[574]、主动外观模型（active appearance model，AAM）[575]等。近些年，基于深度神经网络的回归方法逐渐成为众多研究者关注的重点。中国科学院自动化研究所针对严重遮挡下人脸图像的关键点定位，提出一种基于数据及模型混合驱动的人脸关键点定位方法[576]，目的在于充分利用数据驱动下深度网络的表达能力和模型驱动下点分布模型的推理能力。人脸识别是指分析人脸图像或视频，并从中提取有效的人脸特征表达信息，最终判别其所属的身份，是图像分析与理解最重要的应用之一。

人脸识别的研究可以追溯到 20 世纪 60 年代末期，研究多是基于面部关键位置形状和几何关系或者模板匹配的方式设计特征提取器，再利用机器学习的算法进行分类从而识别身份信息。90 年代，人脸识别迎来了第一个发展高潮期,最具代表性的是基于人脸的统计学习方法,衍生出来的经典算法有基于子空间学习的EigenFace、FisherFace等。进入2000年之后,人脸图像手工特征设计逐渐成为人脸识别的热点话题,2012年深度学习被引入人脸识别领域后,特征提取转由神经网络完成,深度学习在人脸识别上取得了巨大的成功。目前,基于深度神经网络的人脸识别方法已成为研究热点,代表性工作包括DeepFace[577]、FaceNet[106]、ArcFace[578]等,基于深度学习的识别算法在非受控环境的数据库LFW(labeled faces in the wild)[579]上超越人类识别水平。为了提高深度学习计算效率,中国科学院自动化研究所借鉴视觉认知机理,将定序测量机制引入深度神经网络,提出了轻量级的Light CNN[580]人脸识别模型。为了提升复杂场景下人脸识别算法的性能,中国科学院自动化研究所基于生成对抗网络提出了一系列人脸图像合成与编辑方法,显著提升了人脸识别对姿态、分辨率、年龄、美妆、遮挡、表情等问题的鲁棒性。人脸活体检测是人脸识别技术中用于鉴别识别对象是否为活体的技术,现在逐渐成为人脸识别应用安全的瓶颈问题,活体检测可以通过判断眨眼和摇头等脸部动作实现。但是这种需要用户配合的方式耗时长且用户体验差,而静默活体检测对于用户友好且耗时短,因此成为当前的重要研究方向。传统静默防伪方法基于纹理分析、高频图像特征提取等,而目前深度学习成为静默活体检测的重点,例如朴素二分类方法、分块卷积网络方法、深度图回归方法、深度图融合远程光电容积脉搏波描记(remote photoplethysmography,rPPG)回归方法等,当前如何解决各种条件下人脸活体检测方法的泛化能力还是一个难点问题。

虹膜识别是面部生物特征识别的另一个重要研究方向,相比于人脸识别,虹膜识别的精准度更高且防伪性能更好。虹膜识别研究主要集中于采集设备与识别算法方面,近些年LG、松下(Panasonic)、IrisGuard、IrisKing等公司设计了一系列近距离虹膜图像采集设备。现有部分虹膜成像装置都是假设用户高度配合,采用固化的镜头、光源、传感和信号处理,在可控条件下可以采集质量较高的虹膜图像。但是结构化传感模式显然无法应对非结构化的成像场景,并且传统的光学成像技术在景深、维度、光谱、动态范围等方面存在瓶颈,因此在复杂场景中无法自适应获取高质量的虹膜数据。为了提高虹膜成像的便捷性,同时为了拓宽虹膜识别的应用范围,越来越多的机构开始着手远距离虹膜图像获取的研究,美国AOptix公司的InSight系统可以实现3米远的虹膜清晰成像。中国科学院自动化研究所提出基于光机电和多相机协同的虹膜识别系统,在虹膜图像获取装置中嵌入目标检测、质量评价、超分辨率、人机交互、活体判别等算法，赋予机器智能化获取虹膜图像的能力，实现了虹膜成像从近距离（0.3 米）到远距离（3 米）、从单模态（单目虹膜）到多模态（高分辨人脸和双目虹膜）、从人配合机器到机器主动适应人的创新跨越，并研制成功四维光场虹膜成像设备，通过高分辨率光场相机、四维光场获取与数据处理、重对焦、深度估计、超分辨等核心算法的系统研究[581, 582]，实现了虹膜/人脸成像从小景深到大景深、从单用户到多用户、从二维到三维的重大技术跨越，建设的 CASIA 虹膜图像数据库在 170 个国家和地区的 3 万多个科研机构与企业中推广应用。

　　虹膜识别算法的两个主要步骤是虹膜区域分割和虹膜纹理特征分析。虹膜区域分割大致可以分为基于边界定位的方法和基于像素分类的方法。虹膜纹理特征分析包括特征表达和比对两部分。特征表达方法从复杂的纹理图像中提取出可用于身份识别的信息，其中代表性的工作包括基于 Gabor 相位的方法、基于多通道纹理分析的方法、基于相关滤波器的方法、基于定序测量的方法等。传统的虹膜识别算法多采用人工设计逻辑规则和算法参数，导致算法泛化性能欠佳，不能满足大规模应用场景需要。数据驱动的机器学习方法从大量训练样本中自动学习最优参数，可以显著提高虹膜识别算法精度、鲁棒性和泛化性能。中国科学院自动化研究所受人类视觉机理启发，提出使用定序测量滤波器描述虹膜局部纹理[583]，并设计了多种特征选择方法确定滤波器最优参数[584]；首次将深度学习应用于虹膜识别，提出了基于多尺度全卷积网络的虹膜分割方法和基于卷积神经网络的虹膜特征学习方法[585, 586]；系统研究了基于层级视觉词典的虹膜图像分类方法，显著提升了虹膜特征检索、人种分类和活体检测精度[587]。

　　从应用角度看，如何快速又准确地鉴定一个人的身份，保护信息安全，已成为一个亟待解决的关键社会问题。由于面部生物特征识别技术的准确性、便捷性和可靠性，其应用场景十分广泛，可大范围应用于安防监控、自动门禁系统、身份证件的鉴别、银行自动取款机以及家庭安全等。具体来看，主要包括以下几方面。①公共安全：公安刑侦追逃、犯罪嫌疑人识别、边防安全检查；②信息安全：计算机、移动终端和网络的登录，文件的加密和解密；③政府职能：电子政务、户籍管理、社会福利和保险；④商业企业：电子商务、电子货币和支付、考勤、市场营销；⑤场所进出：军事机要部门、金融机构的门禁控制和进出管理等。

二、手部生物特征识别

手部生物特征主要包括指纹、掌纹、手形以及手指、手掌和手背静脉，对这些生物特征的早期研究主要利用结构特征进行身份识别，如指纹和掌纹中的细节点、静脉中的血管纹路、手形几何尺寸等，但是近年来基于纹理表观深度学习的方法在手部生物特征识别领域得到快速发展。

指纹识别技术主要包括三方面内容，即指纹图像采集、指纹图像增强和指纹的特征提取与匹配。在电子计算机被发明后，基于光学的指纹采集设备替代了传统的油墨，极大地提高了指纹的采集、识别以及存储效率。随后，基于电容式传感器的指纹采集装置出现，广泛应用于苹果手机等移动终端设备的用户身份认证系统中，主要包括按压式和刮擦式两种。除此以外，基于温度传感器、超声波和电磁波的指纹采集技术也被提出，且各有所长。近些年，非接触式的3D指纹采集系统被提出，以改善用户体验与识别精度，轮廓法、多视图法、阴影法、调焦法、结构光法、激光雷达等都得到了一些研究。指纹图像增强主要包括图像平滑（去噪与指纹纹路拼接）、图像二值化（前后景分离）和细化（指纹骨架获取）三部分。频域滤波、Gabor变换和匹配滤波器等传统图像处理方法可以有效地去除指纹图像中的噪声，检测、补全指纹纹路中的断点并进行细化。随着深度学习的发展，深度卷积网络凭借强大的特征提取能力，在扭曲指纹图像校正等指纹图像增强的相关问题中得到广泛应用。

传统的指纹特征提取主要基于经验方法，在面临现场指纹时，性能会急剧下降。近几年，基于机器学习的方法逐渐成为指纹特征提取的主流[588, 589]，特别是深度学习技术的引入，显著提高了特征提取的抗噪声性能。例如，Tang等[590]提出的FingerNet基于卷积神经网络实现，不仅可以对指纹方向场进行估计，还可以实现指纹增强、细节点提取等，提高了算法的泛化能力。对于现场指纹匹配问题，Cao和Jain[591]提出基于卷积神经网络进行指纹的脊线估计和细节点提取，计算现场指纹与库指纹之间的匹配分数。扭曲自校正算法可以估计单幅输入扭曲指纹的扭曲场，将其校正成正常指纹，以减少错误匹配。Si等[592]将扭曲场估计看作一个回归问题；Gu等[593]则利用支持向量回归的方法学习指纹特征和指纹扭曲场的潜在对应关系；Cui等[594]利用深度神经网络直接估计两幅指纹图像的全局稠密变形场，在算法效率和准确率上都得到了更大的提升。指纹图像特征提取与匹配方法可以大体分为方向场特征法与特征点法两类。方向场描绘了指纹图像的纹脊和纹谷分布，是指纹图像匹配的重要依据，有很多方法被提出以减小噪声对于方向场计算的影响且提高运算效率。特征点是指纹图像中常见的纹路模式，包括拱形、帐弓形、左环形、右环形、螺纹形等主要指纹纹型，特征点的区域分布特征和旋转不变性等特性常被用来提高识别算法的鲁棒性。随着指纹识别技术在不同场景中得到应用，采集到的指纹图像质量参差不齐，有时甚至无法得到完整指纹，所以部分指纹图像识别问题是目前的一个研究热点。

除此之外，为了保障用户的个人财产安全，指纹识别技术中的活体检测问题也是研究人员重点关注的问题。为了解决这个问题，一方面，可以从硬件角度在指纹采集系统中加入额外传感器，以检测手指的温度、颜色和血液流动情况等活体要素；另一方面，可以从图像质量的角度对采集到的指纹数据进行评估，从而筛选出高质量的活体指纹。基于软件的活体指纹检测方法主要依靠汗腺、汗液、弹性形变、图像质量和纹理特征五类特征进行识别，通过纹理特征进行活体指纹检测已成为研究最广泛的方法之一。许多基于卷积神经网络的活体检测方法取得了良好的检测效果[595]，同时基于生成对抗网络的方法也在降低训练数据集偏差和提高对于未知材料假指纹的检测能力上得到了验证。

掌纹是位于手指和腕部之间的手掌皮肤内表面的纹路模式，在分辨率较低的掌纹图像里比较显著的特征包括主线、皱纹线和纹理，在高分辨率的掌纹图像里还可以看到类似于指纹图像里的细节特征，如脊线、细节点、三角点等。与其他生物识别方法相比，掌纹识别有很多独特的优势，如信息容量高、唯一性好、适用人群广、硬件成本低、界面友好、采集方便、用户接受程度高、干净卫生。基于掌纹的身份认证首先在刑侦领域得到应用，因为犯罪现场30%的可用信息都是来自掌纹。但是司法公安领域的掌纹图像主要是由专家人工比对，并且分辨率要求比较高（一般在500dpi左右）。自动掌纹识别研究起步于20世纪末期，已有的掌纹识别方法根据特征表达方法可大致分为三类：①基于结构特征的掌纹识别方法，早期的掌纹识别研究都是模仿指纹识别的特征提取和匹配方法，提取掌纹图像中的特征线或者特征点进行结构化的匹配。这种方法需要高分辨率的掌纹图像才能准确提取结构化特征，特征提取和匹配的速度较慢，对噪声敏感，但是可用于大规模掌纹图像库的检索或粗分类。②基于表象分析的掌纹识别方法，这类方法将掌纹图像的灰度值直接当成特征向量，然后用子空间的方法来线性降维，如基于主成分分析、线性判别分析或者独立成分分析的掌纹识别方法。这类方法可以快速识别低分辨率的掌纹图像，但是对可能存在的类内变化比较敏感，如光照和对比度变化、校准误差、形变、变换采集设备等，并且需要在大规模测试集上训练得到最佳的投影集，推广能力差。③基于纹理分析的掌纹识别方法，直接将低分辨率的掌纹图像看成纹理，丰富的纹理分析算法资源就可以充分利用，如傅里叶变换、纹理能量、Gabor相位、能量和相位的融合算法、皱纹线的方向特征等。这类方法大部分都是提取掌纹图像局部区域的光照不变特征，对噪声干扰的鲁棒性强，分类能力和计算效率都十分理想，是比较适合于掌纹识别的图像表达方法。

中国科学院自动化研究所将定序测量虹膜特征表达方法推广到掌纹识别，建立了掌纹图像特征表达的一般框架，统一了该领域识别性能最好的三种掌纹识别方法，并提出了新颖的十字架形微分滤波器来抽取掌纹图像中的定序测量特征，取得了比主流方法更快更准的识别效果。为了提高掌纹识别精度和活体检测能力，香港理工大学提出三维掌纹图像获取与识别方法。近年来，深度学习技术同样被成功引入掌纹识别领域，推动了掌纹识别技术的发展。Liu等[596]利用ImageNet预训练的AlexNet进行掌纹图像的深度特征提取；Sun等[597]利用VGG提取掌纹特征，并对不同层的特征表征进行了对比评估；Zhang等[598]利用Inception结构和ResNet结构的卷积神经网络结构提取掌纹特征；Wang等[599]利用生成对抗学习技术生成掌纹图像，试图解决小规模数据集上的掌纹识别问题。掌纹识别传统方法通常采用距离度量衡量特征相似性，二值编码和角度距离因为其便捷性、易存储性得到广泛关注与应用。随着深度学习的发展，Zhong等[600]利用孪生网络进行联合学习特征表征，以及使用相似性度量准则的方法，增大类间间隔的同时最小化类内距离，提高掌纹识别精确度。Ahmadi等[601]利用卷积神经网络和广义霍夫（Hough）变换，在高分辨率掌纹图像上提出了一种精确定位的新方法。

人的手指、手掌、手背的静脉结构因人而异，通过近红外透射式或者反射式成像形成静脉纹路图像。2000年，日本医学研究者Kono首次提出使用手指中的静脉血管进行身份识别，之后在模式识别领域，科研人员提出了多种特征表达模型，包括：①细节点特征，如分叉点和端点、尺度不变特征变换；②静脉纹路特征，如平均曲率、最大曲率、线性跟踪方法；③子空间降维，如主成分分析、流形学习、线性判别分析；④局部二值码，如局部二值模式、局部差分模式、局部线性二值模式；⑤深度神经网络提取纹理特征。由于其极高的安全性，静脉识别在金融领域得到了成功应用。

三、行为生物特征识别

行为生物特征识别是通过个体后天形成的行为习惯（如步态、笔迹、键盘敲击方式等）进行身份识别。行为生物特征识别技术可用于持续性活体身份认证，如金融、商业、政府、公安等应用领域。近些年也出现了一些新兴的行为生物特征模态，例如利用智能手机的划屏行为、网络社交媒体的统计行为等特征进行身份识别。

在行为生物特征中，步态识别（gait recognition）是指通过分析人走路的姿态以识别身份的过程，它是唯一可远距离识别且无须测试者配合的行为生物特征。美国 9·11 恐怖事件等发生以后，远距离身份识别研究在视觉监控等领域引起了研究者的浓厚兴趣。在银行、机场等重要敏感场合及军事装置上，有效准确地识别目标人、快速检测威胁并且提供不同人员不同的进入权限级别非常重要。最早将步态用于身份识别的研究可追溯至 20 世纪 90 年代来自英国南安普敦大学的 Nixon 教授团队[602]。2000 年，美国 DARPA 启动了远距离人类识别（human identification at a distance，HID）计划，旨在进行远距离虹膜、人脸和步态识别研究，麻省理工学院、佐治亚理工学院、南安普敦大学、马里兰大学等多家高校参与了该项目的研发工作。

为了发挥步态的远距离识别优势，需要同时解决行人分割和跨视角步态识别两大难题。早期的研究都是基于固定摄像机的假设，使用计算机视觉中的背景建模与运动检测等技术来解决人体检测和分割问题，但是精度和效率一般。针对高精度快速人形分割这一困扰业界多年的难题，中国科学院自动化研究所自 2013 年起提出了一系列解决方法，其中代表性的创新方法是基于上下文的多尺度人形分割网络[603]，通过采用多个尺度的图像作为输入来训练卷积神经网络预测图像的中心点，从而有效克服不同背景、衣服各异、姿态变化、不同尺度等的影响。

在过去的 20 多年里，一系列经典的步态识别算法相继被提出用以解决步态识别问题，包括基于特征表达的方法，以及基于模型和相似度或度量学习的方法。在这些方法中，大多数研究是设计用于步态识别的特征表达。因此，这里主要介绍基于特征的方法。基于特征的步态识别方法通常从步态剪影中提取得到，通过处理一个剪影序列（通常为一个步态周期）可以生成特定的步态模板。常见的步态特征模板包括步态能量图（gait energy image，GEI）、GEnI（gait entropy image）、步态流图（gait flow image，GFI）以及时间保持步态图（chrono gait image，CGI）等。Iwama 等在他们新建成的 4007

人的大型步态数据集上进行了测试[604]，研究表明，在所有步态模板中，GEI 是最稳定和有效的。另外，也有一些工作尝试增强 GEI 以期望获得更好的步态识别性能。Wang 等利用 PCA 处理 GEI 并应用到跨视角步态识别中[605]。Guan 等则对 GEI 使用了线性判别学习（linear discriminant learning）进行增强[606]。另外，也有一些方法尝试用局部保留投影（locality preserving projection，LPP）[607]的方法压缩 GEI 特征。

随着深度学习在计算机视觉领域的成功应用，许多数据驱动的方法逐渐被引入步态识别之中。基于大规模的步态识别数据集与端到端训练的深度神经网络模型，这些方法通常可以学习到更好的特征表达。DeepCNN[608]提出采用一种基于深度卷积神经网络的框架学习成对的 GEI 之间的相似度，从而实现跨视角步态识别，取得了当前最好的识别准确率，在 CASIA-B[609]步态数据集上实现了 94%的跨视角识别准确率。值得一提的是，该方法是最早采用 CNN 的工作，并且创新地将步态特征之间的距离度量通过网络学习的形式更新，从而在很长时间内一直是该领域准确率最高的方法。针对不同场景，其提出三种不同结构的模型，分别从底层、中间层、全局层进行成对特征的融合。近些年，复旦大学尝试将步态剪影序列看作一个图像集（GaitSet）并从中直接学习步态表达[610]，而不再直接使用 GEI，在多个公开的跨视角步态数据集上取得了当前最优的性能。该方法的优势在于其可以充分利用 CNN 的强大学习能力，将整个步态序列的每一帧图像都作为训练样本。另外，该方法也避免了生成 GEI 方法通常会损失部分信息的局限，可以通过遍历整个步态序列学习不同步态图像之间的差异。这种思路取得的性能证明了通过小片段序列学习步态特征的可行性。

在产业化推动方面，国内步态识别领域进展迅速。中国科学院自动化研究所率先建成了全球最大的户外步态数据库，采集了 1014 个行人的 76 万段步态序列，其数据量是此前最大数据库 CASIA-B 规模的 100 倍。2016 年，由中国科学院自动化研究所孵化的第一家步态识别商业化公司——银河水滴科技（北京）有限公司正式成立。通过结合实验室研发技术与市场实际需求，该公司持续推进行业领先的步态识别技术以及超大型步态数据库建设，其研发的"水滴神鉴"人脸步态智能检索一体机可以通过步态识别技术迅速锁定目标人员，提高破案效率以及公共安全的智能化水平。2017 年 9 月，步态识别技术亮相 CCTV 1《机智过人》节目，获得 CCTV 人工智能年度盛典"机智先锋团队"称号，产生显著的社会效益和影响。目前步态识别技术已经成功应用于智能家居、智能机器人、视觉监控等领域。

行为生物特征中的另一项代表技术是笔迹鉴别，具有易采集性、非侵犯性和接受程度高的优点，在金融、司法、电子商务、智能终端有重要的应用需求，自20世纪70年代以来开展了大量研究。笔迹鉴别的对象是手写文档或签名（针对签名的笔迹鉴别又称签名认证），数据采集形式可以是联机（用手写板或数码笔记录书写时的笔画轨迹）或者脱机（对写在纸上的笔迹扫描或拍照获得图像）。文档笔迹鉴别方法又分为文本无关方法和文本相关方法，前者对任意内容的文本提取书写风格特征，后者从指定内容（不同人书写的相同文本）提取书写风格特征。文本相关方法的精度更高，但依赖于文本内容或需要字符分割选出特定字进行分析。签名认证一般是把一个手写签名与指定身份书写人的参考签名（身份注册时留下的签名样本）比较判断是否为同一人所写（为真实签名或伪造签名），伪造签名的判别是笔迹鉴别任务中的一个难点。文档笔迹鉴别和签名验证研究中提出了很多特征提取方法，如基于纹理分析、全局形状分析和局部形状分析的特征，字符识别中常用的特征（如轮廓或梯度方向直方图）也常用于笔迹鉴别。Zois等聚焦于手工特征[611]，直接将基于可见图（visibility graph）概念的构图，以及全局与局部特征提取用于脱机签名验证。

近年来，深度卷积神经网络也越来越多地用于笔迹鉴别的特征提取。对签名验证，常用孪生卷积神经网络（Siamese CNN）对两幅签名图像同时提取特征并计算相似度，特征与相似度参数可端到端训练。Wei等提出了名为逆判别网络（inverse discriminative networks，IDN）的网络结构[612]，可以看作基于孪生网络的改进。模型中的两路是基本孪生网络，另外两路是将签名图像的像素值翻转作为输入的网络，通过参数共享并引入多路注意机制，取得了较好的实验结果。与传统方法相比，深度神经网络明显提高了文档笔迹鉴别和签名认证的精度。Hafemann等提出一种针对签名验证的对抗样本生成的新问题[613]，他们探究了签名验证系统中可能的攻击形式，包括对测试样本与参考样本的攻击。实验表明，让真签名不被接受的攻击较为简单，而让假签名被接受的攻击很难。实验同时证明，不仅是CNN深度特征容易被攻击，传统手工特征也存在同样的问题。

四、声纹识别

声纹识别又称说话人识别，是根据语音信号中能够表征说话人个性信息的声纹特征，利用计算机与各种信息识别技术，自动地实现说话人身份识别的一种生物特征识别技术。声纹是一种行为特征，由于每个人先天的发声器官（如舌头、牙齿、口腔、声带、肺、鼻腔等）在尺寸和形态方面存在差异，再加上年龄、性格、语言习惯等各种后天因素的影响，可以说每个说话人的声纹都是独一无二的，并可以在较长时间里保持相对稳定不变。

声纹识别主要包括注册和识别两个部分。在注册时，以说话人的语音数据作为注册数据，经过特征提取、模型训练的步骤，得到说话人的模型置于说话人模型库中。在识别时，识别未知说话人的语音作为输入，提取语音参数，构建该语音的模型，然后与说话人模型库中的目标说话人进行打分判决，若得分高于设定的阈值，则判断待测语音属于该说话人；若得分低于设定的阈值，则判断待测语音不属于该说话人。声纹识别的系统流程如图3-38所示。

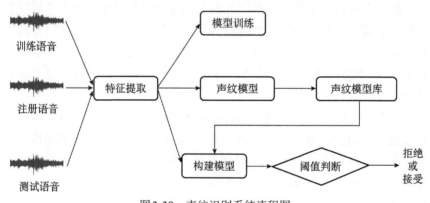

图3-38　声纹识别系统流程图

从发音文本的范畴划分，声纹识别方法可分为文本无关、文本相关和文本提示三类。文本相关的声纹识别的文本内容匹配性明显优于文本无关的声纹识别，所以一般来说其系统性能也会相对好很多。但是，文本相关对声纹预留和识别时的语音录制有着更严格的限制，并且相对单一的识别文本更容易被窃取。相比于文本相关的声纹识别，文本无关的声纹识别使用起来更加方便灵活，具有更好的用户体验和更强的推广性。为此，综合二者的优点，文本提示型的声纹识别应运而生。对于文本提示而言，该方法从声纹的训练文本库中随机地抽取组合若干词汇作为用户的发音提示。这样不仅降低了文本相关方法存在的系统闯入风险，而且提高了系统的安全性，同时实现起来也相对简单。

从应用场景的角度划分，声纹识别方法可以分为声纹辨认和声纹确认。

声纹辨认是指判断一段未知说话人语音属于目标说话人集合中的哪个说话人。这是一个多选一的问题，即从集合中选出一个最有可能的目标。声纹确认是指判断一段未知说话人语音是否属于某个目标说话人，这是一个二选一的问题，判断的结果是属于或者不属于该目标说话人。其中，声纹辨认又可以细分为闭集识别与开集识别。闭集识别是指待识别的未知说话人语音肯定属于目标说话人集合中的一位，开集识别是指未知说话人语音可能在目标说话人集合中，也可能不在该集合中，属于某个集合外说话人，因此存在说话人拒识的问题。

声纹识别的研究工作可追溯到1937年，以C. A. Lindbergh先生的儿子被拐骗事件为开端，研究人员对语音中的说话人个性开展了科学的测量和研究。1945年，贝尔实验室的L. G. Kersta等借助肉眼观察语谱图发现，不同人的发音在语谱图中具有差异性，提出通过观察语谱图实现说话人识别。根据语谱图上的共振峰纹路，首次提出了"声纹"的概念。1962年，Kersta[614]介绍了采用上述方法进行声纹识别的可能性，他发现同一个人发同一个音的谱总是比不同人发同样音的谱更相近，他用比较语谱图的方法对12名说话人做固定内容的辨认实验，误识率仅为1%。20世纪60年代，数字信号处理技术开始用于语音识别领域，这使得直接用计算机进行语义和说话人的识别成为可能。1963年，贝尔实验室的Pruzansky[615]提出的基于模板匹配和统计方差分析的声纹识别方法，掀起了声纹识别研究的一个高潮。1969年，Luck[616]首先将倒谱技术应用于声纹识别。到20世纪70年代至80年代，动态时间规整、矢量量化[617]和隐马尔可夫模型[618]技术的出现极大地促进了语音识别性能的提升。Atal[619]将线性预测倒谱系数（linear prediction cepstrum coefficients，LPCC）应用于声纹识别，提高了识别系统的精度。Doddington提出利用共振峰进行说话人确认，Atal采用提取出的基频轮廓进行声纹识别。

为了推动和评估声纹识别的研究水平，NIST从1996年开始举办一年一度的世界性的说话人识别技术测评（speaker recognition evaluation，SRE）。NIST说话人识别技术测评可以说代表了当今文本无关的说话人确认领域的最高水平，吸引了国内外多家知名研究机构和大学。2000年前后，声纹识别技术迎来第一个关键的发展节点，Reynolds[620]等提出的通过大量背景数据训练的高斯混合模型-通用背景模型（Gaussian mixture model-universal background model，GMM-UBM）的方法，对所有说话人的整体发音特性进行统一建模，为声纹识别从实验室走向实用做出了重要贡献。UBM-MAP降低了统计模型GMM对训练集的依赖，说话人模型的训练只需少量的自适应语音，并且增强了对训练条件和测试条件失配的鲁棒性。2000～2008年，各种新的声纹识别技术层出不穷[618]，如图匹配（graph matching）方法、SVM[621]与GMM结合、语音高层信息的探讨、多模态识别以及针对信道失配问题的说话人模型合成技术等。2008年以后，超矢量（super vector）技术成为声纹识别新的研究热点和发展方向。通常是以特征矢量集来表示一段语音，而超矢量技术是用一个固定大小的高维单向量（超矢量）来表示长短不一的语音段。在此基础上，Kenny[622]提出了联合因子分析（joint factor analysis，JFA）方法。该方法把语音的差异性分为两大子空间：说话人与说话人之间的差异（speaker variability）和相同说话人不同段语音的差异（session variability/channel variability）。受JFA启发，Dehak[623]提出身份认证矢量（identity vector，I-矢量），把语音的差异性用一个低维的子空间来表示。与超矢量相比，I-矢量是一个更低维的单向量，用来表示长短不一的语音段。在I-矢量的基础上，Kenny[624]又提出概率线性鉴别分析（probabilistic linear discriminant analysis，PLDA）模型在说话人确认中的应用。

随着近年来深度学习的发展，其在声纹识别中也得到了成功应用。目前，该模型在训练和测试信道不匹配的说话人确认实验中表现出很强的鲁棒性。2012年以来，基于深度网络的特征学习方法，利用复杂非线性结构赋予的特征提取能力，能自动对输入的语音信号进行特征分析，提取出更高层、更抽象的说话人声纹表征，如D-矢量、X-矢量等。相对于传统的I-矢量生成过程，基于深度学习的说话人识别方法的优势主要体现在区分性训练和利用多层网络结构对局部多帧声学特征的有效表示上。D-矢量[625]是基于DNN框架下的说话人识别系统，通过训练说话人标签的DNN模型，提取测试说话人语音的瓶颈特征，对瓶颈特征进行累加求均值，得到语音的D-矢量。第二个关键发展节点是Snyder等提出X-矢量[626]方法，该模型突破GMM-UBM模型结构上的缺陷，直接将说话人的标签作为时延神经网络（time delay neural network，TDNN）的输出，并能比较好地利用更多的训练数据提升模型的识别效果。由于语音经过TDNN，可以从输出层得到关于输入语音帧的长时特征，因此X-矢量在短时说话人识别中能够达到更高的准确率。2016年，谷歌公司的Heigold[627]等提出了端到端声纹识别系统，端到端的网络包括两部分，即预先训练好的特征提取网络和用于决策打分的判决网络，输入为不同说话人的语音信号，输出为说话人识别结果，之后如注意力机制、自适应方法等在端到端系统中的应用进一步提高了系统的性能。

声纹识别技术在实际生活中有着广泛的应用，可以分为声纹确认、声纹辨认、声纹识别和声纹追踪，在军事、国防领域有力地保障了国家和公共安全；在金融领域，通过动态声纹密码的方式进行客户端身份认证，可有效提高个人资金和交易支付的安全；在个性化语音交互中，声纹识别有效提高了工作效率；除此之外，声纹识别在教育、娱乐、可穿戴设备等不同方面也取得了不错的效果。声纹识别的广泛应用与其技术的发展进步是息息相关的。在实际应用中，声纹识别还面临以下挑战：鲁棒性、防攻击、超短语音等，如何解决这些问题是未来的发展方向。

五、图像和视频合成

随着数字化时代的不断发展，人们的生活中充满了大量的数字化影像，比如日常拍摄的照片与录制的视频，还有各类互联网娱乐应用的图像与视频内容。然而随着图像和视频合成技术的不断进步，曾经"眼见为实"的断言到如今也已失效，图像和视频合成技术就是能够按照需求生成对应的图像与视频的技术，比如根据描述生成一幅图像，根据肖像画生成一个人的照片等。对于图像和视频的合成，可以是对既有画面的编辑和修改，也可以是合成全新的完全在现实中不存在的景象。对于具体的单幅图像的合成和视频的合成也有技术实现上的区别，下面对其发展进行介绍。

在计算机视觉领域，图像合成是一个重要研究方向。在深度学习技术兴起之前，机器学习技术主要聚焦于判别类问题，图像合成主要通过叠加与融合图像等方式进行。而随着深度学习技术的迅速发展以及计算硬件性能的快速提升，生成式模型得到了更为广泛和深入的研究。变分自编码机[628]就是一类有效的方法，能够稳定地合成图像，但是其合成的图像一般较为模糊，缺少细节。2014年，Goodfellow提出的生成对抗网络[69]，为图像与视频的合成带来了令人惊艳的技术，其合成的图像逼真自然且拥有锐利的细节，对后续图像与视频合成的研究产生了深远影响（图3-39）。但是生成对抗网络的训练不稳定，容易出现模式崩溃的情况，而且合成高分辨率图像的过程复杂且难以控制。自此之后，图像和视频合成领域产生了大量基于GAN的生成模型的改进方法，从不同角度改良其生成过程的不足。同时，随着近年来计算技术的发展和计算资源的性能提升，不论是单帧图像的合成还是视频的合成，都达到了高分辨率、高逼真度的效果。

由于早期的生成式模型研究受限于计算资源与算法能力，大多聚焦于简单离散数据的生成研究，所以这里主要介绍近年来基于深度生成模型的图像

图3-39 对抗式神经网络[629]（源自《麻省理工科技评论》）

和视频合成方面的研究进展。早期的图像和视频合成主要依托字典学习与马尔可夫方法，利用学习好的基础图像进行合成和推理。目前主流的图像和视频合成方法主要有四大类。第一类方法是GAN，它是目前最流行也是被研究最多的一类方法，有多种变体，其代表性的方法如InfoGAN[630]、CycleGAN[631]、PGGAN、BigGAN[632]、WassersteinGAN[633]等。基于大多数的生成模型都依赖于2D内核生成图像，HoloGAN[634]提出了学习图像的3D表达。StyleGAN[635]为了解耦不同属性特征，设计了一个非线性映射网络，该网络输出的特征向量能够对生成图像进行分阶段精确控制。最新的工作InterFace-GAN[636]探索了预训练GAN模型潜在空间内的可解释语义，通过潜在特征的线性子空间投影，将无约束的广义网络转化为可控的广义网络。第二类方法是VAE，其具有代表性的方法主要有IntroVAE[637]、BetaVAE[638]、InfoVAE[639]等。Spatial-VAE[640]显式地将图像旋转和平移与其他非结构化潜在因子进行解耦。AF-VAE[641]可以使用简单且有效的模型任意操纵高分辨率的面部图像。另外两类方法相比于前两类受到的关注度较小，分别是流模型与自回归模型，其代表性的成果有OpenAI提出的流生成模型Glow[642]及PixelCNN、PixelRNN[643]等。

生成模型应用到人脸图像和视频合成中，需要考虑人脸图像重组和属性编辑所面临的基本问题，比如如何实现视频中的人脸替换、表情编辑、视角旋转、年龄变换、跨光谱合成、像素提升等任务。重要进展中的 Wavelet-SRNet[643]理论及方法解决了超分辨率的问题，可以从低分辨率的人脸图像中解析出相应的高分辨率人脸图像。Faceswap-GAN[644]是当前较为热门的人脸图像生成模型，可用于生成分辨率为 64×64、128×128 和 256×256 的内容，使眼睛部位的动作更加逼真，并与输入图像的脸部保持一致。神经渲染是一种结合深度神经网络模型与计算图形学先验知识的图像和视频生成技术，该技术很好地结合了渲染和深度神经的优点，既可以显式地控制相机视角、光照、几何和材质等信息的优点，又可以端到端地从隐变量中生成高清图像，精确可控地生成高质量图像。场景表示则通过对图像中目标物体的检测，实现场景中目标图像的生成或操控，生成具有相同语义信息和不同外观的图像，并能按照指定的控制指令生成或编辑与输入图像风格适配的新增内容。

文字图像的合成由于其问题的挑战性（特别是手写文字的合成）和蕴藏的巨大商业价值，近年来吸引了很多研究者的关注。文字图像的合成虽然也可以采用常用的场景图像合成技术，但是由于文字的特殊结构性，围绕文字图像的合成也产生了一系列的研究成果。主流的方法可以分为三大类。第一类是基于模板的方法。主要是将文字表示为笔画或部首的层次化模板，然后在先验知识的引导下生成不同风格的文字。这类方法思路直观，但对合成复杂结构的文字效果欠佳。第二类方法是基于GAN的方法。这类方法主要是借鉴基于GAN的各种变体的场景图像合成技术来完成文字图像的合成，其相对于基于模板的方法虽然取得了巨大的进步，但是常常会不可控地生成无意义的或模糊不清的文字。第三类方法是基于RNN的方法。这类方法将文字的书写过程引入文字的生成过程，在在线样本（含有笔顺信息）的帮助下，采用RNN模拟文字的一笔一画的书写过程来合成文字。相对前两类方法，第三类方法不仅能够生成风格更加多样的文字图像，而且能够生成更加逼真的文字图像。但是这类方法也需要大量的训练样本来完成RNN书写模型的训练。

图像和视频合成在计算机视觉领域有着重要地位，其成果带动了相关领域的研究和应用，如GAN在语音合成、文本生成、音乐生成等领域的应用，使其效果产生了质的飞跃。图像和视频合成在当今社会及商业领域应用广泛，在娱乐领域有着各类美妆类、变脸类应用，在安防领域有着异质图像合成、肖像自然图像合成等重要应用。未来，对于图像和视频合成的深入研究将在更广泛的领域产生更加深远的影响。

六、遥感图像分析

遥感图像分析旨在通过对遥感图像的处理、识别、解译获得有关场景、目标的语义特征与隐含规律。遥感图像分析既指从遥感图像获取语义特征及隐含规律的技术，也指获取语义特征与隐含规律的应用目的。遥感图像分析所获取的语义特征主要包括目标位置及类型特征、目标状态特征、目标材质及真伪特征、目标变化特征等，所获取的隐含规律主要包括地物真实特征与图像特征的对应关系，以及从图像获得的目标的时空演变规律或目标与周围环境或时间的关联关系（图3-40）。

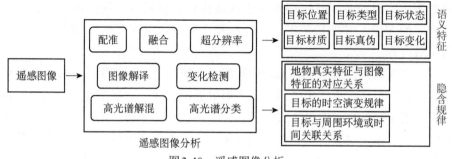

图3-40　遥感图像分析

遥感图像分析的关键技术主要包括遥感图像配准、遥感图像融合、遥感图像超分辨率、遥感图像解译、变化检测、高光谱解混、高光谱分类等。从模式识别的角度讲，遥感图像分析的关键和难点在于特征提取与特征分类。上述关键技术本质上都是典型的特征提取与特征分类问题。例如，遥感图像配准是从两幅或多幅图像中提取共有特征后，根据特征的不变性将特征对分为内点和外点两类；遥感图像融合是从多幅图像中提取图像的不变特征和互补特征，在此基础上实现目标和背景的特征可分性的提高；变化检测是从多时相图像中提取变化特征，然后对变化特征进行分类的过程。早期的遥感图像分析技术主要依赖图像的底层特征、先验知识，特征提取和特征分类相互独立。随着空间分辨率的提高和深度学习技术的发展，集特征提取和特征分类于一体、端到端的特征学习逐渐成为遥感图像分析技术的主流和事实标准[645-649]。下面围绕特征提取和特征分类分别叙述遥感图像分析相关技术的进展。

遥感图像配准对特征提取和特征匹配技术有着最严格的要求，特征可分性直接影响配准成败及后续应用的性能。早期的配准技术（如灰度最小二乘法、模板匹配、互相关最大化、互信息最大化、傅里叶-梅林变换等）主要集中在底层特征，对低分辨率遥感图像的适用性较好，但无法应对尺度不变性、旋转不变性。以SIFT为标志的特征提取方法被提出以后，局部特征匹配就成为图像配准的事实标准[650]。然而，基于局部特征的方法对SAR图像及异源图像仍具有很大的局限性。目前，基于特征学习的遥感图像配准技术引起了研究人员的广泛关注[651]，研究范围覆盖从特征点学习（TILDE方法）、主方向学习、描述子学习（DeepDesc、GLoss Net、TFeat方法）、距离度量学习（MatchNet、DeepCompare方法）等单独学习到从原始图像对到图像变换的一体化端到端学习（LIFT方法）等各个方面。基于特征学习的遥感图像配准技术对图像间灰度变换复杂的异源图像具有很好的潜力，但异源不变特征学习关键技术目前尚未突破[652]。

　　遥感图像融合的基本任务是针对同一场景并具有互补信息的多幅遥感图像进行联合、相关、组合，以获取目标更精准、更全面的信息。传统的遥感图像融合方法主要通过代数叠加、组合（如HSI融合、PCA融合、Gram-Schmidt融合）提高图像质量，整合不同的特征提高分类性能或通过决策融合减少分类的不确定性[653-655]。基于深度学习、以数据为驱动的端到端的遥感图像融合克服了对专家知识的依赖，具有更好的普适性，典型的融合方法有PSGAN、FusionGAN等[656, 657]。然而，如何为遥感图像融合任务提供合适的标注数据，目前仍未得到有效解决。超分辨率重建是遥感图像融合的基础。早期非深度学习超分辨率重建方法主要有SCSR、ANR、A+、IA、SelfExSR、NBSRF、RFL，目前超分辨率重建深度学习方法主要有SRCNN、RAISR、ESPCN、EDSR、EnhanceNet、ProSRN、SRGAN、SRFeat、FALSR、HiresNet、DeepSUM等[658]。此外，生成对抗网络对于提高超分辨率图像的视觉效果非常有效，但会引入虚假的细节[659]。

　　遥感图像解译的基本任务是对遥感图像中各种待识别目标的特征信息进行分析、推理与判断，最终达到识别目标或现象的目的。目标识别、语义分割、图像翻译是实现遥感图像解译的基础[660-667]。在深度学习框架下，目标识别方法主要有两阶段的Faster-RCNN系列、FPN系列以及一阶段的网络YOLO系列、SSD系列等。针对遥感图像目标的特殊性，一些专门的目标识别网络（如YOLT、R2-CNN）不断被提出。虽然上述目标识别算法也适用于SAR图像，但由于SAR图像噪声与成像机理的特殊性，目前针对SAR图像的深度学习目标识别难点还亟待解决。遥感图像语义分割需要着重解决的难点是不同卷积层的细节特征和语义特征的综合利用，常用的遥感图像语义分割深度学习网络主要包括 U-Net、FCN、SegNet、DeepLab、G-FRNet、Mask R-CNN、门控卷积语义分割网络等。针对不同数据源的域自适应学习问题，可以利用 Siamese-GAN、TriADA 等生成对抗网络模型学习源域数据与目标域数据之间的隐含关系。图像翻译主要借助生成对抗网络技术实现从一种图像到另一种图像（如从 SAR 图像到光学图像）或从图像到文字的转换；借助 pix2pix、DiscoGAN、CycleGAN、DualGAN、MUNIT、SemGAN、Dialectical GAN 等图像翻译技术可以生成异源图像（如光学图像和 SAR 图像）之间的转换，借助 Im2Text、DenseCap、DeepDiary、SCA-CNN、CapSal 等看图说话技术可以直接由图像生成场景和目标相关的语义信息。图像翻译对深入理解目标的成像机理、语义不变特征具有重要的作用。

变化检测的基本任务是利用不同时间获取的覆盖同一地表区域的遥感图像来确定和分析地表变化。早期的变化检测方法显式地进行变化特征提取和特征分类，使得变化检测性能极易受配准误差、视角变化、图像间的非线性灰度变化影响。当前，变化检测的进展集中体现在深度学习方面[653, 655, 668]，主要包括基于卷积神经网络、Siamese 网络、生成对抗网络、深度聚类变化检测等。借助端到端的学习方式，卷积耦合网络、生成对抗网络甚至可以用于异源多时相图像的变化检测任务。另外，随着目标识别和语义分割技术的进步，先识别（分割）后比较的深度学习方法对解决复杂场景（如城区密集的建筑物、机场密集的飞机）的变化检测难点也具有很好的借鉴意义。

高光谱解混的基本任务是估计高光谱图像中地物目标端元（如"树""水"等纯物质）及其像素级丰度的技术。非负矩阵分解（nonnegative matrix factorization，NMF）是传统解混的主流方法，但其存在解空间大，只能收敛到次优局部极值点。近年来，基于神经网络模型的解混方法被相继提出，包括多层感知器、自组织映射网络、自适应共振理论映射模型、深度回归网络等。高光谱图像分类的基本任务是对高光谱图像中的每个体素进行分类，以达到对地物、目标进行精细化分类和材质识别的目的，常用的方法主要有基于 3D-CNN 的方法、基于空-谱残差网络的方法、基于深度金字塔残差网络的方法、基于生成对抗网络的方法等[669, 670]。考虑到高光谱图像的波段间高度相关性、光谱混合、噪声严重等特点，以及去噪、解混、目标识别、变化检测之间的内在联系，基于端到端的多任务深度学习对高光谱图像分析更加有效，如 GETNET 网络[668]将解混、降维、特征学习、变化检测等多任务在同一框架下执行，更好地发挥了端到端学习、梯度传播的优势。

目前，深度学习新方法已经逐渐应用于实际任务（如自然环境监测、国防安全、农林普查、矿物勘探、灾害应急、交通运输、通信服务、规划修编等）并发挥了重要作用，如基于遥感图像分析技术的火神山/雷神山医院建设进展监测、澳大利亚丛林火灾监测、贫困地区预测[671,672]。随着人工智能技术的发展和标注数据的积累，智能图像分析技术将发挥更加重要的应用价值。

七、医学图像分析

医学图像分析（medical image analysis）属于多学科交叉的综合研究领域，涉及医学影像、数据建模、数字图像处理与分析、人工智能和数值算法等多个学科。医学图像中的模式识别问题，主要指将模式识别与图像处理技术应用于医学影像，并结合临床数据加以综合分析，最终目的是找到与特定疾病相关的影像学生物指标，从而达到辅助医生进行早期诊断、治疗和预后评估的目的。医学图像分析主要包括医学图像分割、图像配准、图像融合、三维重建与可视化、脑功能与网络分析、计算机辅助诊断等。下面主要介绍医学图像分割、图像配准融合以及计算机辅助诊断方面的重要进展。

医学图像分割是医学图像分析中典型的任务，也是医学图像分析的基础，其本质上是像素级别的分类，即判断图片上每个像素的所属类别。一般的流程分为数据预处理、感兴趣区提取、分割、分割结果后处理等。传统图像分割方法包括阈值分割、区域增长、形变模型、水平集方法、多图谱引导等。随着全卷积网络和U-Net网络等深度学习算法的提出，深度学习在医学图像分割领域的应用快速发展。全卷积网络采用端到端的学习模式实现了输出图像区域分割，保证了对任意尺寸的图像都能进行处理，但其在医学图像上得到的分割结果相对粗糙。U-Net[390]网络通过有效地对低层和高层特征进行融合，在小样本的医学图像数据取得了较好的分割结果。随后，基于U-Net的改进网络结构，例如U-Net++[673]通过在多个解码器和解码器之间增加更多的跳跃连接来充分融合不同尺度的信息。还有研究者通过在U-Net中引入残差连接[139]、空洞卷积[674]、密集卷积[675]以及注意力机制[676]等，进一步提升了分割的效果。当前，如何有效地将解剖结构先验信息与深度网络相结合成为研究热点，其主要目的是将目标形状先验添加到网络特征层，或者利用形状模型表示来约束神经网络的训练，从而提高精度并增加结果的可解释性。由于生成对抗网络的发展，很多研究将对抗网络引入分割任务中[677]。此外，对于医学图像来说，标注数据的获取通常是昂贵的，为了降低标注成本，近年来很多学者研究半监督分割或弱监督分割。北卡罗来纳大学教堂山分校设计了一个融合体素分类和边界回归的混合损失网络，利用不完整的标签数据对计算机断层成像（CT）盆腔器官进行语义分割[678]。针对只有图像级标注的弱监督情形，复旦大学在类激活图（class activation maps，CAMs）方法中加入了注意力机制，并应用于MR图像中脑肿瘤分割[679]。

在临床应用中，单一模态的图像往往不能为医生提供所需要的足够信息，常需要将多种模式或同一模式的多次成像通过配准融合来实现感兴趣区的信息互补。大部分情况下，医学图像配准指对在不同时间或不同条件下获取的两幅图像，基于一个相似性测度寻求一种或一系列空间变换关系，使得两幅待配准图像间的相似性测度达到最大。医学图像配准包括被试个体内配准、被试组间配准、二维-三维配准等多个应用场景。医学图像配准的经典方法包括基于互信息的配准[680]、自由形变模型配准[681]、基于Demons的形变配准[682]、基于层次属性的弹性配准（HAMMER）[683]、大形变微分同胚度量映射（LDDMM）[684]等。近年来，基于深度学习的配准方法得到了领域内的重视，深度学习应用在配准上主要采取以下两种策略：一是用深度神经网络来预测两幅图像的相似度，二是直接用深度回归网络来预测形变参数。前者只利用了深度学习进行相似性度量，仍然需要传统配准方法进行迭代优化，花费时间长，难以实现实时配准；后者以端到端的应用方式快速得到待求的空间变换，无须再进行烦琐的数值优化就能得到高精度的配准结果，因此是目前图像配准领域的研究热点。根据训练方法的不同，将基于深度学习的医学图像配准方法分为全监督、无监督和弱监督三种模式。全监督的医学图像配准模型在训练时需要预先得到配准的空间变换参数，以作为网络优化的监督信息[685]。无监督方法依赖于空间变换网络（spatial transformation networks，STN）[686]的提出，它被直接连在深度神经网络后通过学习得到形变场，并使用基于度量［例如平方差和（sum of squared differences，SSD）和归一化互相关（normalized cross correlation，NCC）］定义的损失函数来评估固定图像与运动图像的相似性。弱监督方法在训练阶段引入针对目标区域的标注信息来优化网络的参数配准精度，在测试阶段不需要额外的标注信息。牛津大学通过密集位移场来最大化配准图像对应解剖组织的标签重叠度，从而优化网络得到形变场[687]。此外，考虑到图像的多尺度信息中包括全局和局部信息，多尺度配准问题也成为研究热点[688]。

计算机辅助诊断结合计算机图像处理技术以及其他可能的生理、生化手段，辅助发现病灶和特异性变化，提高诊断的准确率。其一般流程是对图像进行预处理，然后通过手工特征或特征学习方法对整张图像进行全局扫描，然后训练模型，判断图片中是否存在病变特征，并对疾病进行分类。随着深度学习的发展，尤其是卷积神经网络的提出，AlexNet、VGG、ResNet等网络在图像分类领域取得了优异的结果，通过有监督或无监督的方式学习层次化的特征表达来对物体进行从底层到高层的特征描述。如何设计网络、提取图片或者特定区域的有效特征、提高分类精度是目前主要研究的问题。例如，DeepMind公司利用深度学习开发了一套眼睛光学相干断层扫描（OCT）诊断系统，其准确度和世界一流专家的诊断相当。斯坦福大学的研究者发布了一系列成功的研究案例，如诊断皮肤癌的算法，准确率高达91%，与人类医生的表现相同；并开发了一种新的深度学习算法[689]，可基于单导程心电图（ECG）信号分类10种心律不齐以及窦性心律和噪声，堪比心脏科医生。国内的中国科学院自动化研究所基于多中心大样本的精神分裂症神经影像、多组学数据库，利用数据建模与机器学习技术，首次发现并从多方面验证了纹状体环路功能异常是精神分裂症精准诊疗的有效生物标记，该标记可以精准地从健康人群中筛查出精神分裂症患者，并预测患者未来的抗精神病药物治疗效果[690]。他们还开展了基于脑影像的阿尔茨海默病的早期辅助识别跨中心交叉验证研究，发现海马结构的影像组学特征，并对特征背后的生物学意义展开了系统的研究[691]。中国科学院心理研究所联合来自国内17家单位汇聚了1300例抑郁症患者和1128例健康对照者的脑成像数据，建成了目前世界上最大的抑郁症静息态功能磁共振成像数据库。基于该数据集，分析了抑郁症患者默认网络内部功能连接的异常模式，提示了抗抑郁药物在默认网络中的起效机制，再一次突出了默认网络异常在抑郁症脑机制中的核心作用[692]。另外，在席卷全球的新型冠状病毒肺炎疫情中，国内多家研究机构分别使用了多种深度网络对数据进行分析，不仅能够对患者的肺部病灶进行快速分割，还可基于CT影像对患者进行快速诊断。澳门科技大学医学院联合清华大学、中山大学等团队合作研发了面向新型冠状病毒肺炎的全诊疗流程的智慧筛查、诊断与预测系统[693]，可以根据胸部的CT影像，对大量疑似病例进行快速筛查、辅助诊断和住院临床分级预警，实现对COVID-19患者的全生命周期管理。近期，国内多家医疗公司将先进的影像处理算法落地于特定的疾病场景，新研发的多款产品获批国家药品监督管理局医疗器械三类证，包括科亚医疗的冠脉血流储备分数计算软件产品、安德医智的颅内肿瘤磁共振影像辅助诊断软件、推想科技的肺结节筛查系统、数坤科技的冠脉CT造影图像血管狭窄辅助分诊软件和联影智能CT骨折智能分析系统等，三类证的获取将加速影像AI产品的临床应用，也表明中国医疗影像人工智能已经进入了一个更高的阶段。

八、文字与文本识别

人类社会生活中和互联网上存在大量的文字与文档图像（把文字和文档通过扫描或拍照变成图像）。把图像中的文字检测识别出来并转化为电子文本，是计算机文字处理和语言理解的需要。这个过程称为文档图像识别，简称文档识别或文字识别，或称光学字符识别。广义的文字识别指从文档图像中定位并识别出其中的多种文字内容（文本、符号、公式、表格等），狭义的文字识别指单个文字（在版面简单的文档中容易分割出来）的识别。复杂版面和复杂背景文档图像中的图文分割与文本定位也有大量的技术问题，将另外介绍。这里主要介绍单个文字和文本行（或称字符串）识别的进展。近几年也有一些工作研究整页或整段文本识别（不需要先把文本行分割出来），但还处于探索阶段，这里也不做详细介绍。

文字识别作为模式识别领域的一个研究方向，是在20世纪50年代电子计算机出现之后发展起来的。早期文字识别的主要对象是印刷体数字和英文字母，方法以统计模式识别[3]和特征匹配为主。后来业界开始手写数字、字母和印刷体汉字[694]、手写体汉字识别的研究，其中形状归一化、特征提取、分类器等技术受到高度重视。70年代以来也提出了一些结构分析方法[695, 696]，并且字符切分、字符串识别和版面分析受到重视。21世纪以来，文档分析和识别的各个方面技术继续发展，性能持续提高。尤其是近年来，互联网大数据、GPU并行计算支撑深度学习（深度神经网络）快速发展，文档分析和识别中基于深度学习的方法带来性能的快速提升，全面超越传统方法，甚至在手写字符识别等方面的精度超过人类水平。

单字识别作为一个分类问题，其方法大致可分为三类：统计方法、结构方法、深度学习方法。在统计方法中，对文字图像归一化、特征提取、分类三个主要环节都提出了很多有效的方法。归一化是将字符图像变换到标准大小并校正字符形状。形状校正对手写字符尤其重要，典型方法有非线性归一化[697]、伪二维归一化（pseudo two-dimensional normalization）[698]等。特征提取方法最具代表性的是局部方向（包括笔画轮廓方向、骨架方向、梯度方向）直方图特征，最早在20世纪70年代末提出[699]，后来被广泛采用并改进和推广。在分类器设计方面，除了通用的统计分类器、最近原型分类器（学习矢量量化）、多层神经网络、支撑向量机等之外，在文字识别领域也提出了一些专门针对大类别集分类的改进型分类器，如修正二次判别函数（modified quadratic discriminant function，MQDF）[700]、树分类器等。在结构方法中，对字符图像骨架化（又称细化）、笔画提取、笔画匹配（主要基于图匹配思想）、部首分割和匹配等方面提出了很多方法，但是迄今，结构匹配的识别精度还不高，而且模型学习困难。以全连接多层感知器、卷积神经网络等为代表的神经网络模型自20世纪90年代起已经开始在文字识别领域得到成功应用[17]。特别是2013年以后，深度神经网络（主要是深度卷积神经网络）逐渐占据主导地位，通过大数据训练对特征提取和分类器联合学习明显提高了识别精度，目前性能已全面超越传统方法。对于过去认为很难的大类别集（常用字5000类以上）手写汉字识别问题，正确率已可达到97%以上[701, 702]。目前，在训练数据充足的情况下，单字识别问题基本上已得到了很好的解决，不再是一个重要的学术问题。

文本行识别比单字识别更有实用价值。由于字符形状、大小、位置、间隔不规则，字符在识别之前难以准确切分，因此字符切分和识别必须同时进行，这也就是文本行识别的过程。20世纪80年代，对日文手写字符串识别、英文词识别、手写数字串识别等问题提出了基于过切分和候选切分-识别网格的方法[703]，其基本思想是用一个字符分类器对过切分产生的所有候选字符（有些是非字符）进行识别，基于识别置信度（可结合统计语言模型）对候选字符组合和类别组合进行搜索，得到最终切分和识别结果。这种方法至今在中文手写文本行识别中具有优势，结合深度学习分类器（主要是CNN），可以得到优异的识别性能[703, 704]。20世纪90年代，基于隐马尔可夫模型的方法在英文手写词识别中开始流行[705, 706]。HMM方法将等宽度的文本图像片段表示为特征矢量，通过Viterbi解码动态划分片段得到字符切分和识别结果。这种方法的好处是可以在词标注（无须给出每个字的位置）的样本集上进行弱监督（或称端到端）学习。HMM与人工神经网络混合（HMM/ANN Hybrid）方法[707]用神经网络估计HMM中的状态释放概率，可得到更高的识别精度。基于HMM的方法可以扩展到文本行识别（不需要先进行词分割）[707]（图3-41）。2006年之后，基于长短时记忆循环神经网络和CTC解码的RNN+CTC模型在英文和阿拉伯文手写识别中的性能超越HMM，逐渐成为手写词识别和文本行识别的主导方法[708]。结合CNN（用于图像特征提取）和RNN的CRNN[709]在场景文本识别中取得成功并推广到手写文本识别。近年来，受到机器翻译与自然语言处理领域中提出的注意力序列解码机制的启发，注意力模型也被广泛应用于文本行识别领域，尤其是场景文本识别[710, 711]。

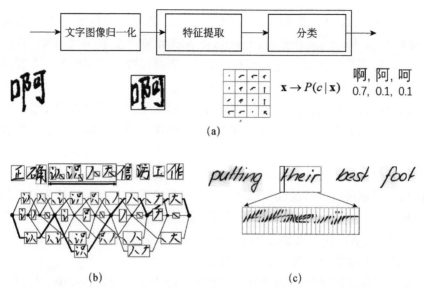

图3-41 （a）单字识别流程图；（b）基于过切分的文本行识别；
（c）基于HMM的文本行识别

此外，基于滑动窗CNN分类的方法可完全摆脱RNN的循环操作，并行化加速训练和识别过程，在多语言（包括中文）文本行识别中都非常有效[712]。

文字识别是模式识别领域的重要研究和应用方向，一些成果启发了模式分类和计算机视觉等方向的研究，比如文字识别领域在20世纪80年代提出的方向梯度直方图特征，在2000年以后被广泛用于计算机视觉领域。文字识别技术已在很多社会和商业领域得以成功应用。传统应用场景包括印刷文档数字化、古籍（历史文档）数字化、邮政分拣、票据识别、车牌识别、卡证识别、联机手写文字识别（主要是单字识别）等。过去脱机手写字符识别的成功应用不多，近年来，手写文本识别技术开始进入实用。各种票据的识别开始推广，除了扫描图像，拍照文档（包括票据、卡证等）也越来越多。手写作业及试卷手写文字识别、法律文档和档案识别开始推广。相关方法的研究还在继续，以不断提高应用系统的性能。研究方向主要包括：小样本学习、输出置信度和可解释性、多语言文本识别、不规则文本识别、整页/整段文本识别等。

九、复杂文档版面分析

在文档图像识别中，文档图像的处理和区域分割非常关键，因为文字和文本行被识别之前，先要在文档中定位并被分割出来。对文档图像中的文本和图形（插图、表格、公式、签名、印章等）区域进行分割并分析不同区域之间的关系，是版面分析的主要任务。几何版面分析是对图文区域进行定位和分割，又称物理版面分析或页面分割。逻辑版面分析（或称为逻辑结构分析）还要标出不同区域之间的逻辑或语义关系（如阅读顺序）。版面分析的技术挑战主要来自三个方面：低质图像、复杂版面、复杂背景。20世纪80年代以来，对文档图像预处理、版面分割、复杂背景图像文本检测方面提出了很多有效的方法，并取得了巨大进展，从而推动了文字和文档识别技术的成功应用。

早期版面分析方法比较依赖文档的图像质量，因此图像处理受到了广泛重视。图像预处理的技术包括二值化（文本与背景分离）、图像增强、倾斜校正、畸变校正等。早期提出的OTSU二值化方法至今仍被广泛使用。对于噪声图像的二值化，提出了很多从简单到复杂的方法，如自适应二值化[713]及系列扩展，用马尔可夫随机场[714]、条件随机场、深度神经网络（如全卷积网络）直接对像素进行分类等。为了校正倾斜的文档图像，对旋转/倾斜方向估计提出了投影分析、Hough变换、纹理分析[715]等方法。相比扫描文档，手持相机拍照文档图像的畸变、光照不均等问题更加突出，对这些畸变和光照的校正提出了一系列基于几何分析（如三维几何）与图像变换矫正方法[716]。

版面分析方法可分为三类：自上而下、自下而上和混合方法。自上而下的方法把图像从大到小进行划分，直到每个区域对应某一类对象（如文本、图形）。代表性的自上而下方法包括投影法、水平–垂直切割（X-Y Cuts）法[717]、背景分析[718]等。自下而上的方法将图像基本单元（像素、连通成分）从小到大聚合为文本行和区域，对图像旋转、变形、不规则区域等具有更强的适应能力。比如在手写文档中，手写文本行有倾斜、弯曲，行与行之间挨得近，用投影法就很难分开，需用自下而上的聚类方法进行分割。经典的自下而上方法包括Smearing（run-length smoothing，游程平滑）[719]、连通成分聚合[720]、Docstrum（文档谱）[721]、沃罗诺伊图（Voronoi diagram）[722]、纹理分析[723, 724]、游程聚合[725]等。用条件随机场对连通成分进行分类，可以分割复杂版面的文档，除了图文区域分割，还可以区分印刷文字和手写文字等[726]。对于比较复杂的图像，如复杂背景或噪声严重干扰的图像，很难用传统二值化去掉背景，近年来提出了基于图模型（如CRF、图卷积）进行版面分析及理解、基于全卷积网络通过像素分类来区分背景和前景、分割不同区域的新方法[727]。基于FCN、CRF、图神经网络等像素、部件分类的方法也称为基于学习的方法，其能从数据中进行学习，容易适应不同风格的文档产生更好的分割性能。混合方法结合自下而上和自上而下的方法，如在自下而上聚合过程中引入先验知识和规则、对聚合结果进行后处理等。

值得一提的是，针对手写文档的文本行分割提出了很多有效的方法，如基于主动轮廓模型的方法[728, 729]、基于连通成分Hough变换的方法[730]、基于最小生成树（minimum spanning tree，MST）聚类的方法[731]、基于全卷积网络的方法[732]等。

版面逻辑结构分析旨在表示文档区域的语义属性（如标题、摘要、小节题目、正文、图表、图表题目、脚标、页码等）、阅读顺序、逻辑关系等[733]。逻辑结构表示是文档重构的重要基础。20世纪80～90年代研究比较多，大多数工作基于语法、树表示（如X-Y tree[734]）、逻辑规则等。近年来的研究主要聚焦于复杂结构文档的版面分割，较少关注逻辑结构。研究工作[727]在基于像素分类的版面分割中考虑了语义属性。当前在物理版面分析中常用的图表示可以推广到逻辑结构表示（图3-42）。

场景文本检测可以看成一个特殊的版面分析问题，其方法和版面分析方法可以相互借鉴。由于文本检测的技术挑战性和巨大的应用需求，最近十几年成为研究热点，并取得了很大进展。文本检测的主要难点在于区分文本和复杂背景，克服文字字体颜色和大小变化、文本行方向和形状变化等。根据是否使用深度学习模型，文本检测方法可分为基于传统特征的方法和基于深度学习的方法两大类。按处理流程，也可分为自下而上和自上而下，以及自上而下和自下而上相结合的方法。基于传统特征的方法主要有滑动窗分类（如类似目标检测的AdaBoost方法）和连通成分聚合两类方法。文本连通成分提取有多种方法，如边缘分析、超像素分析、笔画宽度变换、最大稳定极值区域（maximally stable extremal region，MSER）[735, 736]等。在基于深度学习的方法中，自下而上的方法基于文字或连通成分检测，然后聚合成文本行，典型的方法如SegLink[737]。自上而下的方法用类似目标检测的方法直接回归文本行位置，给出任意方向文本行的边界框，典型的方法如高效准确的场景文本检测器（efficient and accurate scene text detector，EAST）[738]、直接回归[739]等。最近对形状弯曲的所谓任意形状文本检测吸引了很多研究者，典型的方法如TextSnake[740]、自适应区域表示[741]、结合CNN字符检测和图卷积网络推理的方法[742]等。在场景文本检测基础上，文本行（或词）识别方法与普通印刷或手写文本行识别类似，也有些方法（如CRNN+CTC）是首先在场景文本识别中提出来的。端到端的场景文本检测与识别也是目前的研究热点之一，性能较好的方法大多基于文本检测模型（可能还包括校正模型）和

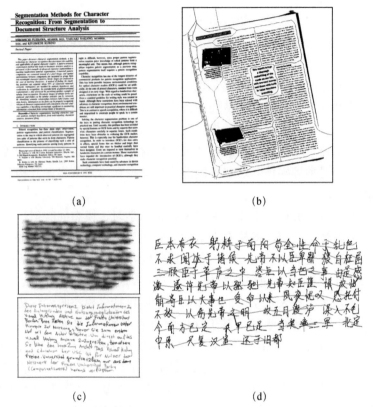

图3-42　（a）基于X-Y cuts的版面分析；（b）基于Voronoi图的版面分析[722]；
（c）基于主动轮廓的手写文本行分割[728]；（d）基于MST聚类的手写文本行分割[731]

文本识别模型联合学习。

　　文档版面分析技术的发展推动了文档识别技术的成功应用。随着数码相机和智能手机的普及，拍照文档数量越来越多，文档类型、图像质量越来越多样化，对版面分析技术的要求也越来越高。近年来，各类拍照文档（书籍、档案、文书、票据、卡片、证件、场景文本）的自动处理和识别技术逐渐开始实用，这得益于版面分析和文本识别技术的巨大进步。但是，任意复杂结构、低质图像文档的版面分割与理解及内容识别仍是有待解决的问题。

十、多媒体数据分析

　　人类对现实世界的感知过程是多模态的。在现实场景中，个体在进行感知时，往往能快速地接受视觉、听觉、嗅觉、触觉等多种模态的信号，并对其进行融合处理和语义解析。因此，多媒体数据分析方法更贴近人类认识世界的形式。随着网络通信、数字电子设备、计算机技术的快速进步，信息社会已进入多媒体大数据时代。由于多媒体数据的固有属性是异构及多模态，因此使用传统方法处理这些复杂数据是不可行的。多媒体数据分析旨在解决多媒体数据的操纵、管理、挖掘、理解的问题，同时以高效的方式对不同模态的异构数据进行智能感知，从而服务于实际应用。目前，多媒体数据的主要存在形式之一是社会多媒体。作为新一代信息资源，社会多媒体数据除传统的文字信息外，还包括具有表现力强、蕴含信息量大、形象生动等特点的图像、音频和视频等媒体。这些不同的媒体数据在形式上多源异构，语义上相互关联。

多媒体数据分析技术主要包括多模态表示学习、模态间映射、对齐、融合和协同学习等。其中，多模态表示学习的主要目标是将多模态数据所蕴含的语义信息数值化为实值向量[743-745]，其典型方式为将不同模态的数据映射至一个公共子空间中，使得具有相似语义的数据具有相似的向量表示，如图3-43所示。多模态表示学习的主要研究进展包括多模态哈希编码、多模态字典学习、多模态稀疏表达、基于深度学习的视觉-语义嵌入及大规模多模态数据表示学习等。例如，Niu等[743]提出层次化多模态LSTM的密集视觉-语义嵌入方法，可以建模句子与词以及图像与图像中局部区域的层次化关系，然后利用该循环神经网络学习词、句子、图像以及图像区域的特征。Dong等[744]提出了学习一种将多尺度句子向量投影到视觉特征空间的联合嵌入方法，并约束其在视觉特征空间内具有最小均方损失。

模态间映射[746-748]主要研究如何将某一特定模态数据中的信息映射至另一模态。其主要进展是将计算机视觉和自然语言处理领域最新的研究成果结合起来，并应用于大规模数据库上得到合理的视觉场景描述，包括基于注意力机制和上下文关系建模的图像与视频标注方法等。Fu等[746]提出能够协调描述生成和视觉区域注意力转移的方法，同时将场景特定的上下文引入LSTM中，获得特定场景类型下的语言模型用于词汇生成。Shen等[747]提出了一种弱监督的视频标注方法，该方法能够在训练过程中为视频剪辑生成多个不同的视频标注，所使用的监督信息仅仅是视频级别的描述语句。

对齐主要研究如何识别不同模态间部件、元素的对应关系[748]，其主要进展是使用嵌入子空间的特征方法以增强模态内数据的相关性和语义相关数据的关联。Jiang等[749]利用最大边距学习方式结合局部对齐（即视觉对象和词汇对齐）和全局对齐（即图片和语句对齐）方法来学习共同嵌入表示空间，

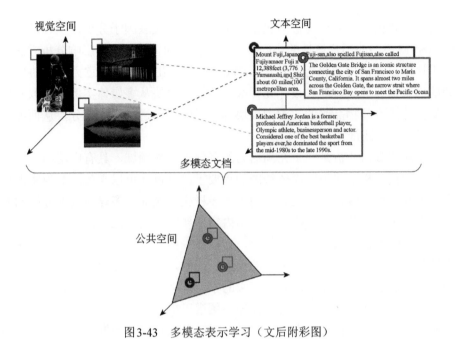

图3-43　多模态表示学习（文后附彩图）

对齐后的跨语义表示可以较好地提高跨模态检索的质量。Deng 等[750]提出了一种基于判别性字典学习的跨模态检索方法，该方法学习判别性字典来解释每种模态，不仅增强了来自不同类别的模态内数据的辨别能力，而且增强了同一类中的模态间数据的相关性，而后将编码映射到特征空间，通过标签对齐方法进一步增强跨模态数据的区分性和相关性。

　　融合主要研究如何整合不同模态间的模型与特征[751]，其主要进展是基于条件随机场、主题模型、多视角学习和弱监督方式的融合方法。Jiang 等[752]设计了一种隐含条件随机场，假设不同模态的数据共享潜在的结构，通过多模态数据间的联系学习这种潜在共享结构，同时挖掘该结构与监督类别信息间的相互作用，从而应用于分类任务。Jin 等[753]提出了一种带注意力机制的循环神经网络，利用 LSTM 网络融合文本和社交上下文特征，再利用注意力机制将其与图像特征融合，进行端到端的谣言预测。协同学习主要研究如何将富集的模态上学习的知识迁移到信息匮乏的模态，使各个模态的学习互相辅助，主要进展是跨模态知识迁移网络方法。Huang 等[754]提出了一种跨模态知识迁移网络将跨模态数据转换为共同表示用于检索，其中模态共享迁移子网络利用源域和目标域的模式作为桥梁，将知识同时迁移到两种模态。

　　作为多媒体数据分析的主要应用点之一，社会多媒体计算通常以用户为中心进行建模。主要研究进展包括基于排序的多关联因子分析模型、基于关联隐SVM模型的用户属性的协同推断、多模态的主题敏感的影响分析方法、基于协同过滤的内容推荐算法等。Chen 等[755]提出了基于注意力机制协同过滤的内容推荐算法，通过设计元件级的注意力模块从多媒体实例中提取富信息的元件，设计物品级的注意力模块为不同的物品进行偏好打分，从而显著提升了协同过滤推荐算法的性能。

多媒体数据分析是一个充满活力的多学科交叉领域，具有广泛的影响。多媒体数据分析是实现跨媒体智能的重要手段，进而可以高效应对现实世界中对象复杂性、数据规模化、应用需求多样化等挑战。多媒体数据分析的应用包含有多媒体数据的聚类、索引和内容摘要等方向。此外，多模态无监督深度表征学习也是最近的研究热点，目前在一些任务上，多模态无监督深度表征学习已经接近了有监督训练的性能。同时，随着深度学习和跨媒体知识图谱的发展，利用深度学习和更高级的学习策略挖掘不同数据源数据之间的共生关系及语义结构，构建跨媒体知识图谱以提供可计算的知识表达结构，从而实现多模态数据环境中语义关系分析以及认知层级的推理等内容也成为一大研究重点。

十一、多模态情感计算

模态的英文是modality，每种信息的来源或形式都可以称为一种模态。例如，人有触觉、听觉、视觉、嗅觉，信息的媒介有语音、视频、文字等。多模态信息之间具有互补和增强作用，这与大脑通过多种来源的信息感知外在事物是一致的，不同感官会被无意识地自动结合在一起对信息进行处理，任何感官信息的缺乏或不准确，都将导致大脑对外界信息的理解产生偏差。情感是人类智能的重要组成部分，情感计算的目的是通过赋予计算机识别、理解、表达和适应人的情感的能力来建立和谐人机环境，并使计算机具有更高、更全面的智能。多模态情感计算是指融合多种模态信息，包括但不限于对音频、视频、文本和生理信号等模态进行情感识别、解释、处理和模拟，促进和谐的人机交互。

有关情感计算的论述可以追溯到20世纪末的詹姆斯·拉塞尔（James Russell）。人工智能创始人之一、计算机图灵奖获得者、美国麻省理工学院的Minsky在《心智社会》（The Society of Mind）一书中就情感的重要性专门指出，"问题不在于智能机器能否有情感，而在于没有情感的机器能否实现智能"[756]。1997年，美国麻省理工学院的Picard在其专著中首次提出"情感计算"的概念[757]。人的情感状态往往伴随着多个生理或行为特征的变化，某些生理或行为特征的变化也可能起因于多种情感状态。情感特征很复杂，难以准确描述一个人的情感状态，目前，学术界采用的主要表示方法可以分为离散情感模型和维度情感模型两大类。离散情感模型按照多种分类方法进行分类，将情感类别分为开心、悲伤、惊讶等，同时可以用任何一个情感类别或多个情感类别的组合来描述。维度情感模型将不同情感维度的组合对应不同的维度情感空间。每个情感维度应具有取值范围，情感维度数值可位于该取值范围内的任意位置[758]。任何情感都可以通过一组数值进行表示，这组数值代表了这个情感在维度情感空间中的位置。之后，情感计算引入机器学习方法进行分析，将情感分类为不同的情感类别进行识别，并且从不同的情感表示模型上量化情感，从而将情感分析建模为一个模式识别问题。因此，不同的机器学习方法都被应用到了情感计算中，如传统的支持向量机[759]、随机森林[760]、隐马尔可夫模型[761]以及基于事件评价的情感模型等。近来，随着深度学习的广泛应用，深度神经网络[762]也被成功地应用到了情感计算中。由于情感的时序特性，循环神经网络能够取得相较于其他网络更好的效果。

　　人类具备多种情感表达方式，并且不同表现方式在表达情感信息时存在一定的互补作用。因此，相较于单模态情感识别，多模态情感识别更加完整，更加符合人类自然的行为表达方式。多模态情感分析的难点在于如何有效融合多模态信息，利用模态间的互补性，提升情感分析的能力。1997 年，Duc 等最先提出"多模态"（multi-modal）这一概念。PraDeep 总结了多模态情感融合的三种基本模式，包括特征层融合、决策层融合和模型层融合[763]。特征层融合在前期融合不同模态的特征，简单有效，但忽略了不同模态特征之间的差异性，同时该融合策略很难表示不同模态之间的时间同步性，并且融合后特征维度太大，容易造成信息冗余甚至引发"维数灾难"。决策层融合在后期综合不同模态的预测，考虑到了不同模态特征的差异性，但没有考虑到情感特征之间的联系，不能充分利用不同模态特征所蕴含的类别信息，忽略了不同模态信息的本质相关性。模型层融合依据不同模型的内在结构进行建模，并且利用深度学习方法获得了更好的效果，是目前研究的热点。模型层融合的另一种思路是多模态特征学习，利用深度学习网络提取不同模态信息中的情感共性部分而去除干扰部分，学习各个模态（如音频、视频和文本）之间的交互信息，得到鲁棒的多模态情感特征表征。这方面的研究是多模态情感分析的热点，吸引了许多研究。例如，Zadeh 提出张量（tensor）融合，将不同模态编码到高层表征，然后两两模态之间内积拼接得到最终的多模态表征[764]。

基于多模态融合的情感计算受到学术界和工业界的广泛关注。1998年，美国伊利诺伊大学和日本ART研究院的研究者Chen等共同提出了基于表情和语音的双模态情感识别框架[765]。2006年，悉尼科技大学的研究者Gunes等建立了基于表情和姿态的情感数据库，并在该数据库上进行融合表情和姿态的情感识别实验[766]。2010年，东南大学的研究者黄程韦和金赟等考虑到脑电信号可以充分反映人的生理和心理变化，提出了采用特征融合和决策融合算法实现语音信号与脑电信号的多模态情感识别[767]。2015年，注意力机制首次被引入多模态情感识别领域，该机制能够考虑到不同模态对于情感计算贡献的差异性，并且学习在不同时刻动态地改变各个模态的权重[768]。

多模态情感计算（图3-44）能够极大地增加情感分析的准确性，强化人机交互的自然度、类人度与温度。针对多模态情感计算的研究，能够同时促进模态信息融合、以认知科学为基础的视听觉计算等相关领域的研究。同时，多模态情感计算在智能客服、疲劳监测、服务机器人、智能医疗等领域有着广泛的应用。例如，在服务机器人领域，情感理解和情感表达已成为服务机器人的标配。据全球富有影响的咨询公司高德纳（Gartner）报道，情感智能技术已开始大规模市场应用，未来几年还将进一步爆发。全球著名市场研究公司Markets报告，预计到2024年，情感计算市场规模将增至560亿美元。情感计算已成为一项重要产业需求。情感交互的引入，可以帮助中国超过千万的自闭症儿童进行治疗，大大减轻家庭负担；情感识别和情感交互的陪护可以帮助中国过亿的抑郁症患者与老年人减轻病痛干扰，并获得全时的亲情陪伴；融入情感分析、疲劳检测的智能驾驶技术能够减少交通事故的发生。利用多模态情感计算技术，能够判断人的情感和心理压力的变化，侦测人们的一些行为或会话过程中可能出现的心理和精神的异常点，从而作为辅助决策的有力手段。

十二、图像取证与安全

以图像为代表的视觉大数据作为客观信息记录的重要载体，在日常生活中被广泛应用，然而随着图像视频编辑技术，特别是深度生成对抗和伪造等技术的快速发展，图像视频极易成为被恶意篡改伪造的对象，并在互联网和智能手机上广泛且快速传播，对网络安全和媒体公信力造成巨大威胁。在眼见不为实的背景下，视觉取证技术应运而生，其目的是有效鉴别图像视频数

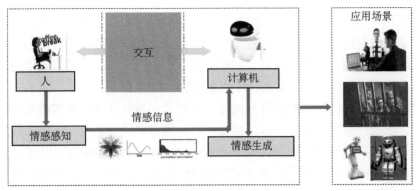

图3-44 多模态情感计算框架

据的真实性、追溯可疑图像视频来源。不同于主动式的图像水印、数字签名技术，图像视频取证技术采用被动方式，仅从数据本身抽取可用线索，最终辨别图像视频数据的真实性。如图3-45所示，根据取证线索所在的不同成像层面进行划分，取证方法包括场景层面取证、设备层面取证、像素层面取证以及格式层面取证。

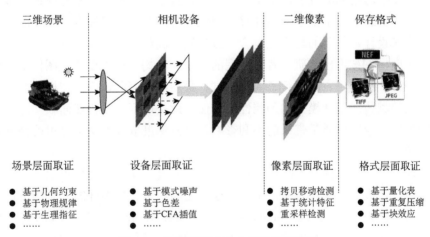

图3-45 图像取证方法分类及取证线索

虽然图像篡改伪造问题早在19世纪照相机发明不久之后就已出现，但作为一个科学问题被广泛研究的图像视频取证却起源于2000年，是一个相对较新的研究领域。早期的图像取证方法受自然图像统计模型的启发，关注篡改图像或计算机合成图像不同于真实图像的统计特征[769]。由于假图像与真图像在视觉上很难区分，研究者多从高频噪声层面设计手工特征，如噪声的马尔可夫转移矩阵特征[770]、邻域像素共生矩阵特征[771]、像素游程特征[772]等。该研究思路下的取证问题与图像隐写分析问题非常相似，这些手工特征的设计很多借鉴自发展较为成熟的图像隐写分析领域。随着研究的深入，用于图像视频取证的特征维度越来越高，同时分类器也由简单线性分类器发展到核分类器、集成分类器再到近年来流行的深度学习网络。

与基于统计模型的取证研究同时发展的另一种取证方法是多线索取证。此类方法通过发掘各成像环节中成像模型与成像规律被篡改行为破坏的线索来揭示篡改。各种类型的多线索取证方法共同构成有效的取证工具集，主要包括相机模式噪声取证[773]、色彩滤波阵列（color filter array，CFA）插值算法取证[774]、JPEG压缩规律取证[775]、场景光照一致性取证[776]、场景几何约束取证[777]、图像操作链取证[778]等。各类方法的设计从特定成像环节的数学模型出发，旨在通过建模还原篡改行为对正常模型的破坏痕迹。此外，基于计算机视觉中的成熟技术，有研究者提出对篡改图像中复制粘贴同源区域进行配准定位[779]，以及基于检索与匹配技术从海量图像中重建篡改图像来源和篡改过程的取证溯源技术[780]。

深度学习技术的发展，特别是深度伪造技术的出现，对视觉取证领域产生了深远的影响。不同于一般计算机视觉任务，图像取证深度模型一般在图像噪声域设计，其目的是增强包含篡改痕迹的高频微小信号。近两年不断有新的深度模型被提出，研究者在模型的层数、架构、损失设计、图像滤波层以及各种训练技巧方面进行了大量尝试。最新的深度取证模型在标准数据库上已经超越传统统计模型的预测性能，然而此类取证方法仍然面临实际场景中图像压缩、图像质量带来的不利影响，以及深度取证方法本身可解释性弱的问题。

针对当下深度伪造人脸这一热点问题，研究者从多种角度提出了新的解决思路。在数据库建设方面，更大规模、更高质量、更多样的人脸伪造检测数据库不断发布，如FaceForensics++[781]、DeeperForensics[782]、Celeb-DF[783]等。当前深度伪造检测方法大多基于深度网络，以数据驱动方式获得更好的通用性。Liu等提出基于灰度共生矩阵的深度学习网络，通过增强皮肤纹理特征来提升生成人脸检测精度[784]。Qian等提出基于DCT频域特征学习的检测方法，设计了双流神经网络从频域中挖掘具有判别力的特征[785]。Li等提出Face X-ray[786]的概念，不同于之前仅仅考虑真假标签的训练方式，设计了拼接边界定位的深度网络，并模拟生成大量深度伪造人脸图像辅助训练。深度学习取证方法基本都面临鲁棒性弱和泛化性差的问题，在野外真实数据上容易误报或失效。除深度学习方法外，一些鲁棒的特定线索方法也被提出。

Agarwal 等提出针对领导人视频取证问题，收集特定人物的大量讲话视频，抽取面部运动相关的行为特征，判别视频是否属于该特定人物的真实行为模式[787]。此外，还有研究者基于深度伪造视频中讲话人的唇部口型与语音之间的不一致进行取证。此类基于特定鲁棒线索的取证方法对于低质量野外视频具有更好的效果，但是其通用性往往低于深度学习取证方法。

近年来，对抗生成技术发展迅猛，AI 合成图像的真实感已几乎使人眼难辨真伪，这使图像视频取证技术面临更大挑战，但同时也为取证研究提供了新的思路。生成与检测是博弈对抗的两方，当前 GAN 模型能够生成更高质量图像的条件是有强大的检测模型与之对抗。相对地，高质量的图像生成器能否促进检测模型的精度提升是一个重要的研究问题。当前已经有一些研究表明，通过合成更高质量的生成图像作为训练数据，可以有效提升检测模型的取证性能[782]。进一步地，在动态的对抗中提升检测模型精度也在一些应用中得到了验证。例如在 Kniaz 等的工作中[788]，同时训练图像拼接修饰网络与拼接定位网络，将两者进行对抗训练，可以有效提升图像拼接定位的准确度。

图像视频取证研究在内容安全方面有着巨大的应用需求，对于互联网虚假媒体检测、司法鉴定、保险反欺诈等都有实际应用场景。在"华南虎""广场鸽""AI 换脸"等事件中，图像视频取证技术都发挥了重要作用。微软公司与取证研究专家合作开发的敏感图像内容指纹比对技术已大规模应用于各大图像分享平台。脸书（Facebook）与微软公司在 2020 年联合举办了深度伪造检测大赛，大规模的数据集[789]和完善的评测平台进一步推动了虚假图像检测在实际中的应用。随着智能伪造技术的快速发展，其危害日益严重，取证技术势必在内容安全治理方面发挥越来越重要的作用。

第四章
模式识别学科的发展趋势

第一节　重要发展趋势概述

模式识别研究取得了一系列进展，在社会生活中得到了广泛的应用，但仍有诸多亟待解决的重要问题。本章将分别从模式识别基础理论、计算机视觉、语音语言信息处理、模式识别应用技术四个方面介绍模式识别学科的发展趋势。

模式识别的基础理论研究呈现以下几个趋势：由于开放环境下所面临的模式情形复杂多变，面向开放环境感知的模式识别理论与方法变得十分重要；视觉感知数据等模式数据大多为非结构化数据，人脑对非结构化感知数据具有超强的学习和理解能力，具有多模态信息处理、自主学习、实时更新等特点，因此要研究类人、类脑模式表示与学习的理论与方法；应对未来计算模式的变化，研究并行计算、量子计算等新型计算构架下的模式识别理论；从模式识别可解释性、安全性等角度，模式结构理解、安全模式识别等研究持续深入。基于这些发展趋势，本章将重点介绍模式识别的认知机理与计算模型、理想贝叶斯分类器逼近、基于不充分信息的模式识别、开放环境下的自适应学习、知识嵌入的模式识别、交互式学习的理论模型与方法、可解释性深度模型、新型计算架构下的模式识别、模式结构解释和结构模型学习、安全强化的模式识别理论与方法等基础研究问题。

计算机视觉与认知神经科学、应用数学和统计学等学科不断交叉，与各种硬件进行融合，并受各种应用的驱动，未来将迎来更为旺盛的发展时期，同时也将面临一些新的技术挑战。我们将重点介绍一些新的研究问题或尚未解决的挑战性技术问题，包括新型成像条件下的视觉研究、生物启发的计算机视觉研究、多传感器融合的三维视觉研究、高动态复杂场景下的视觉场景理解、小样本目标识别与理解、复杂行为语义理解等。

在语音语言信息处理方面，从应用角度出发，如何使相关技术表现出更加智慧和优越的性能，始终是技术研发人员孜孜追求的目标。从科学研究角度出发，人脑语言理解的神经基础和认知机理是什么，大脑是如何存储、理解和运用复杂的语言结构、语境和语义表达，并实现不同语言之间语义、概念关系对应的，都是亟待解决的问题。综合基础研究和技术应用，本章将重点介绍语义表示和语义计算模型，面向小样本和鲁棒可解释的自然语言处理，基于多模态信息的自然语言处理，交互式、自主学习的自然语言处理，类脑语言信息处理，复杂场景下的语音分离与识别，小数据个性化语音模拟等语音语言信息处理方面的研究趋势。

随着模式识别技术在不同领域应用的扩展和深入，不同应用场景的差异性、特定性等因素以及对高性能的需求对模式识别技术提出了许多新的要求，相应地产生了新的需要解决的技术问题。针对一些主要的应用场景和应用需求，本章将重点介绍非受控环境下的可信生物特征识别、生物特征深度伪造和鉴伪、遥感图像弱小目标识别和场景理解、医学图像高精度解释、复杂文档识别与重构、异构空间网络关联事件分析与协同监控、神经活动模式分析等具有重要前景的研究方向。

第二节 模式识别基础理论

随着信息技术的发展和推广应用，模式识别所需要处理的数据呈现出多源异构、海量混杂、时空动态演变的新特点，对模式识别系统的性能和安全要求越来越高。开放环境模式识别与理解、智能人机交互、智能辅助系统等尤其需要先进的模式识别理论方法驱动的视听觉信息理解技术。从总体发展态势来看，传统的基础理论问题和技术瓶颈问题尚未得到充分解决。同时，在基于泛在感知与开放环境感知的智能信息处理过程中不断地产生诸多新型的模式识别问题，需要探索新的理论方法。

现有的模式识别大多建立在样本充分的假设和贝叶斯决策理论的基础之上。在小规模样本和信息不充分条件下，现有方法在识别准确性和鲁棒性等方面性能明显不足。相反，人类在小样本学习和泛化、鲁棒性等方面则比较擅长。因此，需要引入类人模式识别机理，发展高效的模式描述与分类方法。同时，传统的基于贝叶斯决策的理论方法还有进一步发展的空间。

当前，基于深度学习的模式识别方法显示出明显的优势，但深度学习模型呈现出可解释性、小样本泛化性、鲁棒性等方面的不足。现有深度学习方法强调对数据的拟合，缺乏对模式识别过程和结果的可解释性，即难以给出所需的足够可以理解的信息。深度学习模型的可解释性在理论研究方面有一些进展，但尚未有实质性突破。

另外，现有的模式识别方法大多建立于静态的类别集或统计分布假设之上。然而，实际应用场景中的模式数据往往呈现明显的开放性：数据类型通常是混杂的、时变的且呈现多源异构特性，模式类别也是动态变化的。目前，尚缺乏普遍有效的理论与方法来处理模式类别、类条件分布时变的情形。

总结起来，模式识别的基础理论与方法研究呈现以下几个趋势。①面向开放环境感知的模式识别理论与方法：针对数据类型多样混杂、模式统计分布动态变化、类别集可变等情况，研究多模态协同模式分析、鲁棒模式识别、连续自主学习理论与方法等。②非结构化数据模式分析理论与方法：构建面向复杂场景的非结构化数据模式分析、结构模式识别和结构学习等理论与方法。③类人/类脑模式表示与学习理论与方法：充分引入人脑感知的神经机理和认知机理，研究高效的模式表示与理解、跨模态学习、自主学习和演化、类脑神经网络建模等，构建新型模式表示、学习与识别的理论与方法。④新型计算构架下的模式识别：目前并行计算、量子计算和DNA计算已经取得了突破，研究新型计算框架下的模式识别理论与方法有望开辟新的途径。

基于模式识别理论技术的现状和发展趋势分析，本书提出模式识别领域未来需要研究的10个重要问题或任务。

（1）模式识别的认知机理与计算模型：人脑是如何进行模式识别的，如何模拟人脑的认知机理，并从可表示、可嵌入的角度建立计算模型，以提升模式识别的性能。

（2）理想贝叶斯分类器逼近：突破有限样本、模式统计、结构特性动态变化等情形下的模式识别新理论，并面向开放环境模式识别任务构建新的技术范式。

（3）基于不充分信息的模式识别：面对标记信息不充分、数据关系不明、目标类信息不充分等典型应用情形，研究如何提升模式描述与分类能力。

（4）开放环境下的自适应学习：解决开放环境下现有模式识别方法与系

统所面临的鲁棒性低、自适应能力差、多模态数据应用不充分等难题。

（5）知识嵌入的模式识别：在传统模式识别方法和新的理论与方法中对知识进行表示、嵌入和应用。

（6）交互式学习的理论模型与方法：建立交互式学习、人机协同混合、人在回路（human in the loop）的模式识别理论与方法，提升模式识别系统的泛化能力。

（7）可解释性深度模型：从理论上解释深度模型的有用性，并构建具有结构解释和语义理解能力的新型模型。

（8）新型计算架构下的模式识别：突破现有冯·诺依曼计算机体系结构下的模式识别算法体系，构建诸如量子计算、DNA计算等新型计算架构下的模式识别理论与方法体系。

（9）模式结构解释和结构模型学习：建立高效的结构模式描述与结构学习方法，提升模型的结构解释能力和泛化能力等。

（10）安全强化的模式识别理论与方法：提升模式识别方法的可对抗性和可抗侵入性，提升模式识别系统的安全性能。

一、模式识别的认知机理与计算模型

近年来，基于深度学习（深度神经网络）的模式识别方法在各个任务（主要是基于监督学习的分类任务）中都取得了重大突破。然而，在面向真实场景中对模式结构和语义的理解层面仍存在大量难题。例如，对场景的理解，不仅需要知道目标是什么、在哪里，还需要知道目标内部结构和目标之间的关系；日常生活中的对话场景不仅包含对语言内容本身的讨论，还需要通过场景理解和交互来帮助加深对语言内容的理解；当智能体（人或机器）执行一个任务时，譬如"进房间取一杯水"，需要进行探索并执行一系列相互关联的感知和决策动作；在目标和背景混杂的场景，如何结合知识和注意力机制，有效地获取场景语义信息并与场景对象交互等。可以看到，这些复杂任务包含了结构理解、关系挖掘、问答/对话、视听觉协同、学习与决策等，它们需要实现对信息的选择与过滤、推理，并连续不断地获取和积累知识，而这些都是很重要的认知机制，可对模式识别理论方法产生启发。

人类的感知和认知具有语义理解、多模态协同处理、小样本泛化、自主学习、实时更新、鲁棒描述与识别等诸多优点，即现在广泛使用的深度神经网络仅仅是对人脑神经系统中的单一认知机制进行粗略建模，而系统地研究大脑的神经机制和认知机制对于模式识别与信息理解十分重要，会推动模式识别领域的变革性发展。

模式识别认知机理的研究可采用神经影像和认知心理实验的手段，让人在完成模式识别任务（如辨别图像中的物体和场景、听语音）的同时采集脑神经系统活动的影像（如用磁共振成像），分析脑影像与模式识别过程的相关性，发现模式识别具体功能步骤对应的脑神经活动规律。虽然当前对生物脑神经系统的信息处理机制了解还很有限，但这些有限的认识已经或将会对模式识别与人工智能的计算建模产生巨大的启发作用。比如，人工神经网络和深度学习就是受生物神经网络最基本的机制启发才提出与发展起来的。

脑启发的模式识别计算建模可以从生物神经网络结构模拟和功能模拟两个角度开展。人工神经网络便是一种结构模拟方法，考虑生物神经元和连接方式、认知功能的多样性，可以设计出结构、功能更加多样化的神经网络。从认知功能模拟的角度，可以设计新型模式表示与匹配、分类器学习、多模态学习等计算模型和方法，使机器产生更加类人的模式匹配与理解、自主学习与自适应能力、鲁棒性等。

二、理想贝叶斯分类器逼近

贝叶斯分类是一类基于贝叶斯决策（最小风险决策、最大后验概率决策）的模式分类方法。在各类先验分布和各类条件概率密度函数均已知的理想情形下，基于贝叶斯决策规则所构建的分类器称为贝叶斯分类器，在理论上是性能最优的（期望风险或分类错误率最小）。但在实际应用中，上述两个已知的理想要素可能均未知，而且由于训练样本数有限，很难得到准确的概率密度函数估计。因此，实际中不同类型的分类器只能对概率密度函数进行近似估计，或者绕过概率密度估计直接对判别函数或后验概率进行估计或近似。这些实际的分类器类型都可看作贝叶斯分类器的近似，理论上其性能亚于贝叶斯分类器。如何在样本有限的情况下设计更优的分类器，使其性能尽量逼近贝叶斯分类器，是一个重要的研究方向。

研究理想贝叶斯分类器的逼近，在理论和应用上都具有重要意义。在理论层面，从贝叶斯决策的角度对实际分类器进行分析，有助于探索出更优的分类器设计方法；在应用层面，在性能上逼近贝叶斯分类器的分类器具有更好的实际应用性能。这些优势不仅仅体现在分类精度，同时还具有鲁棒性、可解释性、可靠性等方面的优势。

理想的贝叶斯分类器要求基于无限多的样本对类先验概率和条件概率密

度函数进行准确估计，这在实际中不可实现。因此，在有限样本情形下，采用结构和功能受限的分类器结构（函数），针对具体应用场景设计近似贝叶斯决策的分类器，是比较通行的做法。但是，设计出来的分类器对贝叶斯分类器到底近似到何种程度，如何更好地逼近贝叶斯分类器等问题没有得到解决。在实际应用中，面对高维空间有限样本、类条件概率密度函数动态变化、开放类别集、目标类信息不平衡等因素的综合作用和关联影响，贝叶斯分类器逼近会变得更加复杂。在研究途径上，可对已有的各种分类器或新设计的分类器从特征空间分析和概率密度估计等角度对分类器性能、贝叶斯分类器的逼近程度进行数学分析与多角度（不同样本条件、分类模型假设、不同性能指标）实验评价，给出逼近贝叶斯分类器的条件和实现指导。

三、基于不充分信息的模式识别

模式识别的核心任务是对模式进行分析与处理，进而实现描述、辨识、分类与解译。然而在现实应用中，由于各种原因，对模式的观测往往不充分，通常情况下仅能获得有关同类模式的有限样例。在统计上，有限样例难以描述同类模式的真实分布。同时，受技术条件限制，所获取的模式信息可能不完备。另外，模式所关联的时空环境具有不确定性，决策环境的先验信息难以精确描述。这些不确定性因素导致在应用当前普遍遵循的贝叶斯决策理论与技术方法进行模式分类时存在决策器泛化能力不足的风险。

受客观条件与问题自身性质等各方面因素的影响，数据信息的不充分性主要表现在以下几个方面。第一，标记信息不充分：数据概念标记的获取通常需要通过专家标注或科学实验等途径，从而消耗大量的人力和物力，因此，真实世界中的数据在很多情况下只有有限的标记信息，从而导致标记信息的不充分。第二，关系信息不充分：真实世界中的数据固有的关系信息在很多情况下并未充分地表达出来（如空间位置关系、相似关系、包含关系等），从而不利于学习系统泛化能力的提高。第三，目标类信息不充分：在真实世界中，人们感兴趣的目标类数据的出现频率通常远低于非目标类数据的出现频率，从而产生类不平衡现象，导致目标类信息不充分。

不充分信息条件下的模式识别需要发展新的决策理论与方法体系。在研究途径方面，在理论上，需要在现有的贝叶斯决策理论框架基础上发展结构化统计和知识推理型模式分类理论体系；在方法上，需要发展弱信息条件下的强模式识别方法、小规模样本模式识别方法、关系模式识别方法、信息不对称条件下的模式识别方法、生物启发的模式识别方法，并在实际应用中对理论与方法不断进行验证和更迭。

四、开放环境下的自适应学习

传统的模式识别系统一旦训练完成将不再改变，这与人脑的智能截然不同，并且无法满足系统长时间运行和环境变化的需求。比如，现有的统计模式识别方法大多是在贝叶斯统计决策理论框架下按照最小错误率或最小（结构）风险规则建立而来，在该框架中，类先验和类条件概率密度函数是静态不变的。这种静态性假定同类样本独立同分布且具有一致的应用环境。然而，在开放环境下，数据以动态方式获得，样本分布呈现持续动态变化形态，因此独立同分布的假设往往不复存在。另外，类别数动态变化，新的模式不断呈现，而贝叶斯统计决策理论框架所建立的模式分类方法大多假定类别集是固定的，缺乏新类自主发现能力。在开放环境下，模式数据通常是混杂的，如多模态数据、带标记数据、无标记数据、噪声数据、错误标记数据，并且这些数据是时变的。面向这样的混杂流数据，开放环境下的学习需要突破传统的一次性训练、增量训练到主动训练、连续学习和自适应，实现开放动态环境下的高性能模式识别。

面向开放环境下鲁棒自适应模式识别的难题，需要对数据多模态混杂、类别和数据分布动态变化、噪声鲁棒性等提出新的模型学习框架，并充分利用上下文和历史知识，构建可适应类别和分布动态变化的鲁棒识别模型与连续自适应学习方法，并通过设计新的目标准则和多种性能指标对分类器进行学习与性能评价。面向动态变化的环境，还可引入博弈、竞争、演化和深度强化学习等机制，实现分类器的环境自适应性和自我升级。

五、知识嵌入的模式识别

传统模式识别方法大多将感知问题简单建模为从输入感知数据到输出类别信息的非线性映射。这类纯属数据驱动的感知模型将所有感知数据不加区分地进行整体处理，不能像人类认知机制那样可选择性地对显著内容进行知识提取与组织，同时无法自适应地将提取的知识进行长时存储与更新。以深度学习为代表的主流模式识别模型往往都是基于大量数据的统计学习方法，这类方法一方面需要海量的高质量标注数据进行学习，另一方面对数据中未能涵盖的模式泛化性能差。因此，如何将传统的领域知识嵌入模式识别系统的学习过程中，是亟待研究的重要问题。通过知识和数据双驱动的方式，可以进一步提升模型的泛化性和鲁棒性。同时，在学习过程中如何发现新知识，并以此为基础实现系统的自学习、自更新是需要进一步研究的问题。

人类认知系统可以高效地表征不同类型的知识及其相互关系，并将其有规律地组织起来。模式识别模型亟须对感知知识的自主发现、结构化组织和层次化计算，通过建立知识运用的类人认知能力的计算方法，实现知识的可计算。可能的研究途径包括：基于多模态信息融合的多类型知识联合发现框架，感知知识的组织范式、知识量化与度量、知识关联关系，图结构化感知知识表征模型，类人层次化知识凝练的计算策略，图知识层次化推理机制与计算方法等。另外，研究感知数据与知识在记忆空间的协同表示显得尤为重要，通过建立感知模型和知识记忆交互的统一框架，实现知识融合的自适应感知与学习。可能的研究途径包括：研究感知数据和知识在同一记忆空间的协同表示、高效推理方法和注意机制；研究具有记忆机制的新型深度学习感知模型与方法，挖掘感知数据内部知识的关联性和依赖性，赋予其"学习-记忆-预测"机制；构建自适应感知深度学习模型框架，使其能够实现不同记忆状态间的信息协同和传递，具备信息可动态感知、表示可同步更新、知识可长期自主学习等类人自适应感知与学习能力。

六、交互式学习的理论模型与方法

基于贝叶斯决策理论的模式分类建立在充分观测的基础上，并强调观测样本集蕴含足够多类分布信息。但现有的任何分类器并不具有举一反三的能力，不能有效应对模式的线性或非线性变化，缺乏足够的迁移能力、泛化能力和语义嵌入能力。在人类的感知和认知行为中，与环境（包括其他人）是不断交互的，并在交互中增长知识。类似地，机器模式识别系统也应与环境和人进行交互，在交互中学习。交互式学习、人机协同混合推理、人在回路的学习等是机器进行学习的重要方式，但目前缺乏相应的理论与方法体系。

统计机器学习中的一个重要环节就是生成训练数据，但是在很多实际场景中训练数据往往不足。交互式学习能够较好地弥补数据缺失的问题，从而提升模式识别系统的整体性能。与数据增广与自监督学习不同，交互式学习可以获取更高质量的数据。一个典型的例子是在计算机应用系统中记录用户的使用行为，将其用于系统性能的提高。另外一个例子是众包（crowdsourcing），即将数据标注作为任务，通过互联网交易或游戏雇用大众进行数据标注。

更加积极的交互学习方式是让机器与人和环境不断交互。人机交互学习的方式包括：人类对机器模式识别的结果提供反馈（如判断对错、对歧义模式给出标注）帮助机器学习；机器主动提问（如环境感知或推理中不明白的地方），人类回答提供知识；人机对话逐步解答问题或消歧。机器在环境交互中学习，则类似强化学习：机器通过动作不断改变环境状态（如玩游戏中试探不同操作），从环境获得反馈（如游戏动作得分）从而调整知识或模型参数。如何对这些交互学习方式进行数学建模和优化，是一个重要的研究问题。

七、可解释性深度模型

可解释性差是当前深度学习（深度神经网络）方法最大的缺陷之一。本质上，与传统的统计模式分类方法一样，深度学习方法大多强调正确率或强调对现有训练样本的拟合程度，缺乏对模式识别过程和结果的可解释性，即难以给出所需要的足够可以理解的信息。不可解释性限制了深度学习方法在诸多领域的应用。不可解释同样意味着安全性不够，因为模型在受攻情况下的攻击和防攻击的机理不明，导致安全性无法得到保证。

深度神经网络模型普遍被看作黑箱，其输入输出与映射关系的内部结构不透明或难以解释，其输出结果不能提供足够的让人可以理解和接受的依据，因此是对用户不友好的模型。由于非线性激活函数的引入，深层神经网络具有高度的非线性特性和较强的模型表达能力。采用端到端的模型构建、训练与优化策略，在给定的数据集上深度学习方法可以取得极高的性能。但是，人们期望探究深度学习模型从数据中学习到了什么知识，从而可以进一步设计出性能更好的新模型。

可解释性深度模型的研究是具有重要理论意义和应用需求的问题。按照可解释性方法进行的过程划分，大概可以分为三大类：①建模前的可解释性：基于统计分析、数据挖掘等方法通过有监督、无监督或知识关联的方式掌握数据分布的特性，采用高维数据可视化方法呈现数据的全局或局部潜在结构；②建模中的可解释性：如基于统计或结构的自解释性建模方法，基于规则嵌入、知识表征、因果关联、任务驱动等策略的方法，基于稀疏表征的方法、基于图结构的方法，基于攻击对抗的方法，等等；③建模后的可解释性：包含隐层分析方法、模拟/代理模型方法、因果分析方法、案例解释方法、性能分析方法（如模型的泛化性和鲁棒性），等等。建立系统化的深度学习理论以及可解释性评价指标是当前和未来一段时间内需要深入研究的课题。

八、新型计算架构下的模式识别

现有的模式识别算法均是在冯·诺依曼计算机体系结构下构建的，且大多是面向个人计算机的。当前，物理计算能力和计算构架正在发生深刻变化。超算平台、云计算、基于神经网络处理器（NPU）的高性能计算、多集群分布式计算等已经得到广泛应用，但在模式识别算法开发与应用方面仍不充分。同时，在信息技术领域，仿生生物计算机、量子计算机等概念相继推出。在这些新的计算架构下，模式识别问题描述与算法实现将会随之发生新的变化。

一些新的需求和发展趋势也对模式识别技术提出了新的挑战。随着万物互联时代的来临和计算技术的发展，计算模式正发生着深刻的变化。传统计算架构以 CPU 为中心，数据处理效率低。新型计算架构将内存驱动方式与计算平台进行耦合，显著提升了计算效率，为模型性能的进一步提升提供了算力保障。另外，在可重构计算方面，"从硬件到软件"或"从软件到硬件"应具有双向拓扑结构自适应性；同时，计算资源可动态配置和优化。因此，应发展与软硬件相适应的模式识别算法。

另外，量子计算得到了蓬勃发展。基于量子力学态叠加原理和量子力学演化的并行性，调控量子信息单元，保持多个量子比特的量子相干性，进行超高精度的量子逻辑操作，实现大规模量子计算，提升计算机的计算效率和能力。同时，在 DNA 计算方面，对数据进行 DNA 编码，根据碱基配对原理，在溶液中实现大规模并行计算，以空间换时间，通过生化处理技术解决复杂模式分析与学习任务。针对这些特殊的应用场景和新兴的计算技术，模式识别无论是从模型还是算法层面，都需要做出相应的调整以满足新时代的实际需求。

九、模式结构解释和结构模型学习

当前主流的统计模式识别和深度学习方法缺乏对模式的结构解释能力。模式结构解释是指对输入模式内部的组成元素与元素间关系进行的分析。很多模式识别应用问题不仅要求模型给出预测或识别结果，还需要模型对预测给出解释。比如，在医疗问题中，模型不仅需要给出诊断结果，更重要的是需要给出支持结论的证据或原因；在文本、图像的检索和匹配问题中，模型不仅要给出两个对象之间的相似性评分，还要给出它们内部结构的对应关系。结构解释通常包括对模式内部的构成元素进行分析，对元素间的因果关系、组成关系、几何关系等进行建模，本质上能够提供一种对模式的深层理解，因此具有极高的理论意义。面向模式结构解释和结构模型的学习，如何结合各种模型的优势设计结构模式识别模型、如何对复杂非结构化数据进行结构解释、如何通过数据驱动在样本和监督信号较少的情况下高效学习模型和参数，是需要解决的重要问题。

模式结构解释和结构模型学习一直是模式识别领域的核心问题之一。20世纪70年代，傅京孙就提出了句法模式识别方法，使用语法表示数据间关系，通过语法分析进行推理和识别。此外，基于串匹配、图匹配的方法也是结构预测中一类重要的方法，但是串模板和图模板的自动学习至今尚无有效的方法。目前，应用最广泛的是基于统计学习的结构模型。概率图模型是最经典的统计结构模型，它通过对多随机变量联合分布的建模，能够对变量间的各种关系进行表示、推理和学习。典型的概率图模型，如条件随机场、隐马尔可夫模型，在计算机视觉、语音识别、自然语言处理等领域有着广泛的应用。深度学习兴起后，图神经网络逐渐成为一类新的结构学习方法。相比概率图模型，图神经网络在计算效率、灵活性、关系学习能力方面都具有优势，但其识别性能和学习能力在很大程度上依赖图的构造。总的来说，还需要探索更加灵活的结构表示模型和更加高效的结构模型学习方法。

十、安全强化的模式识别理论与方法

现有的统计模式识别主要以贝叶斯决策作为理论依据，在该框架下所演化出的学习模型以平均（经验或期望）最小错误率或最小风险为学习目标。然而，在诸多现实应用中（如公共安全、国家安全、军事决策、临床医学等领域），不仅要求模式识别系统具有高精度的模式分类能力，而且要求其做出的决策是可信的，同时要求其系统具有可对抗性、抗侵入性和可靠性。因此，发展安全模式识别理论与方法具有十分重要的意义。

发展安全强化的模式识别理论与方法，涉及诸多新的模式分析问题。首先，模式描述方法应具有鲁棒性和安全性；其次，模式识别系统应具有对抗无关模式的能力、发现伪模式和篡改模式的鉴别能力与抗侵入能力；最后，模式识别系统应具有对单模态和多模态的联合或独立适应能力。上述多个技术因素综合和应用环境的复杂性导致安全模式识别是一个十分复杂的问题。

在研究途径方面，首先，应提高模式描述的模型鲁棒性，发展具有几何变换、非线性变换不变性、跨模态不变性的模式描述模型和鲁棒学习与扰动分析方法；其次，可采用生成对抗网络提升模式识别系统的可对抗性和可抗侵入性，提高模式演变轨迹的描述能力；最后，研究模式识别方法的安全性验证体系，发展模式识别因果连锁理论、能量意外转移理论、变化-失误理论等，提升模式识别方法与系统的安全性和可靠性。

第三节　计算机视觉

　　深度学习以及新一轮人工智能发展对计算机视觉的发展起到了极大的推动作用，计算机视觉的应用不断地深入各行各业，对马尔视觉计算理论的争议之处有了更明确的解析，也出现了不局限于马尔视觉计算理论框架下的新方法。计算机视觉与认知神经科学、应用数学和统计学等学科的交叉，与各种硬件的融合，受各种应用的驱动，并作为人工智能的重要分支，未来将迎来更为旺盛的发展时期。新方法、新需求大量涌现，未来会不会形成更加宏大的新的计算机视觉理论框架呢？在过去的几十年里，还从来没有一个体系能够代替马尔视觉计算理论框架的中心主导地位。新的框架是基于马尔视觉计算理论框架的修改补充，还是全新的框架体系？早在 2012 年，马尔的同事、麻省理工学院教授托马索·波吉奥（Tomaso Poggio）就对马尔视觉计算理论框架进行了补充："我不太确定马尔是否会同意，但是我极力把学习加入计算层之上，理解的最高层。只有这样，我们才有可能构建智能机器，能够进行观察和思考，而不需要提前布好程序。"[①] 而就目前的计算机视觉发展来看，机器学习不仅仅用在了马尔视觉计算理论的最高层之上，而且已经渗入其他各层的计算之中。计算机视觉作为人工智能的分支领域之一，其理论框架必然是随着人工智能的软硬件发展而不断发展和逐渐完善，而这样的发展边界目前还不能被完全预测。但根据目前的发展趋势和技术需求，我们从视觉数据获取、计算模型、应用方式、功能需求等角度，分析提炼出几个有价值的研究方向，包括新型成像条件下的视觉研究、生物启发的计算机视觉研究、多传感器融合的三维视觉研究、高动态复杂场景下的视觉场景理解、小样本目标识别与理解、复杂行为语义理解。

　　由于人工智能发展受到高度重视，各行各业对计算机视觉和新型成像设备的需求旺盛，因此未来新型成像条件下的视觉研究仍然是一个会吸引很多

---

① 参见：Poggio T. The levels of understanding framework. Perception，2012，41：1017-1023.

关注的方向。计算机视觉是模拟人或生物视觉功能的学科，与人工智能模拟人或生物的智能意义相通，而研究人脑的视觉智能是神秘难测的系统，其规律至今尚不能完全揭示，未来生物启发的计算机视觉研究必定是有重大价值和意义的方向。由于目前计算机视觉的鲁棒性不足，二维视觉逐渐向三维视觉扩展，未来多传感器融合的三维视觉研究在实际应用中将会越来越受到重视。高动态复杂场景下的视觉场景理解是计算机视觉高层任务与应用结合必定要解决的问题，是无人驾驶、机器人中不可避免的问题，因此这也是未来的重要方向。小标注的样本或弱监督目标识别与理解和复杂行为语义理解是计算机视觉内在的挑战性难题，也将吸引众多研究者的关注。专用人工智能的发展越来越成熟，未来将逐渐向通用人工智能迈进。人类感知外界的信息70%来自视觉，因而视觉信息也将在与语音、触觉、力觉等的感知融合中占据越来越重要的位置。计算机视觉的各个研究方向也会逐渐不再泾渭分明，而是你中有我、我中有他，融合支撑起通用智能平台。

一、新型成像条件下的视觉研究

以计算摄像学为典型代表的新型成像技术，使研究者能够从重构的高维高分辨率光信号中恢复出目标场景本质信息，包括几何、材质、运动以及相互作用等，解决目前计算机视觉研究中普遍存在的从三维场景到二维图像信息缺失的病态问题，使机器对物理空间和客观世界有更全面的感知与理解。最近几年，新型计算成像设备不断涌现，比如光场相机、事件相机、深度相机、红外相机、飞行时间相机、高速相机、十亿像素相机、偏振相机等，这些相机有着广泛的应用，在某些方面有着传统相机所没有的优势。比如光场相机，在低光及影像高速移动的情况下，仍能准确对焦拍出清晰的照片。事件相机检测到运动，就会在每个像素的基础上以非常高的刷新率呈现出来。由这些相机产生的图像数据与传统的图像有着很大差异，是对空间中光场不同的部分采样，在这些图像下的视觉理论算法研究将是未来的新方向。这些新型图像数据的处理，需要与该相机所执行的任务密切相关，需要面向一定的应用来探索其理论与算法，可以在某些方面解决传统相机下所不能很好解决的问题。

未来，计算成像学的研究仍然会在硬件与计算机视觉算法方面受到越来越多的重视。

（1）新型计算成像设备与新型镜头的硬件研究。各种各样的多视系统和相机阵列在工业界得到了较快的发展，代表了计算成像设备研发的趋势。借鉴生物视觉系统的神经网络结构和信息加工机理，事件相机和脉冲神经网络结合，处理速度不再受视频帧率的约束。光场相机等计算成像仍受限于空间分辨率低等问题，未来计算成像学的发展将不会完全依赖成像器件的发展，多个低性能的感光器件组成阵列，辅之以高水平的处理算法和计算系统，可以得到高水平的成像效果。另外，随着纳米技术、高精加工技术的发展，未来的光学镜头可能被取代，直接在芯片上附加一层薄膜就可以成像，或者是液态镜头等新式成像器件或设备；新型成像器件对光谱和时间等维度的高密度采样，将为视觉研究提供崭新的数据形态和解题思路。

（2）在新型设备和镜头下的计算机视觉算法研究。未来的成像设备输出的将不仅仅是二维平面图像，而是可以输出光场数据或三维信息，这些数据和信息可以直接连接到三维显示器或打印机等设备，直接输出被摄场景的三维立体显示或打印的实体，这将直接掀起虚拟现实/增强现实等领域的变革性发展，模式识别、计算机视觉等学科研究的对象，也将从二维图像向记录高维高分辨率光信号的介质或载体转移。如何利用深度学习等先进的机器学习技术进行光学-算法联合优化，对光学成像系统的全链路进行整体优化，直接以视觉任务的目标为导向进行光学器件的设计和参数的调节，也将成为未来的研究热点。

（3）软硬一体化多新型成像融合研究。人工智能的迅猛发展带动了计算机视觉的新一轮发展，各行各业对计算机视觉的需求有增无减，各种场景下对特定成像仪器的需求难以满足，将催生更多不同相机的融合和视觉任务的研究。比如，红外热成像仪不仅在工业领域具有广泛的应用价值，在防疫公共安全领域也有着重要的应用。红外图像与可见光图像的硬件同步、软件融合将更有助于问题的解决。深度相机与二维图像的融合将更容易识别形状、表观。

二、生物启发的计算机视觉研究

计算机视觉是应用性很强的学科。虽然在近几十年内计算机视觉研究已取得了很大成绩，并且成功地应用于许多领域，但是对于复杂的问题，计算机视觉系统还远远达不到人类完成类似任务的能力。人类视觉系统是已知最强大和完善的视觉系统，其结构特点和运行机制对计算机视觉模型有着重要的启发意义。生物启发的计算机视觉研究如何将人脑视觉通路的结构、功能、机制引入计算机视觉的建模和学习中来求解当前计算机视觉研究中的难题。从模仿生物的角度出发，探索生物学启发的计算机视觉已经有了很多成功案例。例如，加博滤波器正式模拟了初级视皮层的细胞的信息编码方式，是计算机视觉研究初期的经典成功案例。生物启发的计算机视觉将是一个重要的研究方向，它是计算机视觉与神经科学的交叉学科，在这方面理论的突破，可使得计算机视觉与生物的智能更加靠近。目前，深度神经网络借鉴了大脑层次化的信息抽取过程，成为这一轮人工智能/模式识别发展的发动机。

生物启发的计算机视觉研究面临的问题包括两个方面。第一，人脑是庞大、高效、鲁棒的生物神经网络，拥有约 10^{10} 个神经元以及约 10^{13} 个突触连接。当前计算机在计算规模、功耗能效、鲁棒可靠方面很难模拟大脑，很难支撑生物启发的计算机视觉研究。第二，当前脑科学对人脑视觉通路机理的发现仍然不足，特别是高层视觉通路的工作机理和神经证据极其有限，制约了生物启发的计算机视觉研究的深入发展。从生物视觉机制中寻求启发来发展新型视觉计算模型，已经呈现出一定的潜力。例如对注意、记忆等大脑认知机制建模，能够显著提升深度神经网络求解视觉问题的性能。然而总体上这些研究尚处于较为零散、不成体系的探索中，尚未形成具有共识性的科学问题和研究倾向。但从宏观而言，将生物启发的计算机视觉和脑科学中视觉通路的研究协同起来，同时从计算机视觉结构/功能建模和脑科学机制理解两个方面共同推进，发现具有共通性的结构、功能和机制，推动两个领域的协同发展，将很可能是生物启发的计算机视觉未来发展的总体思路。

三、多传感器融合的三维视觉研究

基于图像的三维重建和视觉定位是计算机视觉尤其是几何视觉领域的核心研究问题。图像传感器具有分辨率高、成本低、采集效率高、语义信息丰富等优势，但图像三维重建和视觉定位算法的精度在很大程度上来源于底层图像特征提取和匹配的精度。因此，当场景中存在弱纹理或重复纹理区域时，底层特征提取和匹配的精度就会显著降低，进而导致三维重建和视觉定位结果中出现错误、缺失、漂移等问题。近年来，随着传感器技术的发展，结构光相机、飞行时间相机、激光雷达、惯性测量单元等主动传感器日益小型化和低成本化，发挥各种传感器的优势，融合图像和其他主动传感器进行三维重建与视觉定位是三维视觉领域未来的一个重要发展方向。

相较于图像传感器，结构光相机、飞行时间相机、激光雷达等主动设备不易受到纹理或光照、天气等因素影响，惯性测量单元设备可以提供较为可靠的空间朝向和运动信息，这些传感器的综合使用可以有效避免图像底层信息不可靠和不稳定所带来的问题。另外，图像传感器可以提供丰富的场景细节信息和语义信息，能够有效补充主动传感设备在这方面的不足，并且降低对高成本主动传感设备的依赖。因此，多传感器融合的三维重建和视觉定位是在保证成本可控的前提下提升算法鲁棒性和精度的有效手段。

现有的多传感器融合方法大多建立在传感器严格同步且相对位姿已预先标定的前提下。但由于相机、激光雷达、惯性测量单元等传感器的数据采集速率差异很大，很难在硬件层面做到严格的数据同步，此外，不同模态传感器的相对位姿标定通常比较复杂，而且标定精度通常难以保证，因此，无论从实际应用需求出发还是从通用算法框架的角度考虑，多传感器融合三维重建和视觉定位都需要研究传感器非同步与无标定情况下的鲁棒计算方法，构建统一的计算框架对多源信息进行有效融合。这一框架的构建主要面临三方面挑战：一是如何构造多模传感数据的特征级对应，实现不同模态传感器之间的数据关联；二是如何将图像重投影误差、三维点空间配准误差、传感器位姿信息等纳入统一优化函数，实现多传感器联合内外参数优化；三是如何处理不同传感器固有的误差、外点、缺失等问题，实现三维场景结构的完整准确计算。

四、高动态复杂场景下的视觉场景理解

视觉场景理解是计算机视觉中的一个综合任务，是机器智能的重要体现。视觉场景理解包括对物体的分割、检测、分类、学习、定位、跟踪、对环境结构的重建、物体的形状恢复、各种物体之间的方位关系、运动趋势、行为分析等。当场景中包含高动态的复杂情景时，比如大街上拥挤的人群、车辆互相遮挡等，再比如高动态的光照变化，早、中、晚的光照发生很大的变化，视觉的表观也会发生非常大的变化，以及季节的变化，春、夏、秋、冬的同一场景也各不相同。这些将对场景理解造成很大的挑战。未来，对这些高动态复杂场景下的视觉场景理解的研究将是一个非常有价值的方向。

针对静止场景下的视觉场景理解已经做了很多工作，为高动态复杂场景下的目标分割、语义理解、形状位置理解等打下了坚实的基础。但是在高动态、遮挡、光照巨变等复杂场景下，还不能直接使用。在目标分割方面，未来问题主要是侧重于研究视频目标分割，动态视频中的目标分割才刚刚起步。与图像中只关注表观信息不同，视频目标通常还包含比较复杂的运动模式，其中涉及的运动幅度、方向、速度等因素都会对分割结果产生较大影响。现有的相关深度模型的参数量比较大且运行时间较长，如何研发轻量化

模型部署在嵌入式系统或者加速其测试过程具有很大挑战。在对场景的语义、形状位置的理解方面，在遮挡、光照巨变等情形下，可考虑在三维重建下进行。研究高动态场景造成的模糊、复杂场景遮挡、光照巨变等条件下的语义识别、形状计算、位置姿态估计等可考虑建立知识库的方式进行。同时，这些复杂的任务理解，可以通过采用专用的新型相机进行突破和解决。

在复杂的场景理解中，往往具有很大的遮挡，而采用多摄像机将会减轻遮挡造成的信息损失，多种同质相机或不同质相机的使用，将会对应用的具体任务带来很大的便利。同时，多摄像机的使用将有助于三维点云的重建。在三维点云上的分割、识别、理解等是目前的一个研究热点，也是无人驾驶和机器人中的重要研究任务。

五、小样本目标识别与理解

深度学习已经广泛应用于各个领域，而且不断刷新各类问题的最好结果。深度学习是一种需要大规模训练样本的方法，也只有这样才能发挥其最佳性能。可是在现实应用中，很多时候并没有充足的标注数据，并且获取标注数据的成本非常大。例如在医疗领域，需要有专业知识的医生来标注病灶位置；在工业领域，需要工人在不同光照强度下识别产品的瑕疵等。此外，目前的深度学习模型对于目标内容的智能理解还相对薄弱，包括目标的形状、角度、大小等。因此，如何在小样本情况下更加有效地训练深度学习模型，进而使得模型在目标识别的基础上具备一定的理解能力，是一个重要的研究方向。

实现小样本目标识别与理解的难点在于模型建模和学习策略的限制。这是因为目前深度学习模型本质上还只是一个非常复杂的非线性映射，通过大量成对的样本-标签数据作为映射的输入和输出来拟合该映射所包含的大量参数。事实上，我们可以参考人类小样本学习的策略来改进现有的模型建模和学习策略。当前深度模型只是粗略模拟了人脑神经元结构，并没有考虑更加高级的认知机制，如注意、记忆、推理等。这些建立在神经元之上的高阶认知机制能够实现样本信息的过滤、提取、存储、复用、总结等功能，进而能够逼近人类小样本学习能力。在具体操作方面，可以首先从生物学领域调研人类能够进行小样本学习的机理，然后利用计算机工具进行计算建模并交叉验证。

此外，缓解小样本目标识别与理解的另一种思路是尝试让现有模型对于目标的时空结构具备更准确的理解和认识。人类的学习可以仅凭少量的样本就能迅速、准确地把握目标时空结构的本质和共性，并具有很强的泛化能力。但是目前的深度学习模型只能依靠大量样本，以归纳试错、排除纠正、反复迭代的方式来盲目、被动、低效地对目标结构进行学习。因此，设计具有结构识别能力的模型，将目标时空结构的先验知识融入深度学习模型之中，或许可以使得对训练样本的需求数减少。

研究小样本的目标识别与理解在理论和应用层面都具有重要意义。在理论层面，需要分析深度模型在大样本情况下能够获得优异性能的根本原因并加以解析，以一种可解释的方式选择部分代表性或关键样本进行学习，最终达到与大数据量可比较的性能。该方向的研究也有助于推动深度学习原理性解释或理论研究方面的发展。在应用层面，有助于将深度学习模型从大样本应用场景进一步推广到更多的小样本应用场景，扩大深度学习的应用范围。

六、复杂行为语义理解

根据复杂程度从简单到复杂，人体行为可以分为动作、行为与事件。底层的动作识别相对简单，近20年行为识别快速发展，研究重点已从受控场景下的简单小样本数据库的行为识别转变到复杂现实场景下的大数据库的复杂行为语义理解。复杂行为语义理解要解决的问题是根据来自非限定环境下的传感器（摄像机）的视频数据，通过视觉信息的处理和分析，识别人体的动作，并在识别视频中背景、物体等其他信息的辅助下，理解人体复杂行为的目的、所传递的语义信息。复杂行为可能涉及多个动作、人体与人体/物体/环境等的交互，有些行为侧重状态，有些行为侧重过程，并且类内变化大、多样性强，只利用底层特征进行判断会产生很大误差，需要进行高层建模和推理。因此，复杂行为语义理解是一个具有挑战性的问题。

由于视频数据本身的复杂性、行为和场景的多样性以及深度学习网络模型的计算复杂度高等问题，基于深度学习的复杂行为理解方法在实际应用中的效果并不理想，与自然场景中快速准确识别任意人体行为的目标还有很大差距。对于很多复杂行为，特别是异常行为，通过增加训练样本很难覆盖行为的多样性，直接利用深度神经网络进行端到端的识别也会因为样本过少引发过拟合问题而难以有良好的性能。针对这些问题，将复杂高层行为语义理解任务进行结构基元分解和交互关系分析将是一种重要的研究途径。具体来说，首先，将复杂行为按一定规则拆分为结构基元，提取判别性信息，有效去除视频中的噪声和冗余信息；其次，通过基元的识别与基元之间的相互作用，如时序建模、时空关系图建模等对基元组进行分析和识别；最后，在高层可结合外部语义模型、先验知识等进行复杂行为的语义理解，增强复杂行为分析的可解释性和语义层理解。特别地，随着近几年基于深度网络模型在视觉底层、中层任务的快速发展，目标检测、目标识别、人体检测等都取得了较好的结果，为复杂行为进行结构基元的拆分打下了基础，根据不同的情况可以有效提取复杂行为视频中的关键目标基元、关键人体姿态基元、语义基元甚至中层特征基元等进行分析。另外，随着深度传感器的发展，可以获取到越来越多的多模态视频数据，包括颜色、深度、骨架等，这些不同模态的数据各有优缺点，可以根据任务与不同行为的特点，充分利用或融合各种模态的数据，以提高复杂行为的语义理解的性能。

第四节　语音语言信息处理

从自然语言理解概念的提出，到后续计算语言学和自然语言处理相关术语的出现，伴随自动语音识别和语音合成姊妹技术的同步发展，这一被统称为人类语言技术的学科方向已经走过了近70年的曲折路程。近年来，从技术应用的角度，以机器翻译、人机对话系统、语音识别和语音合成等为代表的应用系统性能快速提升，在人类社会和生活中发挥了越来越大的作用。与此同时，如何使相关技术表现出更加智能和优越的性能，始终是技术研发人员孜孜以求的目标。从科学探索的角度，人脑语言理解的神经基础和认知机理是什么？大脑是如何存储、理解和运用复杂的语言结构、语境和语义表达，并实现不同语言之间语义、概念关系对应的？太多的奥秘有待于一一揭示。

为此，综合语言信息理解相关方向的基础问题研究和应用技术研发，同时考虑文字和语音两大本质属性的孪生关系，本书提出了语音语言信息处理未来研究的7个重要问题：①语义表示和语义计算模型；②面向小样本和鲁棒可解释的自然语言处理；③基于多模态信息的自然语言处理；④交互式、自主学习的自然语言处理；⑤类脑语言信息处理；⑥复杂场景下的语音分离与识别；⑦小数据个性化语音模拟。

一、语义表示和语义计算模型

这里的语义指的是语言所蕴含的意义，是语言符号所对应的现实世界中的事物所代表的概念的含义，以及这些含义之间的关系。在自然语言处理中，语义表示研究自然语言中词汇、短语、句子和篇章的意义表示，是语义计算和推理的基础。语义计算研究词汇、短语、句子和篇章等各语言单元之间的语义关系。几乎所有自然语言处理任务，如机器翻译、自动问答和人机对话等，都依赖对输入语言序列的语义表示和计算。

传统的离散符号表示适合自然语言的符号逻辑推理，而近年来流行的分布式向量表示更加适合自然语言的计算机语义计算。目前来看，离散符号表示与分布式向量表示很难兼容。因此，如何兼顾语义计算和推理，设计高效鲁棒的语义表示和计算模型是自然语言处理未来面临的挑战。

首先，常用的分布式语义表示方法将词汇、短语、句子和篇章无差别地表示为维度相同的向量且各个维度的含义无法解释，这种编码方式无法捕捉细粒度的语义差别且与人脑语义表征理论相违背。因此，如何针对不同类型文本构造不同形式的、可解释性的编码模型对于提升文本语义表示质量是十分必要的。另外，现有的语义表示模型仅利用无结构的、单一模态的文本信息而忽略了丰富的世界知识，无法将不同模态的世界知识进行关联、对学过的知识进行有效的存储和检索，这使得表示模型的训练依赖大量语料且泛化性能差，因此，未来工作应考虑如何融合多种模态信息和已有的知识库资源开发更加智能的语义表示模型。目前的语义表示方法局限于利用语义相似度或在下游任务中的测试质量进行评价，忽略了如文本间的推理关系、语义类别等方面的信息，无法全面地评估语义表示的质量。因此，如何合理地评估语义表示的质量也是需要研究的关键问题。

二、面向小样本和鲁棒可解释的自然语言处理

基于统计和深度学习的自然语言处理方法都强烈依赖大规模高质量的训练数据，而很多语言或特定应用领域中往往没有足够多的训练数据，这就导致小样本问题。例如，除了汉语和英语等几种常用语言外，很多语言（如土耳其语、乌尔都语、达利语等）的标注资源十分匮乏，高质量的自然语言理解和机器翻译方法成为"空中楼阁"。另外，尽管当前基于深度学习的自然语言处理方法性能最佳，但鲁棒性较差且缺乏可解释性。这主要体现在：模型对输入的轻微扰动可能会产生截然不同的输出结果，对预测结果无法解释、无法归因。

不同于其他领域的小样本问题，自然语言处理中的小样本问题更具挑战性。以机器翻译为例，小样本体现在双语对照的平行句对很少，从而会导致测试时很多源语言词汇及其译文并未在训练数据中出现过，即待预测的标签

空间是未知的。当前，大规模预训练语言模型在一定程度上缓解了自然语言处理中很多任务面临的小样本问题，但是，该技术在小样本机器翻译等问题上的效果并不突出，而且这种暴力美学的方式可能并不是解决小样本问题的理想途径。因此，如何解决小数据的自然语言处理任务是一个具有挑战性的热点研究问题。

此外，各种实际应用任务，如金融投资预测、法律法规解读与医疗方案规划等，不仅需要准确的决策，还希望结果是鲁棒的，并且是可归因的。但是，基于深度学习的自然语言处理实质上是学习一个非线性映射函数，无法阐述决策过程，也就是模型本身就是不可解释的。所以，鲁棒可解释的自然语言处理模型研究必将成为自然语言处理的核心关键科学问题，它直接决定了自然语言处理在特定领域的实际应用。

三、基于多模态信息的自然语言处理

几十年来的自然语言处理研究几乎都是以文本为处理对象，而文本只是语义表达的一种方式，也是不完备的一种方式。很多自然语言的语义理解需要结合语音和图像等其他模态的信息，例如，在英语句子中，"bank"可能需要借助图像是"银行"还是"河岸"或语境去进行理解；语音翻译不应只翻译语音转录的文本，还应该考虑说话人的语气和情感等其他模态的信息；新闻自动摘要除了文本输入外，还应该融入图像、视频等表达关键信息的其他模态的数据。基于多模态的自然语言处理旨在以自然语言文本为核心，将与之相关的语音和视觉模态的信息作为辅助知识进行建模，帮助语义的消歧和理解，从而实现性能更好的自然语言处理模型。

基于多模态信息的自然语言处理需要解决两大难题。一是，不是所有的自然语言处理任务都需要其他模态的信息，如词性标注和句法分析等，因此，需要明确哪些自然语言处理任务需要多模态信息的帮助，比如，判断文本中哪些内容是有歧义的，或者对哪些概念需要进一步了解额外的信息（如物体的形状、颜色，动物发出的声音等）。

二是，文本、语音和视觉模态的信息如何进行融合，包括对跨模态语义知识如何表示和存储、如何对不同模态信息进行协同表示、如何进行不同层级的融合等。另外，需要考虑如何在多模态信息融合过程中突出以文本为核心，三种模态有机融合。特别地，还需要明确同源多模态信息和异源多模态信息是否应该具有相同的语义融合范式。由于人类就是在多模态的环境下进行语言理解，因此，基于多模态信息的自然语言处理方法必将是未来该领域的一个重要研究方向。

四、交互式、自主学习的自然语言处理

目前，绝大部分的自然语言处理方法几乎都是全局的和静态的，无法体现实时（在线）从错误和用户反馈中学习与优化的过程，从而模拟人类交互学习和终身学习的智能行为。以机器翻译为例，翻译结果中难免有错误，用户经常会指出相关错误并给出正确的译文，而且希望机器翻译在后续翻译过程中能够产生正确的结果。但是，当前的机器翻译技术采用的仍然是一次训练永久使用的方式，无法从用户反馈中及时感知并动态更新翻译模型，导致用户对机器翻译等自然语言处理系统产生既笨又傻的印象。交互式自然语言处理旨在在与用户的交互过程中收集、建模和利用反馈信息，不断迭代和优化自然语言处理模型，不断积累语言知识。这种在线交互方法能够使系统被动或主动地发现错误，并根据错误实现在线学习和动态更新机制，最终建立一套自主学习框架。

交互式自然语言处理需要克服三个难点。首先，需要设计一个自然的交互式环境和平台，可以为交互学习提供类型丰富的场景，对机器（智能体）的行为及时做出反应；其次，需要设计真实高效的交互任务和对机器行为的评判与反馈机制；最后，需要建立一个基于反馈的终身学习的自然语言处理模型。此外，自然语言处理模型如何自主地感知和评估自身系统的不足，从而主动地向环境和用户寻求数据与知识的补充也是未来的一个挑战。可以预见，一个成熟智能的自然语言处理系统一定是能够建立人与机器的生态闭环，并在与人类的交互过程中逐步得到优化的系统。因此，面向在线人机交互和自主学习的自然语言处理方法将是未来的一个研究趋势。

五、类脑语言信息处理

近年来，基于神经网络的深度学习方法备受推崇，它在某种意义上的确模拟了人脑的认知功能，但这种方法只是对神经元结构和信号传递方式给出的形式化数学描述，并非基于人脑的工作机理建立起来的数学模型，同样难以摆脱对大规模训练样本的依赖性。总体来说，目前的主流方法采用的是大数据小任务的基本范式，而人类的学习、感知、认知和决策过程能够利用小数据做大任务，具有举一反三的能力。尤其是在语言理解和生成方面，人类

的语言学习和理解无须海量文本数据，而且在生成方面具有创造性。类脑语言信息处理旨在通过研究大脑的语言认知机理，分析认知机理与文本计算方法之间的关联，最终设计语言认知启发的自然语言处理模型。

目前，人们只是在宏观上大致了解脑区的划分和在语言理解过程中所发挥的不同作用，但在介观和微观层面，语言理解的生物过程与神经元信号传递的关系，以及信号与语义、概念和物理世界之间的对应与联系等，都是未知的、有待探索的领域。如何打通宏观、介观和微观层面的联系并给出清晰的解释，将是未来亟须解决的问题。从微观层面进一步研究人脑的结构，发现和揭示人脑理解语言的机理，借鉴或模拟人脑的工作机理建立形式化的数学模型，才是最终解决自然语言理解问题的根本出路。此外，人脑的语言理解过程遵循自主学习和进化机制，而目前语言信息处理模型仍然采用一次学习终身使用的机制，因此，如何借鉴人脑的语言认知与理解机理，设计具备自主学习和进化的自然语言理解模型，是通向类人智能语言处理的必经之路。

六、复杂场景下的语音分离与识别

在真实场景中，麦克风接收到的语音信号可能同时包含多个说话人的声音，以及音乐、噪声、混响和回声等各种干扰，人类的听觉系统可以很容易地分辨声音的方位和来源、感受声音的远近变化，以及选择想聆听的声音和关注感兴趣的内容。但是对于计算机系统来说，在如此复杂的环境下想要听懂说话人的内容就显得十分困难，这就是所谓的"鸡尾酒会效应"。尽管已有很多工作在尝试解决"鸡尾酒会效应"，主要有传统信号处理的方法、深度学习的方法和基于人脑注意力机制的方法，但是大多数方法只适用于单一声学环境的情况，很难适用于复杂声学环境，距离实用仍然有很大的差距。因此，如何有效地提升复杂信道和强干扰条件下语音的音质，以及进一步探索复杂场景下的听觉机理，对语音声学建模和语音识别均具有重要的现实意义与研究价值。

目前对于标准普通话、书面语、主流语种（中文普通话、英语等）等相对单一的情况，语音识别技术已能实现实用。但是对于重口音、口语化、小语种、多语言等复杂情况，语音识别系统的识别准确率急剧下降。重口音和口语化的语音数据的声学情况十分多样，呈现个性化的特点，因此很难采集到覆盖所有声学环境的语音数据。小语种数据因其人口数量受限，导致数据收集和标注困难、代价高昂。随着全球化进程的加快，多语言混杂的现象越来越普遍，但是目前语音识别技术很难用一个模型同时有效识别多种语言的语音内容。因此，重口音、口语化、小语种和多语言等复杂环境给语音识别技术带来极大的挑战。这种复杂性使得语音数据变得稀疏，现有方法泛化性不足，难以对其进行有效建模。因此，如何有效利用一个模型识别多种语言的内容、如何采用迁移学习方法解决声学和文本数据稀少的问题，以及如何有效建模这些复杂情况下的语音识别问题，依然具有很大的挑战性和研究价值。

七、小数据个性化语音模拟

随着深度学习技术的迅速发展，以及近年来端到端语音合成技术的提出，目前语音合成技术在特定数据集和限定条件下已能合成逼近真人的语音。但是仍然存在一些问题：一是需要较多的语音数据作为训练数据，并且对这些语音数据的录制条件和音质要求较为苛刻；二是虽然合成语音的发音和真人音色类似，但往往发音风格比较单一。有鉴于此，个性化语音模拟技术受到广泛关注。

在真实场景中，个性化语音数据具有三个比较明显的特点：一是发音人说话比较随意和口语化，随着谈话的进行与环境的改变，发音人的韵律和情感是起伏变化的；二是大多数语音合成的应用是在手机或平板电脑中被用户广泛使用，因此，大多数情况下只能获取到每个发音人少量的语音数据；三是大多数情况下，与在录音棚中录制的语音数据相比，获取到的个性化语音数据采样率较低，并且录制过程中不可避免地存在一些噪声干扰，导致个性化语音数据的音质较低。个性化语音数据存在风格多变、数据量小、音质低和普遍缺乏标注的问题，这给真实场景下精准捕捉目标说话人的韵律特征和有效构建说话人的发音表征，以及构建高泛化性和高鲁棒性的个性化语音模拟带来很多挑战。有鉴于此，如何基于韵律和音色迁移的方法，利用较少语料实现高自然度与高相似度的目标说话人语音模拟至关重要。此外，由于目前的语音合成建模语料多采用专业录音条件下的规范语料，才能保证合成出逼近真人的语音，但是在实际日常场景中大多只能采集到含有噪声和低音质的语音数据，因此如何利用较少的个性化定制语料从低音质数据中迁移知识、实现低音质条件下的个性化语音模拟也是一个研究热点。因此，如何有效利用数量少且音质低的语音数据，实现高表现力个性化模拟语音仍然是较大的挑战，具有重要的研究价值。

第五节　模式识别应用技术

近年来，模式识别研究与应用取得了很多令人瞩目的成就，在社会经济发展和国家公共安全等领域应用日益广泛。其中，语音识别、图像识别、视频理解、生物特征识别、多媒体信息分析、智能医疗、机器翻译、遥感图像处理等都是目前发展较快的模式识别应用技术领域。语音识别已逐步成为信息技术中人机交互的关键技术，其应用已经成为一个具有竞争性的新兴高技术产业；生物特征识别是智能时代最受关注的安全认证技术，它凭借人体特征来唯一标识身份，在公共安全、智能家居、互联网金融等领域发挥着重要作用；多媒体信息分析以高效的方式对不同模态的异构数据进行智能感知、挖掘和理解，从而服务于舆情分析、网络信息安全、敏感音视频过滤等实际应用；智慧医疗通过医学图像处理和分析，辅助医生进行早期诊断、治疗和预后评估；文字识别技术帮助机器理解图像内容，在批量文档和票据的自动数字化方面发挥了重要作用；遥感图像识别已广泛应用于农作物估产、资源勘察、气象预报和军事侦察等。

可以预见，在未来高度智能化的世界中，模式识别将变得无处不在，其基础理论研究会越来越深入，应用场景会越来越复杂，应用领域会越来越宽广，从而对特定的模式识别技术会要求越来越高。21世纪是数字化、信息化、网络化、智能化的世纪，作为人工智能技术基础学科的模式识别技术，必将获得巨大的发展空间。智能技术和产品的应用需求也将发生前所未有的变化，势必经历从简单个体识别到复杂关系推理，从被动环境感知到主动任务探索，从可控简单应用场景到非可控复杂应用场景等变化，这给模式识别技术的发展带来新的机遇和挑战。为了适应科技变革带来的一系列变化和应用需求，必须融合视觉、听觉、语言、认知、学习、控制、博弈等方向的研究成果，提出以应用为中心的智能表示和计算模型，并且结合实际的应用场景提出特定的技术体系。

面向不同领域的重大应用需求，结合信息化、智能化对模式识别提出的新挑战，提出高可靠、高精度、高效率的模式识别应用技术成为亟待解决的关键问题。下面，列出一些模式识别应用技术未来发展的重要问题，以期推动该领域的学科发展和技术创新。

一、非受控环境下的可信生物特征识别

从手机解锁、小区门禁到去餐厅吃饭、超市收银，再到高铁进站、机场安检以及去医院看病，虹膜、人脸、指纹等可信生物特征已成为人们进入万物互联世界的数字身份证。生物特征识别是《新一代人工智能发展规划》、"互联网+"行动计划等国家战略的重点发展领域，也是计算机视觉和模式识别学科的前沿方向。

主流生物特征识别经过系统研究积累了丰富的理论和方法，在严格受控的条件下可以正确识别高度配合的用户，但是在生物特征图像受到内在生理变化（如姿态、表情、运动等）和外界环境变化（如光的强度、距离等）时，生物特征识别的性能急剧下降，不能满足现实世界非受控环境下身份识别的需求。另外，生物特征识别系统的安全性，如活体检测、模板保护等也是亟须解决的重要问题。

面对弱光照、低质量、非配合、高动态等复杂场景下多源异质的多模态生物特征，如何设计最优的信息融合模型，精准刻画不同个体之间、真假数据样本之间的差异，突破现有生物特征识别的"感知盲区""决策误区""安全红区"，实现等错误率逼近于零的精准身份识别，是可信生物特征识别拟解决的关键科学问题，需要重点解决非受控条件下的精准成像、精准识别和精准鉴伪问题。从单模态到多模态信息融合、从受控场景到复杂场景、从身份识别到活体检测是生物特征识别学科发展方向，可信生物特征识别的技术路线是提出基于多模态（人脸、虹膜、步态、声纹等）、多层次（设备层、图像层、特征层、分数层）、多协同（数据和知识协同驱动机器学习模型、成像硬件和算法软件协同融合）信息融合策略的精准身份识别方法，引入视觉认知机理鲁棒建模生物特征，通过计算成像和融合模型的协同创新突破现有生物特征识别的性能瓶颈，面向公安反恐、金融支付、社保认证、安检通关等实战应用需求构建等错误率百万分之一的移动端和远距离场景精准身份识别验证系统，满足国家关键领域对高精度、高可靠、高安全身份识别技术的迫切需求。新的生物特征如大脑信息、基因信息等有待进一步研究与应用。

二、生物特征深度伪造和鉴伪

随着图像生成模型（GAN、VAE等）的快速发展，计算机合成生物特征图像，尤其是合成人脸的逼真度越来越高，在欺骗人眼的同时对互联网内容

可信性造成了巨大冲击。最新的人工智能技术可以让普通人方便地制作换脸视频或生成高清人脸图像，这就是被称为"深度伪造"的一系列技术。其严峻性在于简易、开源、效果极佳的软件赋能大量普通用户方便地制作并传播伪造内容，同时对伪造内容的鉴伪也成为图像取证领域亟待解决的重大问题。

生物特征深度伪造和鉴伪的技术难点与研究重点在于如何从正反两方对抗中提出鲁棒可解释的有效取证方法，并探究二者的博弈平衡。具体包括以下重要问题：①取证模型的泛化能力不足，目前主流方法使用深度学习模型，在公开数据集上取得了非常高的检测指标，一些情况下甚至超过99%的检测准确率，但是在检测低质量或未知类型深度伪造图像时性能下降剧烈。②基于深度模型的取证方法可解释性差，网络极可能拟合了某种未知的非篡改特征，这也造成模型缺乏足够的泛化能力。③基于多线索的取证方法虽然具备更佳的鲁棒性和可解释性，但适用范围受限，仅仅针对某一种专家设计的取证线索，不具有广泛适用性，而且容易被新的深度伪造技术攻破。④深度伪造技术尚不能在更精细的场景规律与细节特征上达到高质量的效果，这些瑕疵很容易被图像取证方法识破。⑤鉴伪与伪造之间的交互对抗框架尚未成型，目前两个研究领域各自独立发展，而且取证方法研究远滞后于伪造技术。解决这些问题的一个思路是以对抗的视角整体审视深度伪造与鉴伪，将二者加入对抗学习的框架中，使二者相互促进，不断进化。同时，设计专家知识指导的先验或约束形式，防止对抗学习进入无意义的"猫鼠游戏"，确保取证模型更具有可解释性。

三、遥感图像弱小目标识别和场景理解

遥感图像弱小目标识别和场景理解是指针对特定的任务从遥感图像中检测与识别出弱小目标、小目标，并结合弱小目标的语义信息及上下文信息对弱小目标所处的背景、环境及整个场景进行推理、理解的技术和过程。与传统的目标识别相比，弱小目标可分性更差，更容易被漏检或错检，对其进行识别更具挑战性。但对于实际应用来说，弱小目标往往携带更加重要的信息，一旦漏检或错检，其对应用的损失比传统的目标误识要大得多。因此，弱小目标的识别具有非常重要的应用价值和研究意义。

弱小目标识别和传统目标识别的基本原理类似，均涉及特征提取与描述、分类器构造等模式分类的关键技术。但弱小目标的特征响应很弱，容易被背景、噪声淹没；弱小目标的尺寸小且尺寸、形状不一，特征提取时很难

自适应地选取大小、形状合适的邻域。因此，不合适的特征提取会大幅度降低特征的表征能力，从而增加特征分类的难度。尽管弱小目标的特征不显著，但弱小目标在关键特征显著性、语义不变性、动态易变性等方面具有高度相似性。根据这些相似性可有效实现弱小目标的特征增强，并将弱小目标与背景、噪声或非关兴趣目标有效区分。根据弱小目标的关键特征显著性、语义不变性、动态易变性，弱小目标识别未来可能的具体研究途径如下。

一是基于关键特征显著性的可能研究方案是借助生成对抗网络生成弱小目标在不同波谱、不同尺寸下的训练样本，用于训练弱小目标识别的专用网络。基于弱小目标识别专用网络，通过数据驱动的方式，在网络学习过程中抑制非感兴趣目标区域的特征响应，同时强化弱小目标的关键特征。

二是基于语义不变性的可能研究方案是在目标检测和尺度不变特征提取框架下，构建数据和知识共同驱动的弱小目标语义特征学习方法，采用自下而上的方式提取可能的弱小目标，并进一步借助场景理解的语义信息完成弱小目标的筛选和识别。

三是在目标用途方面，弱小目标往往是机动目标，具有动态易变性，因此，基于动态易变性的可能研究方案是在目标检测与跟踪框架下，通过分析多时相遥感图像序列中目标的动态变化，并进一步根据弱小目标与非感兴趣目标的变化差异来完成弱小目标检测和识别任务。

四、医学图像高精度解释

模式识别的一个重要应用方向是对医学图像进行高精度解释。医学是一门注重实践、依赖循证的科学，新兴技术需要医生通过长期的实践进行分析总结，找到科学依据，再通过现代统计学的科学方法结合临床实践得到最大可能的验证。人工智能和机器学习能够帮助医生更加高效、准确地看片子，是医生的高效助手和强大助力。

然而，对医学图像进行高精度解释，需要使模式识别算法适用于多源异构、缺少标注的小样本数据应用场景。典型的应用场景往往存在样本量有限、特征高维异构、机器学习得到的模型泛化能力比较弱等问题，对模式识别算法设计提出了巨大的挑战。对于实际系统中的模式识别方法来说，数据不规范、不完整甚至标准不统一是致命的问题。因此，如何研发具有基于小样本且具有自适应迁移学习能力的机器学习方法，提出一系列适于全监督、半监督与弱监督的多模信息理解的核心算法与解决方案，实现面向大规模、有噪声标签、小样本多模信息的多粒度解析，是临床转化的关键途径之一。另外，目前的挑战也包含模式识别黑盒子和医学可解释性的博弈。提高机器学习模型的可解释性和透明度，将有助于模型的除错、引导未来的医学数据收集方向、为医学图像特征构建和人类决策提供真正可靠的信息，最终在医生、患者与机器学习模型之间建立信任。

目前深度学习方法能够在众多领域实现突破性的发展，除了创新性算法的出现与强劲计算资源的助力以外，一个重要原因是海量标准规范训练样本的存在。医学大数据的出现和深度学习算法的提出与应用，也推动了很多特定领域机器智能水平的快速发展。但这些高水平的研究都建立在大样本数据的基础上，因此，制约模式识别进一步在医学图像临床落地应用的要点就是解决融合临床场景的多源、异构、高维、多模态异质大数据的获取和标准化，实现诊疗过程关键信息的智能交互、全数据链贯通、患者信息多模态全景呈现，构建可灵活拓展的多模态信息全景快速精准可视化平台。

模式识别中的很多端到端的方法可以快速得到较高的准确性。但是临床往往有很多同病异影、同影异病的情况，医学影像报告出具以后会传给临床医生，临床医生会根据指南，结合患者的其他临床数据和身体特征判断，同时需要针对结果进一步向患者解释病因。因此，如何在基于机器学习的数据驱动结果和实际应用中能够提供可解释的结果找到平衡，提供给临床有价值的医学影像信息是对医疗影像智能识别系统的严峻挑战。

五、复杂文档识别与重构

自20世纪50年代以来，学者在作为模式识别领域分支之一的文字识别和文档分析方向开展了大量研究，在文档图像版面分析、文字和文本行识别等方面取得了巨大进展，推动了文字和文档识别技术在文档数字化、邮政、金融、档案、教育等领域的成功应用。然而，在实际应用中发现，现有方法的性能还有很多不足，有些场合还不能满足应用的需求。文档识别的最终目标是正确分割和识别文档中所有的文本与图形符号信息，把文档版面结构全部内容电子化，表示成结构化的电子文档。准确的识别和版式重构将使得文档识别技术在文字无处不在的现实社会得到普遍应用。

复杂文档识别与重构的技术难点和研究重点在于克服现有技术的不足。①复杂版面分析能力不足。版面样式变化特别多，而目前基于规则和深度学习的方法都不能解决所有版式的正确分割、逻辑分析、版面理解、版式还原

（重构）问题。②识别精度和置信度不够。当前，自由书写和图像质量退化场合识别率会明显下降，即使对于识别率较高的场合，当前技术也不能根据识别结果的置信度将存疑字符标记出来，不便于人工校对或自动处理，也限制了文档识别在一些重要的新兴领域（如机器人流程自动化）的大规模广泛应用。③小样本泛化能力不足。当前广泛使用的深度神经网络的泛化性能依赖大规模数据集训练，而有些应用场合难以收集和标注大量样本来训练识别模型。④图形符号识别性能不足。图文混合文档中存在的表格、数理化公式及符号、流程图、签名印章等还不能得到满意的识别性能。⑤文档图像的内容理解与认知能力不足。目前大部分研究工作集中在解决文档图像中的文字信息感知问题（如版面分割、文字检测、文字识别），在文档图像中的语义信息理解及信息挖掘方面进展不足，典型问题包括文档图像结构化理解（如端到端信息抽取）、基于文档图像的视觉问答等。

解决这些问题的一个基本思路是结合现有不同理论与方法的优点，建立一个更加灵活、可学习的文档结构和内容表示框架，充分利用不同类型、不同标记程度的文档数据和先验知识，结合自然语言处理新技术，构建从感知到认知的端到端文档图像分析、识别、理解统一框架。利用多种学习方式构建模型，研究符合类人直觉的置信度建模方法和可解释机器学习方法，并可考虑在学习和识别过程中引入流程自动化、人机交互或人在回路等机制，构建跨学科文档图像分析、识别与理解研究新范式。

六、异构空间网络关联事件分析与协同监控

现实世界中的复杂事件往往存在于不同的异构空间。例如，社会热点事件同时存在于两个社会空间，即物理空间和网络空间，它们既相对独立又关联耦合。物理空间（现实世界中的各类场景）的人类活动主要体现社会大众的"行"，网络空间［不同社交平台，如新浪微博、脸书和推特（Twitter）等］的社会媒体则更多地反映网民群体的"言"。针对这些事件存在的跨空间交融、大数据与多模态等特性，异构空间网络关联事件分析与协同监控力求对存在于异构空间中的事件数据进行协同地关联、分析、监测、推理和决策，使之服务于国计民生的方方面面。

异构空间网络关联事件的分析与协同监控对于维护社会稳定和国家安全具有重要的意义，可揭示事件在多维空间中的信息传播交互规律，并创立热点事件监控理论和支撑技术平台，以满足国家保障公共安全和构建智能城市

的重大应用需求。

随着电子设备与互联网的快速发展，复杂异构的多种空间中时刻都在产生大量的事件多模态数据。这些多模态数据不仅形成复杂的关联关系和组织结构，还表现为不同模态数据跨越媒介或平台（数据源）高度交叉融合。只有对这些多模态、多媒体数据进行主动认知和智能推理，才可能全面、正确地理解这种跨媒体综合体所蕴含的内容信息。异构空间的事件数据具有数据量大、多模态、语义抽象、非结构化等特点，异构网络空间关联事件分析与协同监控的一个重要研究方向是结合网络空间信息的综合性、便捷性和物理空间的本地性进行事件的智能理解与应用。因此，如何结合社会科学与认知科学的最新进展，对异构空间大数据进行协同感知，如何在多模态的数据上对复杂事件进行检测、跟踪，如何构建面向异构空间的知识表示模型，从而对关键事件进行协同关联与演化分析，将是未来研究的工作重点。例如，对社会热点事件在物理空间和网络空间进行信息融合与建模，并将该事件在物理空间和网络空间二元空间的详细演变过程进行表示，通过对这些信息的关联分析，挖掘该社会事件的主题和舆论导向，并预测其后续发展轨迹，揭示其传播行为特性，为事件监控和舆情分析提供技术保障。

七、神经活动模式分析

神经活动是生物感知外部环境、产生知觉、进而采取行动的生理基础。神经活动模式分析需要在获取神经活动数据的基础上，使用模式识别方法探索数据背后的神经活动机制，并且挖掘神经活动的内在规律，以及神经活动与外部刺激、知觉状态、运动意图等之间的关系。

神经系统能够高效地整合既有知识，进行逻辑推理并且快速适应复杂环境。通过编码研究，可以对神经活动模式进行解析和预测，有助于类脑模型的研究。另外，通过神经解码模型，可以对使用者的认知状态和运动意图进行解码，以形成智能化辅助产品，可以帮助行动不便者提升生活质量。

然而，神经活动模式分析还面临以下几个方面的问题：①神经信号往往是对神经活动的间接表示，难以反推出精确的神经活动；②受实验条件限制，神经活动数据具有特征数量大而样本数量少的特点，会大大降低编解码模型的鲁棒性；③神经活动属于非线性时变过程，动态性高，并且个体差异性大，难以获得稳定、可泛化的计算模型。

针对以上挑战，神经活动模式分析需要一系列行之有效的解决方法来综合提升模型的有效性和准确性。针对神经信号难以直接测量和描述的问题，需要采用多种知觉、神经信号的同步采集方法，并对其进行联合分析来提升神经活动描述和估计的准确性。针对样本缺乏的问题，需要在神经活动特征提取的基础上，适当地采用生成式模型和迁移学习等方法进行数据扩充，以增加样本的数据量和多样性。针对神经活动信号复杂的问题，需要研发具有类脑计算机制的编解码模型，从神经计算的角度理解并开发动态计算模型，以适应不同特征的分布。同时，细粒度的脑区功能划分也将是理解大脑计算机制的重要研究方向。

第五章

我国的模式识别学科研究现状与发展建议

第一节　我国的模式识别学科研究现状

　　相比于国外，我国模式识别学科的起步比较晚。1978年，国家开始将"智能模拟"列为国家计划的一部分，后于1984年批准成立以模式识别基础理论、图像处理与计算机视觉、语音语言信息处理为主要研究方向的模式识别国家重点实验室。到目前为止的几十年间，我国持续加大对模式识别学科的支持力度，模式识别学科也因此得以飞速发展，并陆续成立了中国自动化学会模式识别与机器智能专业委员会、中国计算机学会人工智能与模式识别专业委员会、中国人工智能学会模式识别专业委员会等学术团体。2017年，我国制定了《新一代人工智能发展规划》，提出了分三步走的战略目标：第一步，到2020年人工智能总体技术和应用与世界先进水平同步，人工智能产业成为新的重要经济增长点，人工智能技术应用成为改善民生的新途径，有力支撑进入创新型国家行列和实现全面建成小康社会的奋斗目标；第二步，到2025年人工智能基础理论实现重大突破，部分技术与应用达到世界领先水平，人工智能成为带动我国产业开放和经济转型的主要动力，智能社会建设取得积极进展；到2030年人工智能理论、技术与应用总体达到世界领先水平，成为世界主要人工智能创新中心，智能经济、智能社会取得明显成效，为跻身创新型国家前列和经济强国奠定重要基础。下面将详细阐述我国在模式识别学科各个子领域的代表性研究进展。

　　模式识别基础理论可以分为统计模式识别、句法结构模式识别、神经网络等。在这一方向上，我国研究人员在人工神经网络与深度学习、概率图模型、半监督学习、迁移学习、多任务学习等方面的研究成果较为突出，部分代表性成果包括以下几方面。

　　（1）清华大学的朱军教授在贝叶斯隐变量学习模型、贝叶斯统计推断、变分贝叶斯学习等方面取得了较多研究成果，拓展了贝叶斯决策与估计的应用范围。

　　（2）南京大学的周志华教授深入研究了类不均衡样本学习、多标签学习、弱标签学习、随机森林等方法，显著改善了实际问题中分类器的性能。

　　（3）浙江大学的何晓飞教授、南京理工大学的杨健教授在流形学习、子空间学习等方面，提出了局部敏感保持、核主成分分析等多种具有国际学术影响力的方法。

　　（4）香港科技大学的杨强教授在迁移学习和多任务学习方面开展了深入的研究，提升了模型对新数据的适应能力，有效减少了模型对大量训练数据和大规模计算资源的依赖。

　　计算机视觉尝试利用计算机来模拟人类视觉功能，以感知和理解世界中的视觉信息。在这一方向上，我国研究人员在显著性检测、图像增强与复原、目标识别与检测、视觉目标跟踪等方面的研究成果较为突出，部分代表性成果包括以下几方面。

　　（1）清华大学的戴琼海院士、上海科技大学的虞晶怡教授在计算成像、光场成像方面开展了长期且深入的研究，提出一系列在该领域具有较大影响力的基准方法。

　　（2）香港中文大学的汤晓鸥教授在图像去雾、超分辨率等底层视觉任务方面提出了很多数据驱动的、可端到端学习的方法，推动了相关技术在音频、视频播放等场景的应用。

　　（3）北京大学的查红彬教授、香港科技大学的权龙教授、中国科学院自动化研究所的胡占义研究员等在摄像机标定与视觉定位、三维重建等方面取得了较多研究成果，在无人驾驶、增强现实、虚拟现实方面有很大应用价值。

　　（4）在目标检测与识别、分割、跟踪、行为识别方面，中国科学院自动化研究所及商汤科技、旷视科技、百度、阿里巴巴、腾讯等互联网公司开展了较多研究工作，提出了一系列有效的计算模型和算法，斩获各大国际竞赛奖项，相关技术也很好地应用于产品中。

　　语言是人类思维的载体，是人类交流思想与表达情感最自然、最直接、最方便的工具。自然语言理解的主要目的是探索人类自身语言能力和语言思维活动的本质，研究如何模仿人类语言认知过程建立语义的形式化表示和推理模型。在这一方向上，我国研究人员在语音语言基础资源建设、汉字编码与输入输出及汉字信息处理、自动问答与人机对话、语音识别与语音合成等方面的研究成果较为突出，部分代表性成果包括以下几方面。

（1）北京大学的俞士汶教授带领团队研制综合型语言知识库，包括语法属性描述、汉语短语结构规则库等，为我国自然语言处理研究提供了多种类知识资源。

（2）速记专家唐亚伟先生发明了中文速录机，突破了机械速记等关键技术，催生了速录等新兴行业。

（3）在汉字排版印刷方面，北京大学王选院士突破了汉字照排等关键技术，有效解决了海量汉字信息存储等难题。

（4）在机器翻译方面，百度、有道和搜狗等公司开发的在线翻译系统成为人们日常生活中多语言信息获取的必备工具，每天提供几千亿字符的翻译服务需求。

（5）在语音识别和语音增强方面，百度、科大讯飞等公司已经将语音增强结合语音识别和声纹识别，广泛应用于输入法、智能家居、智能车载等产品中。

模式识别应用技术主要涉及视觉和听觉技术，触觉则主要与机器人结合。随着计算机和人工智能技术的发展，模式识别取得了许多令人瞩目的应用成就和不可忽视的科学进展，使得计算机智能化水平大大提高、更易于开发和普及，在社会经济发展和国家公共安全等领域中的应用日益广泛。在这一方向上，我国研究人员在人脸、指纹、步态、虹膜、声纹等生物特征识别、医学图像分析、文字与文本识别等方面的研究成果较为突出，部分代表性成果包括以下几方面。

（1）在人脸识别方面，商汤科技、旷视科技、依图科技、云从科技、百度、阿里巴巴等公司研究的最新方法，能够在千万级人口的实际场景下展现出较强的鲁棒性，在安全、金融、交通等领域得到广泛应用。

（2）在虹膜识别方面，中国科学院自动化研究所的谭铁牛院士带领团队，实现了远距离、多模态、非配合的技术跨越，并广泛应用于安全、政府、金融等机构和领域。

（3）在遥感图像分析方面，中国科学院自动化研究所的潘春洪研究员团队研究的相关技术在实际任务中发挥了重要作用，如基于遥感图像分析技术的火神山/雷神山医院建设进展监测等。

（4）在医学图像分析方面，国内多家医疗公司将先进的影像处理算法落地应用，多款产品获批国家药品监督管理局医疗器械三类证，包括安德医智的颅内肿瘤磁共振影像辅助诊断软件、推想科技的肺结节筛查系统等。

（5）在文字与文本识别，中国科学院自动化研究所的刘成林研究员，以及汉王、百度、阿里巴巴等公司的多个研究团队，已经将相关技术广泛用于印刷和手写文档数字化、邮政分拣、票据识别、车牌识别、卡证识别、联机手写文字识别等实际场景。

总体来说，我国模式识别学科获得了历史性的发展，很多技术已经在智能安防、智慧城市等国计民生领域得到了广泛的应用，对于减轻人口老龄化负担、实现可持续发展等具有战略性意义。但是，我们还需要清楚地认识到，我国的模式识别学科发展水平距离国际领先水平还有较大差距，总体呈现重技术轻理论、论文多原创少、学界弱业界强的特点，具体分析如下。

（1）重技术轻理论。虽然我国研发经费投入强度总体上达到中等发达国家水平，但是对于基础理论研究方面的投入比例却远远低于应用技术开发方面的。这与我国的基本国情相关，因为应用技术开发的迭代周期更短，能够更快在实际场景中产生价值。在模式识别领域同样如此，例如，我国在人脸识别、行为识别等应用性较强领域的投入要多于在模式识别基础理论领域的投入。但是，真正能够从源头引发一个学科的重大创新，往往依靠的不是应用技术，而是基础理论。此外，虽然我国应用技术开发的资金和人员投入较多，但是真正能够做到技术落地应用，甚至产业化产生较大经济效益和社会效益的依然不多。

（2）论文多原创少。根据近些年模式识别领域论文发表情况的不完全统计，我国每年论文发表数量呈现指数级攀升态势，近些年已经逐渐追平并超过头号科技强国美国，远超英、法、德等发达国家，这与我国近些年"唯论文"的学术评价体系有着极为密切的关系。论文发表数量虽然较多，但是整体质量并不高，大部分论文只是发表在影响力一般的SCI期刊上。更重要的是，我国原创性的工作还比较少。在模式识别相关领域，近些年比较知名的原创性方法，如GAN、VGGNet、BERT等，均由国外学者最先提出。我国学者更多的是在这些方法被提出之后，尝试进一步提升和扩展，这对于提升我国科技核心竞争力、解决"卡脖子"技术难题的贡献比较有限。

（3）学界弱业界强。随着深度学习、大数据和高性能计算的兴起，模式识别学科研究的重心逐渐有从学术界转向工业界的趋势。这是因为工业界能够收集到更大规模的训练数据、配置更大规模的计算资源、更加熟悉实际的应用场景。这些方面对于偏应用的研究人员来说，都是极大的优势。可以看到，一些比较知名的研究成果包括BERT、ResNet等均由工业界研究人员提出。

第二节　我国的模式识别学科重点发展方向

目前，模式识别学科的巨大进展主要依赖复杂结构模型、大规模训练数据、高性能计算资源、受控实验室场景等，但是在更为一般的实际应用中，这些因素都是不具备的。因此，未来应该重点研究小模型结构、少训练数据、自适应新场景的新型模型和方法，一些代表性的研究方向如下。

（1）模式识别的认知机理与计算模型。人类的模式识别系统具有结构和语义理解能力强、小样本泛化、自主学习、实时进化等特点。然而，目前以统计分类和深度学习为主的模式识别方法普遍存在可解释性、鲁棒性、自适应性方面的不足。为了实现类人的鲁棒自适应模式识别，需要研究人脑模式识别的认知机理，通过建立模拟脑神经机理和认知机理，建立认知启发的模式语义描述和分类、学习方法，提升开放环境下模式识别方法的鲁棒性。

（2）可解释的深度模型和模式结构理解。如何使深度学习模型具有可解释性和模式结构理解能力，是模式识别和人工智能领域的前沿研究问题，是机器智能能否被人类接受、与人类和谐共处的关键。首先，深度模型的预测结果和决策要能给出其内部过程和机理的解释，给出可靠的置信度。同时，机器模式识别不仅需要给出模式的分类结果和置信度，还需要模型对预测给出结构解释。比如在文本、图像的检索和匹配问题中，模型不仅要给出两个对象之间的相似性评分，还要给出它们内部结构的对应关系。

（3）开放环境下的自适应学习。研究开放环境下的自适应学习，以满足开放环境下模式识别所面临的新特点、新模式和新挑战。在开放环境下的感知数据通常是混杂的数据流，如带标记数据、无标记数据、噪声数据、错误标记数据，并且这些数据是动态变化的，因此，面向混杂数据流和变化环境，需要突破传统的一次性训练，实现环境动态自适应。

（4）小样本目标识别与理解。研究在小样本情况下更加有效地训练深度学习模型，进而使得模型在目标识别的基础上具备一定的理解能力。深入分析深度模型在大样本情况下能够获得优异性能的根本原因并加以解析，以一种可解释的方式来选择部分代表性或者关键样本进行学习，最终达到与大数据量可比较的性能。这不仅有助于推动深度学习原理性解释或理论研究方面的发展，还能将深度学习模型从大样本应用场景进一步推广到更多小样本场景。

（5）复杂行为语义理解。复杂行为语义理解是基于非限定环境下的视觉数据，通过视觉处理和分析技术，识别人的动作，理解行为目的及语义信息。复杂行为可能涉及多个动作，以及人体与人体、物体、环境等的交互，有些行为侧重状态，有些行为侧重过程，并且类内变化大、多样性强，只利用底层特征来判断会产生很大误差，需要进行高层建模和推理，这是一个非常具有挑战性的问题。

（6）自主学习的自然语言处理。人在语言交流中不断学习语言知识，机器的自然语言理解能力也可以在与人的交互过程中不断进化。通过在交互中被动或主动地发现错误，并根据错误实现在线学习和动态更新机制，最终建立一套自主学习框架。实现交互式自主学习，需要设计一个自然的交互式环境和平台；设计真实高效的交互任务，需要建立一个基于反馈的终身学习的自然语言处理模型。该框架建立人与机器的生态闭环，并在与人类的交互过程中逐步得到优化。

（7）生物特征深度伪造和鉴伪。随着图像生成模型的快速发展，计算机合成生物特征图像，尤其是合成人脸的逼真度越来越高，在欺骗人眼的同时对互联网内容的可信性造成了巨大冲击。最新的人工智能技术可以让普通人方便地制作换脸视频或生成高清人脸图像，这被称为"深度伪造"技术。技术难点与研究重点在于如何从正反两方对抗中提出鲁棒可解释的取证方法，并探究二者的博弈平衡。

（8）医学图像的高精度解释。对医学图像进行高精度解释，需要使模式识别算法适用于多源异构、缺少标注的应用场景。典型的应用场景往往具有样本量有限、特征高维异构、模型泛化能力弱等不利因素，对模式识别算法设计提出了巨大的挑战。因此，如何研发基于小样本且具有自适应迁移学习能力的新方法，提出一系列适用于全监督、半监督与弱监督的多模态信息理解的核心算法与解决方案，实现面向大规模、有噪声标签、小样本多模态信息的多粒度解析，是临床转化的关键途径之一。

第三节　我国的模式识别学科发展建议

模式识别作为人工智能的主要分支之一，具有广泛的应用需求和重大的战略意义。过去 40 多年来，我国在模式识别的研究和应用方面取得了巨大的进展，然而在原创基础研究水平、顶尖人才厚度等方面与美国相比还有较大差距。接下来将结合制约本学科发展的突出问题，从科技人才培养、团队制度建设、科研支持政策与国际合作政策出发，提出具有实际可操作性的建议如下。

一、科技人才培养

作为人才资源的重要后备和创新力量，科技人才将直接决定我国在未来竞争中所处的地位，为了更好地适应当前国际形势和国家对科技人才的战略需求，培养和造就一批优秀科技人才，相关建议如下。

第一，除了现有的交流平台之外，应该在多种场合下搭建更多交流平台，以更好地促进同学科不同子领域，以及跨学科科技人员之间、青年科技人员与资深科技人员之间、科技人员与管理人员之间展开不同层面的交流和对话，营造良好的科研氛围。与此同时，促使科研相关资源在机构内部的有效流动，更加高效地带动青年科技人才进步，提升科研团队的整体创新力。

第二，依据不同学科的理论和应用背景，合理建立不同的人才培养和评价方式。科技创新是一项长期而艰巨的任务，一个合理的评价制度应该更具有宽容性，既要重视成功，同时要包容失败，因为成果的产出不是通过提前规划就能得到的，具有很大的不确定性。特别是对于我国青年科研人员来说，应该有更深层次、更加长远的激励措施。例如增设更多适合青年研究人员申请的项目，鼓励自由开展"从 0 到 1"具有原始创新的研究方向，以提升研究内容的多样性与科研自主性。

第三，加强本科和高职院校的青年人才培养。在本科教育方面，更加重视学科的教学体系搭建、学科教材的制定、师资团队的培养与组建等。在实践项目及教学实验室的选择上，可以在保证教学质量的基础上尽早接触研究工作。与此同时，需要预防学科同质化，本科院校可以选择与企业联合，共同研究模式识别与本院校的特色专业结合案例，形成"模式识别+X"的复合型特色专业。目前高职院校大多刚开设人工智能服务专业，其工作核心是以培养职业应用型人才为主。因此，未来需要将人工智能学科建设的重点放在与行业结合的应用上，强化学生的实际问题解决能力。

二、团队制度建设

团队制度建设是管理和运用科研资源的重要保障。为了进一步提升科研水平、提升科技与社会服务能力、推动学科发展和科技进步，相关建议如下。

　　第一，国家实验室是以国家重大需求为导向，积极承担国家重大科研任务的国家级科研机构。根据"十四五"规划，我国将加快构建以国家实验室为引领的战略科技力量。人工智能是其聚焦的重大创新领域之一，而模式识别是人工智能领域最核心的分支之一。因此，应该抓住历史性机遇，在模式识别国家重点实验室的基础上，考虑筹建模式识别与人工智能相关的国家实验室。

　　第二，加强基础性、原创性研究方向的集中力量攻关。在涉及"卡脖子"技术等方面，实施一批具有前瞻性、战略性的重大科技项目，集中相关科研力量攻关。在模式识别和人工智能的基础研究方面，要加强与脑科学、认知科学的学科交叉。鼓励"坐冷板凳"、持之以恒的科学研究精神，创造积极向上的科研生态。

　　第三，完善和优化科研管理体系，为科学研究过程减负。目前研究人员的大量时间花费在撰写材料、制作演示文档、熟悉经费使用规定和系统填报上，很难获得大块时间来潜心研究科学难题。对此问题，一方面，需要简化科研管理体系，尽量减少不必要的材料撰写、系统填报和经费规定；另一方面，则是强调结果导向而非过程导向，把精力更多地放在科研任务的完成上，从而最大化地激发科研人员的研究热情和创新能力。

三、科研支持政策与国际合作政策

　　科研支持政策侧重根据学科发展情况对国内科研资源进行合理配置，国际合作政策则强调国内外科研人员、方向、工作、成果方面的合作与交流方式。两者对于学科未来的交流与合作都有着至关重要的作用，相关建议如下。

　　第一，我国模式识别方面的研究论文每年呈指数级增长。目前遇到的一个关键问题就是大量研究成果无法迅速、有效地落地到实际应用场景中。究其原因，主要是实验室场景下训练的模型无法针对特定场景的数据进行调整。建议搭建公共数据共享与科研使用平台，将具有代表性的、真实场景的数据公开用于学术研究和评测。

　　第二，更加合理地配置基础理论研究和应用技术研究的人员与经费。应用技术研究固然非常重要，但是基础理论研究和产业化落地方面目前还存在较大的成果缺口。在研究分工方面，研究所、高校、企业应当进一步明确各自定位，例如高校侧重高等教育，研究所侧重攻克国家重大需求，企业负责技术落地应用等，最大限度地避免同质竞争。

第三，在当前新型国际形势下，探索更加开放的国际科技合作模式。例如，在亚洲等局部区域，牵头发起有影响力的科学计划和工程。积极承办和组织有国际影响力的模式识别与人工智能权威会议，强化我国的科技引领作用。

第四，鼓励在国内引进或新建国际科技组织，设立相关政策吸引海外人才来我国开展中长期合作。积极与国际顶级科研机构建立长期稳定的合作关系，双方互相派遣优秀人才进行交流与合作，共创具有国际引领性的原创科技成果。

参 考 文 献

[1] Selfridge O G. Pattern recognition and modern computers. Proceedings of the Western Joint Computer Conference，1955：91-93.

[2] Jain A K，Duin R P W，Mao J. Statistical pattern recognition：A review. IEEE Transactions on Pattern Analysis and Machine Intelligence，2000，22（1）：4-37.

[3] Chow C K. An optimum character recognition system using decision functions. IRE Transactions on Electronic Computers，1957，(4)：247-254.

[4] Wald A. Statistical Decision Functions. New York：John Wiley & Sons，1950.

[5] Rosenblatt F. The Perceptron. New York：Cornell Aeronautical Lab，1958.

[6] Nilsson N J. Learning Machines：Foundations of Trainable Pattern-Classifying Systems. New York：McGraw-Hill，1965.

[7] Nagy G. Pattern recognition 1966 IEEE workshop. IEEE Spectrum，1967，4（2）：92-94.

[8] Nagy G. State of the art in pattern recognition. Proceedings of the IEEE，1968，56（5）：836-863.

[9] Fu K S. Sequential Methods in Pattern Recognition and Machine Learning. New York：Academic Press，1968.

[10] Fukunaga K. Introduction to Statistical Pattern Recognition. New York：Academic Press，1972.

[11] Duda R O，Hart P E. Pattern Classification and Scene Analysis. New York：Wiley，1973.

[12] Fu K S，Swain P. On Syntactic Pattern Recognition-Software Engineering. New York：Academic Press，1971.

[13] Fu K S. Syntactic Methods in Pattern Recognition. New York：Elsevier，1974.

［14］History of the International Association for Pattern Recognition. https://iapr.org/docs/ IAPR-History.pdf.

［15］Rumelhart D E，Hinton G E，Williams R J. Learning internal representations by error propagation. La Jolla：California University San Diego，Institution for Cognitive Science，1986.

［16］Le Cun Y，Boser B，Denker J S，et al. Handwritten digit recognition with a back-propagation network. Proceedings of the 2nd International Conference on Neural Information Processing Systems，1989：396-404.

［17］Le Cun Y，Bottou L，Bengio Y，et al. Gradient-based learning applied to document recognition. Proceedings of the IEEE，1998，86（11）：2278-2324.

［18］Cortes C，Vapnik V. Support-vector networks. Machine learning，1995，20（3）：273-297.

［19］Hansen L K，Salamon P. Neural network ensembles. IEEE Transactions on Pattern Analysis and Machine Intelligence，1990，12（10）：993-1001.

［20］Suen C Y. Recognition of totally unconstrained handwritten numerals based on the concept of multiple experts. Proceedings of the 1st International Workshop on Frontiers in Handwriting Recognition，1990：131-143.

［21］Shahshahani B M，Landgrebe D A. The effect of unlabeled samples in reducing the small sample size problem and mitigating the Hughes phenomenon. IEEE Transactions on Geoscience and Remote Sensing，1994，32（5）：1087-1095.

［22］Mccallum A K. Multi-label text classification with a mixture model trained by EM. Proceedings of the AAAI 99 Workshop on Text Learning. CiteSeer，1999.

［23］Caruana R. Multitask learning. Machine Learning，1997，28（1）：41-75.

［24］Yao Y，Doretto G. Boosting for transfer learning with multiple sources. Proceedings of the IEEE Conference on Computer Vision and Pattern Recognition，2010：1855-1862.

［25］Nagy G，Shelton G. Self-corrective character recognition system. IEEE Transactions on Information Theory，1966，12（2）：215-222.

［26］Lafferty J，Mccallum A，Pereira F C. Conditional random fields：Probabilistic models for segmenting and labeling sequence data. Proceedings of the International Conference on Machine Learning，2001.

［27］Hinton G E，Osindero S，Teh Y W. A fast learning algorithm for deep belief nets. Neural Computation，2006，18（7）：1527-1554.

［28］Krizhevsky A，Sutskever I，Hinton G E. ImageNet classification with deep convolutional neural networks. Proceedings of the Advances in Neural Information Processing Systems，2012：1097-1105.

[29] Angelov P，Soares E. Towards explainable deep neural networks（xDNN）. Neural Networks，2020，130：185-194.

[30] Kosiorek A R，Sabour S，Teh Y W，et al. Stacked capsule autoencoders. arXiv preprint arXiv：06818. 2019.

[31] Sabour S，Frosst N，Hinton G E. Dynamic routing between capsules. arXiv preprint arXiv：09829. 2017.

[32] Li Q，Huang S，Hong Y，et al. Closed loop neural-symbolic learning via integrating neural perception，grammar parsing，and symbolic reasoning. Proceedings of the International Conference on Machine Learning，2020：5884-5894.

[33] Doersch C，Gupta A，Efros A A. Unsupervised visual representation learning by context prediction. Proceedings of the IEEE International Conference on Computer Vision，2015：1422-1430.

[34] Parisi G I，Kemker R，Part J L，et al. Continual lifelong learning with neural networks：A review. Neural Networks，2019，113：54-71.

[35] Bengio Y. From system 1 deep learning to system 2 deep learning. Proceedings of the Thirty-third Conference on Neural Information Processing Systems，2019.

[36] Hinton G. How to represent part-whole hierarchies in a neural network. arXiv preprint arXiv：12627. 2021.

[37] Berger J O. Statistical Decision Theory and Bayesian Analysis. Berlin：Springer Science & Business Media，2013.

[38] Pratt J W，Raiffa H，Schlaifer R. Introduction to Statistical Decision Theory. Cambridge：MIT Press，1995.

[39] Duda R O，Hart P E，Stork D G. Pattern Classification. New York：John Wiley & Sons，2001.

[40] Bishop C M. Pattern Recognition and Machine Learning. New York：Springer，2006.

[41] Webb A R. Statistical Pattern Recognition. New York：John Wiley & Sons，2003.

[42] Theodoridis S，Koutroumbas K. Pattern Recognition. Berlin：Elsevier，2009.

[43] Chow C. On optimum recognition error and reject tradeoff. IEEE Transactions on Information Theory，1970，16（1）：41-46.

[44] Weerahandi S，Zidek J V. Elements of multi-Bayesian decision theory. The Annals of Statistics，1983，11（4）：1032-1046.

[45] Domingos P, Pazzani M. On the optimality of the simple Bayesian classifier under zero-one loss. Machine Learning, 1997, 29 (2): 103-130.

[46] Maceachern S N, Müller P. Estimating mixture of Dirichlet process models. Journal of Computational Graphical Statistics, 1998, 7 (2): 223-238.

[47] Neal R M. Markov chain sampling methods for Dirichlet process mixture models. Journal of Computational Graphical Statistics, 2000, 9 (2): 249-265.

[48] Gibbs M N. Bayesian Gaussian processes for regression and classification. CiteSeer, 1998.

[49] Vapnik V. The Nature of Statistical Learning Theory. Berlin: Springer Science & Business Media, 2013.

[50] Koller D, Friedman N. Probabilistic Graphical Models: Principles and Techniques. Cambridge: MIT Press, 2009.

[51] Salakhutdinov R, Hinton G. Deep Boltzmann machines. Proceedings of the Artificial Intelligence and Statistics, 2009: 448-455.

[52] Hinton G E. Deep belief networks. Scholarpedia, 2009, 4 (5): 5947.

[53] Elsken T, Metzen J H, Hutter F. Neural architecture search: A survey. Journal of Machine Learning Research, 2019, 20 (55): 1-21.

[54] Tipping M E. Sparse Bayesian learning and the relevance vector machine. Journal of Machine Learning Research, 2001, 1 (Jun): 211-244.

[55] Xie P, Zhu J, Xing E. Diversity-promoting Bayesian learning of latent variable models. Proceedings of the International Conference on Machine Learning, 2016: 59-68.

[56] Izenman A J. Review papers: Recent developments in nonparametric density estimation. Journal of the American Statistical Association, 1991, 86 (413): 205-224.

[57] Dempster A P, Laird N M, Rubin D B. Maximum likelihood from incomplete data via the EM algorithm. Journal of the Royal Statistical Society: Series B, 1977, 39 (1): 1-22.

[58] Verbeek J J, Vlassis N, Kröse B. Efficient greedy learning of Gaussian mixture models. Neural Computation, 2003, 15 (2): 469-485.

[59] Biernacki C, Celeux G, Govaert G. Choosing starting values for the EM algorithm for getting the highest likelihood in multivariate Gaussian mixture models. Computational Statistics & Data Analysis, 2003, 41 (3-4): 561-575.

[60] Jaworski P, Durante F, Hardle W K, et al. Copula Theory and Its Applications. Berlin: Springer, 2010.

[61] Blei D M, Ng A Y, Jordan M I. Latent Dirichlet allocation. Journal of Machine Learning Research, 2003, 3: 993-1022.

[62] Hinton G E，Salakhutdinov R R. A better way to pretrain deep Boltzmann machines. Advances in Neural Information Processing Systems，2012，25：2447-2455.

[63] Nair V，Hinton G E. Rectified linear units improve restricted Boltzmann machines. Proceedings of the International Conference on International Conference on Machine Learning，2010：807-814.

[64] Watson G S. Density estimation by orthogonal series. Annals of Mathematical Statistics，1969，40（4）：1496-1498.

[65] Hall P，Sheather S J，Jones M，et al. On optimal data-based bandwidth selection in kernel density estimation. Biometrika，1991，78（2）：263-269.

[66] Jones M C，Marron J S，Sheather S J. A brief survey of bandwidth selection for density estimation. Journal of the American Statistical Association，1996，91（433）：401-407.

[67] Banfield J D，Raftery A E. Model-based Gaussian and non-Gaussian clustering. Biometrics，1993，49（3）：803-821.

[68] Law M H，Figueiredo M A，Jain A K. Simultaneous feature selection and clustering using mixture models. IEEE Transactions on Pattern Analysis and Machine Intelligence，2004，26（9）：1154-1166.

[69] Goodfellow I J，Pouget-Abadie J，Mirza M，et al. Generative adversarial nets. Proceedings of the Advances in Neural Information Processing Systems，2014.

[70] 刘成林，谭铁牛. 模式识别研究进展. 中国计算机学会通讯，2007：12.

[71] Bunke H，Sanfeliu A. Syntactic and Structural Pattern Recognition：Theory and Applications. Singapore：World Scientific，1990.

[72] Bishop C M. Neural Networks for Pattern Recognition. Oxford：Oxford University Press，1995.

[73] Breiman L. Random forests. Machine Learning，2001，45（1）：5-32.

[74] Yang L，Jin R. Distance metric learning：A comprehensive survey. Michigan State University，2006，2（2）：4.

[75] Elkan C. The foundations of cost-sensitive learning. Proceedings of the International Joint Conference on Artificial Intelligence，2001：973-978.

[76] Cieslak D A，Chawla N V. Learning decision trees for unbalanced data//Proceedings of the Joint European Conference on Machine Learning and Knowledge Discovery in Databases. Berlin：Springer，2008：241-256.

[77] Zhang M L，Zhou Z H. A review on multi-label learning algorithms. IEEE Transactions on Knowledge & Data Engineering，2013，26（8）：1819-1837.

[78] Zhou Z H. A brief introduction to weakly supervised learning. National Science Review，2018，5（1）：44-53.

[79] Ho T K，Hull J J，Srihari S N. Decision combination in multiple classifier systems. IEEE Transactions on Pattern Analysis and Machine Intelligence，1994，16（1）：66-75.

[80] Freund Y，Schapire R E. Experiments with a new boosting algorithm. Proceedings of the International Conference on Machine Learning，1996：148-156.

[81] Muller K R，Mika S，Ratsch G，et al. An introduction to kernel-based learning algorithms. IEEE Transactions on Neural Networks，2001，12（2）：181-201.

[82] Lecun Y，Bengio Y，Hinton G. Deep learning. Nature，2015，521（7553）：436-444.

[83] Bunke H，Riesen K. Recent advances in graph-based pattern recognition with applications in document analysis. Pattern Recognition，2011，44（5）：1057-1067.

[84] Xu R，Wunsch D. Survey of clustering algorithms. IEEE Transactions on Neural Networks，2005，16（3）：645-678.

[85] Jain A K. Data clustering：50 years beyond k-means. Pattern Recognition Letters，2010，31（8）：651-666.

[86] Jain A K，Murty M N，Flynn P J. Data clustering：A review. ACM Computing Surveys，1999，31（3）：264-323.

[87] Zhang T，Ramakrishnan R，Livny M. BIRCH：An efficient data clustering method for very large databases. ACM SIGMOD Record，1996，25（2）：103-114.

[88] Guha S，Rastogi R，Shim K. CURE：An efficient clustering algorithm for large databases. ACM SIGMOD Record，1998，27（2）：73-84.

[89] Ester M，Kriegel H P，Sander J，et al. A density-based algorithm for discovering clusters in large spatial databases with noise. Proceedings of the ACM International Conference on Knowledge Discovery and Data Mining，1996：226-231.

[90] Ankerst M，Breunig M M，Kriegel H P，et al. OPTICS：Ordering points to identify the clustering structure. ACM SIGMOD Record，1999，28（2）：49-60.

[91] Wang W，Yang J，Muntz R. STING：A statistical information grid approach to spatial data mining. Proceedings of the Very Large Data Bases，1997：186-195.

[92] Agrawal R，Gehrke J，Gunopulos D，et al. Automatic subspace clustering of high dimensional data for data mining applications. Proceedings of the ACM SIGMOD International Conference on Management of Data，1998：94-105.

[93] Xu W，Liu X，Gong Y. Document clustering based on non-negative matrix factorization. Proceedings of the International ACM SIGIR Conference on Research and Development in

Information Retrieval，2003：267-273.

[94] Shi J，Malik J. Normalized cuts and image segmentation. IEEE Transactions on Pattern Analysis and Machine Intelligence，2000，22（8）：888-905.

[95] Ng A Y，Jordan M I，Weiss Y. On spectral clustering：Analysis and an algorithm. Advances in Neural Information Processing Systems，2002，2：849-856.

[96] Bengio Y，Paiement J F，Vincent P，et al. Out-of-sample extensions for LLE，Isomap，MDS，Eigenmaps，and spectral clustering. Advances in Neural Information Processing Systems，2004，16：177-184.

[97] Belkin M，Niyogi P. Laplacian Eigenmaps and spectral techniques for embedding and clustering. Proceedings of the Advances in Neural Information Processing Systems，2001：585-591.

[98] Frey B J，Dueck D. Clustering by passing messages between data points. Science，2007，315（5814）：972-976.

[99] Zhou D，Huang J，Schölkopf B. Learning with hypergraphs：Clustering，classification，and embedding. Advances in Neural Information Processing Systems，2006，19：1601-1608.

[100] Cheng C H，Fu A W，Zhang Y. Entropy-based subspace clustering for mining numerical data. Proceedings of the ACM SIGKDD International Conference on Knowledge Discovery and Data Mining，1999：84-93.

[101] Vidal R. Subspace clustering. IEEE Signal Processing Magazine，2011，28（2）：52-68.

[102] Elhamifar E，Vidal R. Sparse subspace clustering：Algorithm，theory，and applications. IEEE Transactions on Pattern Analysis and Machine Intelligence，2013，35（11）：2765-2781.

[103] Parsons L，Haque E，Liu H. Subspace clustering for high dimensional data：A review. ACM SIGKDD Explorations Newsletter，2004，6（1）：90-105.

[104] Xing E P，Ng A Y，Jordan M I，et al. Distance metric learning with application to clustering with side-information. Proceedings of the Advances in Neural Information Processing Systems，2002：505-512.

[105] Xie J，Girshick R，Farhadi A. Unsupervised deep embedding for clustering analysis. Proceedings of the International Conference on Machine Learning，2016：478-487.

[106] Schroff F，Kalenichenko D，Philbin J. FaceNet：A unified embedding for face recognition and clustering. Proceedings of the IEEE Conference on Computer Vision and Pattern Recognition，2015：815-823.

[107] Lee S H，Kim C S. Deep repulsive clustering of ordered data based on order-identity decomposition. Proceedings of the International Conference on Learning Representations，2020.

[108] Xia T，Tao D，Mei T，et al. Multiview spectral embedding. IEEE Transactions on Systems，Man，and Cybernetics：Part B，2010，40（6）：1438-1446.

[109] Bickel S，Scheffer T. Multi-view clustering. Proceedings of the IEEE International Conference on Data Mining，2004：19-26.

[110] Guyon I，Elisseeff A. An introduction to variable and feature selection. Journal of Machine Learning Research，2003，3（Mar）：1157-1182.

[111] Xiang S，Nie F，Meng G，et al. Discriminative least squares regression for multiclass classification and feature selection. IEEE Transactions on Neural Networks Learning Systems，2012，23（11）：1738-1754.

[112] Abdi H，Williams L J. Principal component analysis. Wiley Interdisciplinary Reviews：Computational Statistics，2010，2（4）：433-459.

[113] Hotelling H. Relations between two sets of variates//Kotz S，Johnson N L. Breakthroughs in Statistics. Berlin：Springer，1992：162-190.

[114] Hyvärinen A，Oja E. Independent component analysis：Algorithms and applications. Neural Networks，2000，13（4-5）：411-430.

[115] Yang J，Frangi A F，Yang J Y，et al. KPCA plus LDA：A complete kernel Fisher discriminant framework for feature extraction and recognition. IEEE Transactions on Pattern Analysis and Machine Intelligence，2005，27（2）：230-244.

[116] Mika S，Ratsch G，Weston J，et al. Fisher discriminant analysis with kernels. Proceedings of the Neural Networks for Signal Processing IX：Proceedings of the 1999 IEEE Signal Processing Society Workshop，1999：41-48.

[117] Lai P L，Fyfe C. Kernel and nonlinear canonical correlation analysis. International Journal of Neural Systems，2000，10（5）：365-377.

[118] Yang J，Gao X，Zhang D，et al. Kernel ICA：An alternative formulation and its application to face recognition. Pattern Recognition，2005，38（10）：1784-1787.

[119] Tenenbaum J B，De Silva V，Langford J C. A global geometric framework for nonlinear dimensionality reduction. Science，2000，290（5500）：2319-2323.

[120] Roweis S T，Saul L K. Nonlinear dimensionality reduction by locally linear embedding. Science，2000，290（5500）：2323-2326.

[121] He X，Niyogi P. Locality preserving projections. Advances in Neural Information

Processing Systems，2004，16（16）：153-160.

[122] Yang J，Zhang D，Frangi A F，et al. Two-dimensional PCA：A new approach to appearance-based face representation and recognition. IEEE Transactions on Pattern Analysis and Machine Intelligence，2004，26（1）：131-137.

[123] Ye J，Janardan R，Li Q. Two-dimensional linear discriminant analysis. Proceedings of the Advances in Neural Information Processing Systems，2004：1569-1576.

[124] Lu H，Plataniotis K N，Venetsanopoulos A N. A survey of multilinear subspace learning for tensor data. Pattern Recognition，2011，44（7）：1540-1551.

[125] He K，Fan H，Wu Y，et al. Momentum contrast for unsupervised visual representation learning. Proceedings of the IEEE/CVF Conference on Computer Vision and Pattern Recognition，2020：9729-9738.

[126] Chen T，Kornblith S，Norouzi M，et al. A simple framework for contrastive learning of visual representations. Proceedings of the International Conference on Machine Learning，2020：1597-1607.

[127] Grill J B，Strub F，Altché F，et al. Bootstrap your own latent：A new approach to self-supervised learning. Proceedings of the Advances in Neural Information Processing Systems，2020.

[128] Ruck D W，Rogers S K，Kabrisky M，et al. The multilayer perceptron as an approximation to a Bayes optimal discriminant function. IEEE Transactions on Neural Networks，1990，1（4）：296-298.

[129] Vt S E，Shin Y C. Radial basis function neural network for approximation and estimation of nonlinear stochastic dynamic systems. IEEE Transactions on Neural Networks，1994，5（4）：594-603.

[130] Liu C L，Sako H. Class-specific feature polynomial classifier for pattern classification and its application to handwritten numeral recognition. Pattern Recognition，2006，39（4）：669-681.

[131] Kohonen T. The self-organizing map. Proceedings of the IEEE，1990，78（9）：1464-1480.

[132] Schuster M，Paliwal K K. Bidirectional recurrent neural networks. IEEE Transactions on Signal Processing，1997，45（11）：2673-2681.

[133] Hochreiter S，Schmidhuber J. Long short-term memory. Neural Computation，1997，9（8）：1735-1780.

[134] Mishra A，Desai V. Drought forecasting using feed-forward recursive neural network.

Ecological Modelling，2006，198（1-2）：127-138.

[135] Le Cun Y，Bengio Y. Convolutional networks for images，speech，and time series. The Handbook of Brain Theory and Neural Networks，1995，3361（10）：1995.

[136] Hinton G E，Salakhutdinov R R. Reducing the dimensionality of data with neural networks. Science，2006，313（5786）：504-507.

[137] Silver D，Schrittwieser J，Simonyan K，et al. Mastering the game of go without human knowledge. Nature，2017，550（7676）：354-359.

[138] Dahl G E，Sainath T N，Hinton G E. Improving deep neural networks for LVCSR using rectified linear units and dropout. Proceedings of the IEEE International Conference on Acoustics，Speech and Signal Processing，2013：8609-8613.

[139] He K，Zhang X，Ren S，et al. Deep residual learning for image recognition. Proceedings of the IEEE Conference on Computer Vision and Pattern Recognition，2016：770-778.

[140] Glorot X，Bengio Y. Understanding the difficulty of training deep feedforward neural networks. Proceedings of the International Conference on Artificial Intelligence and Statistics，2010：249-256.

[141] Ioffe S，Szegedy C. Batch normalization：Accelerating deep network training by reducing internal covariate shift. Proceedings of the International Conference on Machine Learning，2015：448-456.

[142] Huang G，Liu Z，Van Der Maaten L，et al. Densely connected convolutional networks. Proceedings of the IEEE Conference on Computer Vision and Pattern Recognition，2017：4700-4708.

[143] Szegedy C，Liu W，Jia Y，et al. Going deeper with convolutions. Proceedings of the IEEE Conference on Computer Vision and Pattern Recognition，2015：1-9.

[144] Zoph B，Le Q V. Neural architecture search with reinforcement learning. arXiv preprint arXiv：01578. 2016.

[145] Kingma D P，Ba J. Adam：A method for stochastic optimization. arXiv preprint arXiv：14126980. 2014.

[146] Huo Y，Zhang M，Liu G，et al. WenLan：Bridging vision and language by large-scale multi-modal pre-training. arXiv preprint arXiv：06561. 2021.

[147] Devlin J，Chang M-W，Lee K，et al. BERT：Pre-training of deep bidirectional transformers for language understanding. arXiv preprint arXiv：04805. 2018.

[148] Shawe-Taylor J，Cristianini N. Kernel Methods for Pattern Analysis. Cambridge：

Cambridge University Press，2004.

[149] Chen J H，Chen C S. Fuzzy kernel perceptron. IEEE Transactions on Neural Networks，2002，13（6）：1364-1373.

[150] Burges C J. A tutorial on support vector machines for pattern recognition. Data Mining and Knowledge Discovery，1998，2（2）：121-167.

[151] Mika S，Ratsch G，Weston J，et al. Fisher discriminant analysis with kernels. Proceedings of the Neural Networks for Signal Processing IX：Proceedings of the IEEE Signal Processing Society Workshop，1999：41-48.

[152] Williams C，Bonilla E V，Chai K M. Multi-task Gaussian process prediction. Proceedings of the Advances in Neural Information Processing Systems，2007：153-160.

[153] Zhang Y，Duchi J，Wainwright M. Divide and conquer kernel ridge regression. Proceedings of the Conference on Learning Theory，2013：592-617.

[154] Zheng W，Zhou X，Zou C，et al. Facial expression recognition using kernel canonical correlation analysis（KCCA）. IEEE Transactions on Neural Networks，2006，17（1）：233-238.

[155] Rosipal R，Trejo L J. Kernel partial least squares regression in reproducing kernel Hilbert space. Journal of Machine Learning Research，2001，2（Dec）：97-123.

[156] Mall R，Langone R，Suykens J A. Kernel spectral clustering for big data networks. Entropy，2013，15（5）：1567-1586.

[157] Gönen M，Alpaydın E. Multiple kernel learning algorithms. Journal of Machine Learning Research，2011，12：2211-2268.

[158] Fukumizu K，Song L，Gretton A. Kernel Bayes' rule：Bayesian inference with positive definite kernels. Journal of Machine Learning Research，2013，14（1）：3753-3783.

[159] Vapnik V N. An overview of statistical learning theory. IEEE Transactions on Neural Networks，1999，10（5）：988-999.

[160] Dhillon I S，Guan Y，Kulis B. Kernel k-means：Spectral clustering and normalized cuts. Proceedings of the ACM SIGKDD International Conference on Knowledge Discovery and Data Mining，2004：551-556.

[161] Wilson A，Adams R. Gaussian process kernels for pattern discovery and extrapolation. Proceedings of the International Conference on Machine Learning，2013：1067-1075.

[162] Fu K S. Applications of Pattern Recognition. Boca Raton：CRC Press，2019.

[163] Shaw A C. A formal picture description scheme as a basis for picture processing systems. Information and Control，1969，14（1）：9-52.

[164] Bunke H. Graph matching: Theoretical foundations, algorithms, and applications. Proceedings of the Vision Interface, 2000: 82-88.

[165] Haussler D. Convolution kernels on discrete structures. Department of Computer Science, University of California, 1999.

[166] Rabiner L R. A tutorial on hidden Markov models and selected applications in speech recognition. Proceedings of the IEEE, 1989, 77 (2): 257-286.

[167] Li S Z. Markov random field modeling in image analysis. Berlin: Springer Science & Business Media, 2009.

[168] Tsochantaridis I, Joachims T, Hofmann T, et al. Large margin methods for structured and interdependent output variables. Journal of Machine Learning Research, 2005: 6 (9): 1453-1484.

[169] Kipf T N, Welling M. Semi-supervised classification with graph convolutional networks. Proceedings of the International Conference on Learning Representations (ICLR), 2016.

[170] Murphy K P. Machine Learning: A Probabilistic Perspective. Cambridge: MIT Press, 2012.

[171] Wainwright M J, Jordan M I. Graphical Models, Exponential Families, and Variational Inference. Boston: Now Publishers Inc, 2008.

[172] Larochelle H, Bengio Y. Classification using discriminative restricted Boltzmann machines. Proceedings of the International Conference on Machine Learning, 2008: 536-543.

[173] Jordan M I, Ghahramani Z, Jaakkola T S, et al. An introduction to variational methods for graphical models. Machine Learning, 1999, 37 (2): 183-233.

[174] Hoffman M D, Blei D M, Wang C, et al. Stochastic variational inference. Journal of Machine Learning Research, 2013, 14 (5): 1303-1347.

[175] Andrieu C, De Freitas N, Doucet A, et al. An introduction to MCMC for machine learning. Machine Learning, 2003, 50 (1): 5-43.

[176] Kingma D P, Welling M. Auto-encoding variational Bayes. International Conference on Learning Representations (ICLR), 2013.

[177] Durbin R, Eddy S R, Krogh A, et al. Biological Sequence Analysis: Probabilistic Models of Proteins and Nucleic Acids. Cambridge: Cambridge University Press, 1998.

[178] Mccallum A, Freitag D, Pereira F C. Maximum entropy Markov models for information extraction and segmentation. Proceedings of the International Conference on Machine

Learning，2000：591-598.

[179] Hofmann T. Probabilistic latent semantic indexing. Proceedings of the International ACM SIGIR Conference on Research and Development in Information Retrieval，1999：50-57.

[180] Pearl J. Causality. Cambridge：Cambridge University Press，2009.

[181] Kittler J，Hatef M，Duin R P，et al. On combining classifiers. IEEE Transactions on Pattern Analysis and Machine Intelligence，1998，20（3）：226-239.

[182] Breiman L. Stacked regressions. Machine Learning，1996，24（1）：49-64.

[183] Wolpert D H. Stacked generalization. Neural Networks，1992，5（2）：241-259.

[184] Hoeting J A，Madigan D，Raftery A E，et al. Bayesian model averaging：A tutorial. Statistical Science，1999：382-401.

[185] Huang Y S，Suen C Y. The behavior-knowledge space method for combination of multiple classifiers. Proceedings of the IEEE Conference on Computer Vision and Pattern Recognition，1993：347.

[186] Woods K，Kegelmeyer W P，Bowyer K. Combination of multiple classifiers using local accuracy estimates. IEEE Transactions on Pattern Analysis and Machine Intelligence，1997，19（4）：405-410.

[187] Liu C L. Classifier combination based on confidence transformation. Pattern Recognition，2005，38（1）：11-28.

[188] Xu L，Krzyzak A，Suen C Y. Methods of combining multiple classifiers and their applications to handwriting recognition. IEEE Transactions on Systems，Man，and Cybernetics：Part B，1992，22（3）：418-435.

[189] Dietterich T G，Bakiri G. Solving multiclass learning problems via error-correcting output codes. Journal of Artificial Intelligence Research，1994，2：263-286.

[190] Breiman L. Bagging predictors. Machine Learning，1996，24（2）：123-140.

[191] Freund Y，Schapire R，Abe N. A short introduction to boosting. Journal of Japanese Society for Artificial Intelligence，1999，14（771-780）：1612.

[192] Freund Y，Schapire R E. A decision-theoretic generalization of on-line learning and an application to boosting. Journal of Computer and System Sciences，1997，55（1）：119-139.

[193] Friedman J H. Greedy function approximation：A gradient boosting machine. The Annals of Statistics，2001，29（5）：1189-1232.

[194] Chen T，Guestrin C. XGBoost：A scalable tree boosting system. Proceedings of the ACM SIGKDD International Conference on Knowledge Discovery and Data Mining，

2016：785-794.

[195] Friedman J，Hastie T，Tibshirani R. Additive logistic regression：A statistical view of boosting. The Annals of Statistics，2000，28（2）：337-407.

[196] Srivastava N，Hinton G，Krizhevsky A，et al. Dropout：A simple way to prevent neural networks from overfitting. Journal of Machine Learning Research，2014，15（1）：1929-1958.

[197] Schapire R E. The strength of weak learnability. Machine Learning，1990，5（2）：197-227.

[198] Schapire R E，Freund Y，Bartlett P，et al. Boosting the margin：A new explanation for the effectiveness of voting methods. The Annals of Statistics，1998，26（5）：1651-1686.

[199] Zhou Z H. Large margin distribution learning//Proceedings of the IAPR Workshop on Artificial Neural Networks in Pattern Recognition. Berlin：Springer，2014：1-11.

[200] Zhou Z H，Jiang Y. NeC4.5：Neural ensemble based C4.5. IEEE Transactions on Knowledge and Data Engineering，2004，16（6）：770-773.

[201] Zhou Z H. Ensemble Methods：Foundations and Algorithms. Boca Raton：CRC Press，2012.

[202] Olivier C，Bernhard S，Alexander Z. Semi-supervised learning. IEEE Transactions on Neural Networks，2006，20（3）：542.

[203] Zhu X J. Semi-supervised learning literature survey. 2005.

[204] Nigam K，Mccallum A K，Thrun S，et al. Text classification from labeled and unlabeled documents using EM. Machine Learning，2000，39（2）：103-134.

[205] Cozman F G，Cohen I，Cirelo M C. Semi-supervised learning of mixture models. Proceedings of the International Conference on Machine Learning，2003：24.

[206] Chapelle O，Zien A. Semi-supervised classification by low density separation. Proceedings of the International Conference on Artificial Intelligence and Statistics. CiteSeer，2005：57-64.

[207] Grandvalet Y，Bengio Y. Semi-supervised learning by entropy minimization. Proceedings of the CAP，2005：281-296.

[208] Zhou Z H，Li M. Tri-training：Exploiting unlabeled data using three classifiers. IEEE Transactions on Knowledge and Data Engineering，2005，17（11）：1529-1541.

[209] Blum A，Mitchell T. Combining labeled and unlabeled data with co-training. Proceedings of the Annual Conference on Computational Learning Theory，1998：92-100.

[210] Joachims T. Transductive inference for text classification using support vector machines. Proceedings of the International Conference on Machine Learning, 1999: 200-209.

[211] Belkin M, Matveeva I, Niyogi P. Regularization and semi-supervised learning on large graphs//Proceedings of the International Conference on Computational Learning Theory. Berlin: Springer, 2004: 624-638.

[212] Yang Z, Cohen W, Salakhudinov R. Revisiting semi-supervised learning with graph embeddings. Proceedings of the International Conference on Machine Learning, 2016: 40-48.

[213] Belkin M, Niyogi P. Semi-supervised learning on Riemannian manifolds. Machine Learning, 2004, 56 (1): 209-239.

[214] Wang F, Zhang C. Label propagation through linear neighborhoods. IEEE Transactions on Knowledge and Data Engineering, 2007, 20 (1): 55-67.

[215] Belkin M, Niyogi P, Sindhwani V. Manifold regularization: A geometric framework for learning from labeled and unlabeled examples. Journal of Machine Learning Research, 2006, 7 (11): 2399-2434.

[216] Zhou D, Bousquet O, Lal T N, et al. Learning with local and global consistency. Advances in Neural Information Processing Systems, 2004, 16 (16): 321-328.

[217] Zhu X, Ghahramani Z, Lafferty J D. Semi-supervised learning using Gaussian fields and harmonic functions. Proceedings of the International Conference on Machine Learning, 2003: 912-919.

[218] Wu M, Schölkopf B. Transductive classification via local learning regularization. Proceedings of the Artificial Intelligence and Statistics, 2007: 628-635.

[219] Basu S, Banerjee A, Mooney R. Semi-supervised clustering by seeding. Proceedings of the International Conference on Machine Learning, 2002.

[220] Basu S, Bilenko M, Mooney R J. A probabilistic framework for semi-supervised clustering. Proceedings of the ACM SIGKDD International Conference on Knowledge Discovery and Data Mining, 2004: 59-68.

[221] Bilenko M, Basu S, Mooney R J. Integrating constraints and metric learning in semi-supervised clustering. Proceedings of the International Conference on Machine Learning, 2004: 11.

[222] Wagstaff K, Cardie C, Rogers S, et al. Constrained k-means clustering with background knowledge. Proceedings of the International Conference on Machine Learning, 2001: 577-584.

[223] Rasmus A，Valpola H，Honkala M，et al. Semi-supervised learning with ladder networks. Proceedings of the Advances in Neural Information Processing Systems，2015.

[224] Laine S，Aila T. Temporal ensembling for semi-supervised learning. Proceedings of the International Conference on Learning Representations（ICLR），2016.

[225] Kingma D P，Rezende D J，Mohamed S，et al. Semi-supervised learning with deep generative models. Proceedings of the Advances in Neural Information Processing Systems，2015.

[226] Papandreou G，Chen L C，Murphy K P，et al. Weakly-and semi-supervised learning of a deep convolutional network for semantic image segmentation. Proceedings of the International Conference on Computer Vision，2015：1742-1750.

[227] Turian J，Ratinov L，Bengio Y. Word representations：A simple and general method for semi-supervised learning. Proceedings of the Annual Meeting of the Association for Computational Linguistics，2010：384-394.

[228] Käll L，Canterbury J D，Weston J，et al. Semi-supervised learning for peptide identification from shotgun proteomics datasets. Nature Methods，2007，4（11）：923-925.

[229] Camps-Valls G，Marsheva T V B，Zhou D. Semi-supervised graph-based hyperspectral image classification. IEEE Transactions on Geoscience and Remote Sensing，2007，45（10）：3044-3054.

[230] 杨强，张宇，戴文渊，等. 迁移学习. 北京：机械工业出版社，2020.

[231] Woodworth R S，Thorndike E. The influence of improvement in one mental function upon the efficiency of other functions. Psychological Review，1901，8（3）：247.

[232] Thrun S，Pratt L. Learning to learn：Introduction and overview//Caruana R. Learning to Learn. New York：Springer，1998：3-17.

[233] Huang J，Gretton A，Borgwardt K，et al. Correcting sample selection bias by unlabeled data. Proceedings of the Advances in Neural Information Processing Systems，2006：601-608.

[234] Dai W，Xue G R，Yang Q，et al. Boosting for transfer learning. Proceedings of the International Conference on Machine Learning，2007：193-200.

[235] Shrivastava A，Pfister T，Tuzel O，et al. Learning from simulated and unsupervised images through adversarial training. Proceedings of the IEEE Conference on Computer Vision and Pattern Recognition，2017：2107-2116.

[236] Pan S J，Ni X，Sun J T，et al. Cross-domain sentiment classification via spectral feature

alignment. Proceedings of the International Conference on World Wide Web, 2010: 751-760.

[237] Pan S J, Tsang I W, Kwok J T, et al. Domain adaptation via transfer component analysis. IEEE Transactions on Neural Networks, 2010, 22 (2): 199-210.

[238] Tzeng E, Hoffman J, Zhang N, et al. Deep domain confusion: Maximizing for domain invariance. arXiv: 14123474. 2014.

[239] Ganin Y, Ustinova E, Ajakan H, et al. Domain-adversarial training of neural networks. Journal of Machine Learning Research, 2016, 17 (1): 2096-2030.

[240] Lawrence N D, Platt J C. Learning to learn with the informative vector machine. Proceedings of the International Conference on Machine Learning, 2004: 512-519.

[241] Yosinski J, Clune J, Bengio Y, et al. How transferable are features in deep neural networks? Proceedings of the Advances in Neural Information Processing Systems, 2014: 3320-3328.

[242] Bengio Y. Deep learning of representations for unsupervised and transfer learning. Proceedings of the ICML Workshop on Unsupervised and Transfer Learning, 2012: 17-36.

[243] Mihalkova L, Huynh T, Mooney R J. Mapping and revising Markov logic networks for transfer learning. Proceedings of the AAAI Conference on Artificial Intelligence, 2007: 608-614.

[244] David S B, Blitzer J, Crammer K, et al. A theory of learning from different domains. Machine Learning, 2010, 79 (1): 151-175.

[245] Baxter J. A model of inductive bias learning. Journal of Artificial Intelligence Research, 2000, 12: 149-198.

[246] Silver D L, Yang Q, Li L. Lifelong machine learning systems: Beyond learning algorithms. Proceedings of the AAAI Spring Symposium Series, 2013.

[247] Zhang Y, Yang Q. A survey on multi-task learning. IEEE Transactions on Knowledge and Data Engineering, 2021.

[248] Misra I, Shrivastava A, Gupta A, et al. Cross-stitch networks for multi-task learning. Proceedings of the IEEE Conference on Computer Vision and Pattern Recognition, 2016: 3994-4003.

[249] Lu Y, Kumar A, Zhai S, et al. Fully-adaptive feature sharing in multi-task networks with applications in person attribute classification. Proceedings of the IEEE Conference on Computer Vision and Pattern Recognition, 2017: 5334-5343.

[250] Argyriou A, Evgeniou T, Pontil M. Convex multi-task feature learning. Machine

Learning，2008，73（3）：243-272.

[251] Zhou J，Yuan L，Liu J，et al. A multi-task learning formulation for predicting disease progression. Proceedings of the ACM SIGKDD International Conference on Knowledge Discovery and Data Mining，2011：814-822.

[252] Zhang Y，Yeung D Y，Xu Q. Probabilistic multi-task feature selection. Advances in Neural Information Processing Systems，2010，23：2559-2567.

[253] Ando R K，Zhang T，Bartlett P. A framework for learning predictive structures from multiple tasks and unlabeled data. Journal of Machine Learning Research，2005，6（11）：1817-1853.

[254] Pong T K，Tseng P，Ji S，et al. Trace norm regularization：Reformulations，algorithms，and multi-task learning. SIAM Journal on Optimization，2010，20（6）：3465-3489.

[255] Yang Y，Hospedales T. Deep multi-task representation learning：A tensor factorisation approach. Proceedings of the International Conference on Learning Representations（ICLR），2016.

[256] Jacob L，Bach F，Vert J P. Clustered multi-task learning：A convex formulation. Proceedings of the Advances in Neural Information Processing Systems，2008：745-752.

[257] Zhang Y，Yeung D Y. A convex formulation for learning task relationships in multi-task learning. Proceedings of the Conference on Uncertainty in Artificial Intelligence，2012：733-742.

[258] Long M，Cao Z，Wang J，et al. Learning multiple tasks with multilinear relationship networks. Proceedings of the Advances in Neural Information Processing Systems，2015：1593-1602.

[259] Gong P，Ye J，Zhang C. Multi-stage multi-task feature learning. Journal of Machine Learning Research，2013，14（1）：2979-3010.

[260] Zhou J，Chen J，Ye J. MALSAR：Multi-task learning via structural regularization. Phoenix：Arizona State University，2011：21.

[261] Bickel S，Bogojeska J，Lengauer T，et al. Multi-task learning for HIV therapy screening. Proceedings of the International Conference on Machine Learning，2008：56-63.

[262] Ben-David S，Borbely R S. A notion of task relatedness yielding provable multiple-task learning guarantees. Machine Learning，2008，73（3）：273-287.

[263] Zhang Y. Parallel multi-task learning. Proceedings of the IEEE International Conference on Data Mining，2015：629-638.

[264] 戴琼海. 计算摄像学：全光视觉信息的计算采集. 北京：清华大学出版社，2016.

[265] Gershun A. The light field. Journal of Mathematics and Physics，1939，18（1-4）：51-151.

[266] Adelson E H，Bergen J R. The Plenoptic Function and the Elements of Early Vision. Vision and Modeling Group，Media Laboratory，Massachusetts Institute of Technology，1991.

[267] Ng R. Digital Light Field Photography. Stanford：Stanford University，2006.

[268] Zhu K，Xue Y，Fu Q，et al. Hyperspectral light field stereo matching. IEEE Transactions on Pattern Analysis and Machine Intelligence，2018，41（5）：1131-1143.

[269] 张驰，刘菲，侯广琦，等. 光场成像技术及其在计算机视觉中的应用. 中国图象图形学报，2016，（3）：263-281.

[270] 邵晓鹏，刘飞，李伟，等. 计算成像技术及应用最新进展. 激光与光电子学进展，2020，57（2）：020001.

[271] 左超，冯世杰，张翔宇，等. 深度学习下的计算成像：现状、挑战与未来. 光学学报，2020，40（1）：0111003.

[272] Olshausen B A，Field D J. Emergence of simple-cell receptive field properties by learning a sparse code for natural images. Nature，1996，381（6583）：607-609.

[273] Paris S，Kornprobst P，Tumblin J，et al. Bilateral Filtering：Theory and Applications. Boston：Now Publishers Inc，2009.

[274] He K，Sun J，Tang X. Guided image filtering//Proceedings of the European Conference on Computer Vision. Berlin：Springer，2010：1-14.

[275] Ojala T，Pietikäinen M，Harwood D. A comparative study of texture measures with classification based on featured distributions. Pattern Recognition，1996，29（1）：51-59.

[276] Viola P，Jones M. Rapid object detection using a boosted cascade of simple features. Proceedings of the IEEE Conference on Computer Vision and Pattern Recognition，2001：Ⅰ.

[277] Richardson W H. Bayesian-based iterative method of image restoration. Journal of The Optical Society of America，1972，62（1）：55-59.

[278] Dabov K，Foi A，Katkovnik V，et al. Image denoising by sparse 3-D transform-domain collaborative filtering. IEEE Transactions on Image Processing，2007，16（8）：2080-2095.

[279] Roth S，Black M J. Fields of experts：A framework for learning image priors. Proceedings of the IEEE Computer Society Conference on Computer Vision and Pattern Recognition，2005：860-867.

[280] Rudin L I，Osher S，Fatemi E. Nonlinear total variation based noise removal algorithms. Physica D：Nonlinear Phenomena，1992，60（1-4）：259-268.

[281] Mao X J，Shen C，Yang Y B. Image restoration using very deep convolutional encoder-decoder networks with symmetric skip connections. Proceedings of the Advances in Neural Information Processing Systems，2016.

[282] Canny J. A computational approach to edge detection. IEEE Transactions on Pattern Analysis and Machine Intelligence，1986，（6）：679-698.

[283] Arbelaez P，Maire M，Fowlkes C，et al. Contour detection and hierarchical image segmentation. IEEE Transactions on Pattern Analysis and Machine Intelligence，2010，33（5）：898-916.

[284] Bertasius G，Shi J，Torresani L. DeepEdge：A multi-scale bifurcated deep network for top-down contour detection. Proceedings of the IEEE Conference on Computer Vision and Pattern Recognition，2015：4380-4389.

[285] Liu Y，Cheng M M，Hu X，et al. Richer convolutional features for edge detection. Proceedings of the IEEE Conference on Computer Vision and Pattern Recognition，2017：3000-3009.

[286] Von Gioi R G，Jakubowicz J，Morel J M，et al. LSD：A line segment detector. Image Processing on Line，2012，2：35-55.

[287] Zhang Z，Li Z，Bi N，et al. PPGNet：Learning point-pair graph for line segment detection. Proceedings of the IEEE/CVF Conference on Computer Vision and Pattern Recognition，2019：7105-7114.

[288] Hirschmuller H. Stereo processing by semi-global matching and mutual information. IEEE Transactions on Pattern Analysis and Machine Intelligence，2007，30（2）：328-341.

[289] Aubert G，Deriche R，Kornprobst P. Computing optical flow via variational techniques. SIAM Journal on Applied Mathematics，1999，60（1）：156-182.

[290] Dosovitskiy A，Fischer P，Ilg E，et al. FlowNet：Learning optical flow with convolutional networks. Proceedings of the IEEE International Conference on Computer Vision，2015：2758-2766.

[291] Sun D，Yang X，Liu M Y，et al. PWC-Net：CNNs for optical flow using pyramid，

warping，and cost volume. Proceedings of the IEEE Conference on Computer Vision and Pattern Recognition，2018：8934-8943.

[292] Biggs D S，Andrews M. Acceleration of iterative image restoration algorithms. Applied Optics，1997，36（8）：1766-1775.

[293] He K，Sun J，Tang X. Single image haze removal using dark channel prior. IEEE Transactions on Pattern Analysis and Machine Intelligence，2010，33（12）：2341-2353.

[294] Shan Q，Jia J，Agarwala A. High-quality motion deblurring from a single image. ACM Transactions on Graphics，2008，27（3）：1-10.

[295] Meng G，Wang Y，Duan J，et al. Efficient image dehazing with boundary constraint and contextual regularization. Proceedings of the IEEE International Conference on Computer Vision，2013：617-624.

[296] Yang J，Wright J，Huang T S，et al. Image super-resolution via sparse representation. IEEE Transactions on Image Processing，2010，19（11）：2861-2873.

[297] Roth S，Black M J. Fields of experts：A framework for learning image priors. Proceedings of the IEEE Conference on Computer Vision and Pattern Recognition，2005：860-867.

[298] Lebrun M. An analysis and implementation of the BM3D image denoising method. Image Processing on Line，2012，2：175-213.

[299] Aharon M，Elad M，Bruckstein A. K-SVD：An algorithm for designing overcomplete dictionaries for sparse representation. IEEE Transactions on Signal Processing，2006，54（11）：4311-4322.

[300] Dong C，Loy C C，He K，et al. Image super-resolution using deep convolutional networks. IEEE Transactions on Pattern Analysis and Machine Intelligence，2015，38（2）：295-307.

[301] Harris C G，Stephens M. A combined corner and edge detector. Proceedings of the Alvey Vision Conference，1988：10-5244.

[302] Rosten E，Porter R，Drummond T. Faster and better：A machine learning approach to corner detection. IEEE Transactions on Pattern Analysis and Machine Intelligence，2008，32（1）：105-119.

[303] Lowe D G. Distinctive image features from scale-invariant keypoints. International Journal of Computer Vision，2004，60（2）：91-110.

[304] Bay H，Tuytelaars T，Van Gool L. SURF：Speeded up robust features//Proceedings of

the European Conference on Computer Vision. Berlin：Springer，2006：404-417.

[305] Detone D，Malisiewicz T，Rabinovich A. Superpoint：Self-supervised interest point detection and description. Proceedings of the IEEE Conference on Computer Vision and Pattern Recognition Workshops，2018：224-236.

[306] Rublee E，Rabaud V，Konolige K，et al. ORB：An efficient alternative to SIFT or SURF. Proceedings of the International Conference on Computer Vision，2011：2564-2571.

[307] Wang Z，Fan B，Wu F. Local intensity order pattern for feature description. Proceedings of the International Conference on Computer Vision，2011：603-610.

[308] Tian Y，Fan B，Wu F. L2-Net：Deep learning of discriminative patch descriptor in Euclidean space. Proceedings of the IEEE Conference on Computer Vision and Pattern Recognition，2017：661-669.

[309] Zhang L，Rusinkiewicz S. Learning local descriptors with a CDF-based dynamic soft margin. Proceedings of the IEEE/CVF International Conference on Computer Vision，2019：2969-2978.

[310] Yi K M，Trulls E，Lepetit V，et al. LIFT：Learned invariant feature transform// Proceedings of the European Conference on Computer Vision. Berlin：Springer，2016：467-483.

[311] Dusmanu M，Rocco I，Pajdla T，et al. D2-Net：A trainable CNN for joint description and detection of local features. Proceedings of the IEEE/CVF Conference on Computer Vision and Pattern Recognition，2019：8092-8101.

[312] Revaud J，De Souza C，Humenberger M，et al. R2D2：Reliable and repeatable detector and descriptor. Advances in Neural Information Processing Systems，2019，32：12405-12415.

[313] Luo Z，Zhou L，Bai X，et al. ASLFeat：Learning local features of accurate shape and localization. Proceedings of the IEEE/CVF Conference on Computer Vision and Pattern Recognition，2020：6589-6598.

[314] Fischler M A，Bolles R C. Random sample consensus：A paradigm for model fitting with applications to image analysis and automated cartography. Communications of the ACM，1981，24（6）：381-395.

[315] Bian J，Lin W-Y，Matsushita Y，et al. GMS：Grid-based motion statistics for fast，ultra-robust feature correspondence. Proceedings of the IEEE Conference on Computer Vision and Pattern Recognition，2017：4181-4190.

[316] Lin W Y，Wang F，Cheng M M，et al. CODE：Coherence based decision boundaries for feature correspondence. IEEE Transactions on Pattern Analysis and Machine Intelligence，2017，40（1）：34-47.

[317] Sarlin P E，Detone D，Malisiewicz T，et al. SuperGlue：Learning feature matching with graph neural networks. Proceedings of the IEEE/CVF Conference on Computer Vision and Pattern Recognition，2020：4938-4947.

[318] Dalal N，Triggs B. Histograms of oriented gradients for human detection. Proceedings of the IEEE Conference on Computer Vision and Pattern Recognition，2005：886-893.

[319] Li F F，Perona P. A Bayesian hierarchical model for learning natural scene categories. Proceedings of the IEEE Conference on Computer Vision and Pattern Recognition，2005：524-531.

[320] Szeliski R. Image alignment and stitching：A tutorial. Foundations and Trends in Computer Graphics，2006，2（1）：1-104.

[321] Hartley R，Zisserman A. Multiple View Geometry in Computer Vision. Cambridge：Cambridge University Press，2004.

[322] Sturm P，Ramalingam S. Camera Models and Fundamental Concepts Used in Geometric Computer Vision. Boston：Now Publishers Inc，2011.

[323] Hartley R I. Estimation of relative camera positions for uncalibrated cameras//Proceedings of the European Conference on Computer Vision. Berlin：Springer，1992：579-587.

[324] Hartley R I. Lines and points in three views and the trifocal tensor. International Journal of Computer Vision，1997，22（2）：125-140.

[325] Luong Q T，Viéville T. Canonical representations for the geometries of multiple projective views. Computer Vision and Image Understanding，1996，64（2）：193-229.

[326] Hartley R I，Sturm P. Triangulation. Computer Vision and Image Understanding，1997，68（2）：146-157.

[327] Zhang Z. Determining the epipolar geometry and its uncertainty：A review. International Journal of Computer Vision，1998，27（2）：161-195.

[328] Huang T S，Faugeras O D. Some properties of the E matrix in two-view motion estimation. IEEE Transactions on Pattern Analysis and Machine Intelligence，1989，11（12）：1310-1312.

[329] Tomasi C，Kanade T. Shape and motion from image streams under orthography：A factorization method. International Journal of Computer Vision，1992，9（2）：137-154.

[330] Faugeras O D，Luong Q T，Maybank S J. Camera self-calibration：Theory and

experiments//Proceedings of the European Conference on Computer Vision. Berlin: Springer, 1992: 321-334.

[331] Triggs B, Mclauchlan P F, Hartley R I, et al. Bundle adjustment—A modern synthesis// Proceedings of the International Workshop on Vision Algorithms. Berlin: Springer, 1999: 298-372.

[332] Tsai R Y. An efficient and accurate camera calibration technique for 3D machine vision. Proceedings of the IEEE Conference on Computer Vision and Pattern Recognition, 1986.

[333] Zhang Z. A flexible new technique for camera calibration. IEEE Transactions on Pattern Analysis and Machine Intelligence, 2000, 22 (11): 1330-1334.

[334] Jiang G, Tsui H T, Quan L, et al. Single axis geometry by fitting conics//Proceedings of the European Conference on Computer Vision. Berlin: Springer, 2002: 537-550.

[335] Wu Y, Zhu H, Hu Z, et al. Camera calibration from the quasi-affine invariance of two parallel circles. Proceedings of the European Conference on Computer Vision. Berlin: Springer, 2004: 190-202.

[336] Zhang Z, Matsushita Y, Ma Y. Camera calibration with lens distortion from low-rank textures. Proceedings of the IEEE Conference on Computer Vision and Pattern Recognition, 2011: 2321-2328.

[337] Ramalingam S, Sturm P. A unifying model for camera calibration. IEEE Transactions on Pattern Analysis and Machine Intelligence, 2016, 39 (7): 1309-1319.

[338] Peng S, Sturm P. Calibration wizard: A guidance system for camera calibration based on modelling geometric and corner uncertainty. Proceedings of the IEEE/CVF International Conference on Computer Vision, 2019: 1497-1505.

[339] Schops T, Larsson V, Pollefeys M, et al. Why having 10,000 parameters in your camera model is better than twelve. Proceedings of the IEEE/CVF Conference on Computer Vision and Pattern Recognition, 2020: 2535-2544.

[340] Maybank S J, Faugeras O D. A theory of self-calibration of a moving camera. International Journal of Computer Vision, 1992, 8 (2): 123-151.

[341] Triggs B. Autocalibration and the absolute quadric. Proceedings of the IEEE Conference on Computer Vision and Pattern Recognition, 1997: 609-614.

[342] Heyden A, Åström K. Euclidean reconstruction from image sequences with varying and unknown focal length and principal point. Proceedings of the IEEE Conference on Computer Vision and Pattern Recognition, 1997: 438-443.

[343] Pollefeys M, Koch R, Van Gool L. Self-calibration and metric reconstruction in spite of

varying and unknown intrinsic camera parameters. International Journal of Computer Vision，1999，32（1）：7-25.

[344] Grunert J A. Das pothenotische problem in erweiterter gestalt nebst bber seine anwendungen in der geodasie. Grunerts Archiv fur Mathematik und Physik，1841，（1）：238-248.

[345] Finsterwalder S，Scheufele W. Das Rückwärtseinschneiden im Raum. Berlin：Verlag Herbert Wichmann，1937.

[346] Quan L，Lan Z. Linear n-point camera pose determination. IEEE Transactions on Pattern Analysis and Machine Intelligence，1999，21（8）：774-780.

[347] Gao X S，Hou X R，Tang J，et al. Complete solution classification for the perspective-three-point problem. IEEE Transactions on Pattern Analysis and Machine Intelligence，2003，25（8）：930-943.

[348] Abdel-Aziz Y，Karara H，Hauck M. Direct linear transformation from comparator coordinates into object space coordinates in close-range photogrammetry. Photogrammetric Engineering and Remote Sensing，2015，81（2）：103-107.

[349] Lepetit V，Moreno-Noguer F，Fua P. EPnP：An accurate O（n）solution to the PnP problem. International Journal of Computer Vision，2009，81（2）：155.

[350] Sattler T，Leibe B，Kobbelt L. Fast image-based localization using direct 2D-to-3D matching. Proceedings of the International Conference on Computer Vision，2011：667-674.

[351] Li Y，Snavely N，Huttenlocher D，et al. Worldwide pose estimation using 3D point clouds//Proceedings of the European Conference on Computer Vision. Berlin：Springer，2012：15-29.

[352] Feng Y，Fan L，Wu Y. Fast localization in large-scale environments using supervised indexing of binary features. IEEE Transactions on Image Processing，2016，25（1）：343-358.

[353] Piasco N，Sidibé D，Demonceaux C，et al. A survey on visual-based localization：On the benefit of heterogeneous data. Pattern Recognition，2018，74：90-109.

[354] Davison A J. SLAM with a single camera. Proceedings of the CML Workshop in ICRA，2002.

[355] Klein G，Murray D. Parallel tracking and mapping for small AR workspaces. Proceedings of the IEEE and ACM International Symposium on Mixed and Augmented Reality，2007：225-234.

[356] Mur-Artal R，Montiel J M M，Tardos J D. ORB-SLAM：A versatile and accurate monocular SLAM system. IEEE Transactions on Robotics，2015，31（5）：1147-1163.

[357] Engel J，Schöps T，Cremers D. LSD-SLAM：Large-scale direct monocular SLAM// Proceedings of the European Conference on Computer Vision. Berlin：Springer，2014：834-849.

[358] Xue F，Wang X，Li S，et al. Beyond tracking：Selecting memory and refining poses for deep visual odometry. Proceedings of the IEEE/CVF Conference on Computer Vision and Pattern Recognition，2019：8575-8583.

[359] Marr D. Vision：A Computational Investigation into the Human Representation and Processing of Visual Information. San Francisco：W. H. Freeman，1982.

[360] Snavely N，Seitz S M，Szeliski R. Modeling the world from internet photo collections. International Journal of Computer Vision，2008，80（2）：189-210.

[361] Schonberger J L，Frahm J M. Structure-from-motion revisited. Proceedings of the IEEE Conference on Computer Vision and Pattern Recognition，2016：4104-4113.

[362] Furukawa Y，Hernández C. Multi-view stereo：A tutorial. Foundations and Trends in Computer Graphics and Vision，2015，9（1-2）：1-148.

[363] Szeliski R. Computer Vision：Algorithms and Applications. Berlin：Springer Science & Business Media，2010.

[364] Kazhdan M，Bolitho M，Hoppe H. Poisson surface reconstruction. Proceedings of the Eurographics Symposium on Geometry Processing，2006.

[365] Feng L，Alliez P，Busé L，et al. Curved optimal delaunay triangulation. ACM Transactions on Graphics，2018，37（4）：16.

[366] Labatut P，Pons J P，Keriven R. Efficient multi-view reconstruction of large-scale scenes using interest points，delaunay triangulation and graph cuts. Proceedings of the International Conference on Computer Vision，2007：1-8.

[367] Lafarge F，Keriven R，Brédif M. Insertion of 3-D-primitives in mesh-based representations：Towards compact models preserving the details. IEEE Transactions on Image Processing，2010，19（7）：1683-1694.

[368] Verdie Y，Lafarge F，Alliez P. LOD generation for urban scenes. ACM Transactions on Graphics，2015，34（ARTICLE）：30.

[369] Sarlin P E，Detone D，Malisiewicz T，et al. SuperGlue：Learning feature matching with graph neural networks. Proceedings of the IEEE/CVF Conference on Computer Vision and Pattern Recognition，2020：4938-4947.

[370] Yao Y，Luo Z，Li S，et al. MVSNet：Depth inference for unstructured multi-view stereo. Proceedings of the European Conference on Computer Vision，2018：767-783.

[371] Lowe D G. Object recognition from local scale-invariant features. Proceedings of the International Conference on Computer Vision，1999：1150-1157.

[372] Ojala T，Pietikainen M，Harwood D. Performance evaluation of texture measures with classification based on Kullback discrimination of distributions. Proceedings of the International Conference on Pattern Recognition，1994：582-585.

[373] Belongie S，Malik J，Puzicha J. Shape context：A new descriptor for shape matching and object recognition. Proceedings of the Advances in Neural Information Processing Systems，2000：831-837.

[374] Wright J，Yang A Y，Ganesh A，et al. Robust face recognition via sparse representation. IEEE Transactions on Pattern Analysis and Machine Intelligence，2008，31（2）：210-227.

[375] Simonyan K，Zisserman A. Very deep convolutional networks for large-scale image recognition. arXiv preprint arXiv：14091556. 2014.

[376] Howard A，Sandler M，Chu G，et al. Searching for Mobile Netv3. Proceedings of the IEEE/CVF International Conference on Computer Vision，2019：1314-1324.

[377] Ma N，Zhang X，Zheng H T，et al. Shuffle Net v2：Practical guidelines for efficient CNN architecture design. Proceedings of the European Conference on Computer Vision，2018：116-131.

[378] Sun K，Li M，Liu D，et al. IGCV3：Interleaved low-rank group convolutions for efficient deep neural networks. arXiv preprint arXiv：00178. 2018.

[379] Felzenszwalb P F，Girshick R B，McAllester D，et al. Object detection with discriminatively trained part-based models. IEEE Transactions on Pattern Analysis and Machine Intelligence，2009，32（9）：1627-1645.

[380] Girshick R，Donahue J，Darrell T，et al. Rich feature hierarchies for accurate object detection and semantic segmentation. Proceedings of the IEEE Conference on Computer Vision and Pattern Recognition，2014：580-587.

[381] Ren S，He K，Girshick R，et al. Faster R-CNN：Towards real-time object detection with region proposal networks. arXiv preprint arXiv：01497. 2015.

[382] Liu W，Anguelov D，Erhan D，et al. SSD：Single shot multibox detector//Proceedings of the European Conference on Computer Vision. Berlin：Springer，2016：21-37.

[383] Bochkovskiy A，Wang C Y，Liao H Y M. YOLOv4：Optimal speed and accuracy of

object detection. arXiv preprint arXiv：10934. 2020.

[384] Beucher S. Use of watersheds in contour detection. Proceedings of the International Workshop on Image Processing，1979.

[385] Kass M，Witkin A，Terzopoulos D. Snakes：Active contour models. International Journal of Computer Vision，1988，1（4）：321-331.

[386] Osher S，Sethian J A. Fronts propagating with curvature-dependent speed：Algorithms based on Hamilton-Jacobi formulations. Journal of Computational Physics，1988，79（1）：12-49.

[387] He X，Zemel R S，Carreira-Perpinán M A. Multiscale conditional random fields for image labeling. Proceedings of the IEEE Conference on Computer Vision and Pattern Recognition，2004：695-702.

[388] Tu Z. Auto-context and its application to high-level vision tasks. Proceedings of the IEEE Conference on Computer Vision and Pattern Recognition，2008：1-8.

[389] Long J，Shelhamer E，Darrell T. Fully convolutional networks for semantic segmentation. Proceedings of the IEEE Conference on Computer Vision and Pattern Recognition，2015：3431-3440.

[390] Ronneberger O，Fischer P，Brox T. U-Net：Convolutional networks for biomedical image segmentation//Proceedings of the International Conference on Medical Image Computing and Computer-assisted Intervention. Berlin：Springer，2015：234-241.

[391] Noh H，Hong S，Han B. Learning deconvolution network for semantic segmentation. Proceedings of the IEEE International Conference on Computer Vision，2015：1520-1528.

[392] Badrinarayanan V，Kendall A，Cipolla R. SegNet：A deep convolutional encoder-decoder architecture for image segmentation. IEEE Transactions on Pattern Analysis and Machine Intelligence，2017，39（12）：2481-2495.

[393] Sun K，Xiao B，Liu D，et al. Deep high-resolution representation learning for human pose estimation. Proceedings of the IEEE/CVF Conference on Computer Vision and Pattern Recognition，2019：5693-5703.

[394] Chen L C，Papandreou G，Kokkinos I，et al. DeepLab：Semantic image segmentation with deep convolutional nets，atrous convolution，and fully connected CRFS. IEEE Transactions on Pattern Analysis and Machine Intelligence，2017，40（4）：834-848.

[395] Zhao H，Shi J，Qi X，et al. Pyramid scene parsing network. Proceedings of the IEEE Conference on Computer Vision and Pattern Recognition，2017：2881-2890.

[396] Zhao H，Qi X，Shen X，et al. ICNet for real-time semantic segmentation on high-resolution images. Proceedings of the European Conference on Computer Vision，2018：405-420.

[397] Yu C，Wang J，Peng C，et al. BiSeNet：Bilateral segmentation network for real-time semantic segmentation. Proceedings of the European Conference on Computer Vision，2018：325-341.

[398] He K，Gkioxari G，Dollár P，et al. Mask R-CNN. Proceedings of the IEEE International Conference on Computer Vision，2017：2961-2969.

[399] Tian Z，Shen C，Chen H，et al. FCOS：Fully convolutional one-stage object detection. Proceedings of the IEEE/CVF International Conference on Computer Vision，2019：9627-9636.

[400] Wang X，Kong T，Shen C，et al. SOLO：Segmenting objects by locations//Proceedings of the European Conference on Computer Vision. Berlin：Springer，2020：649-665.

[401] Kirillov A，Girshick R，He K，et al. Panoptic feature pyramid networks. Proceedings of the IEEE/CVF Conference on Computer Vision and Pattern Recognition，2019：6399-6408.

[402] Cheng B，Collins M D，Zhu Y，et al. Panoptic-DeepLab：A simple，strong，and fast baseline for bottom-up panoptic segmentation. Proceedings of the IEEE/CVF Conference on Computer Vision and Pattern Recognition，2020：12475-12485.

[403] Sermanet P，Eigen D，Zhang X，et al. OverFeat：Integrated recognition，localization and detection using convolutional networks. arXiv preprint arXiv：13126229. 2013.

[404] Yu F，Koltun V. Multi-scale context aggregation by dilated convolutions. arXiv 2015. arXiv preprint arXiv：151107122，615. 2019.

[405] Pinheiro P O，Collobert R. From image-level to pixel-level labeling with convolutional networks. Proceedings of the IEEE Conference on Computer Vision and Pattern Recognition，2015：1713-1721.

[406] Bearman A，Russakovsky O，Ferrari V，et al. What's the point：Semantic segmentation with point supervision//Proceedings of the European Conference on Computer Vision. Berlin：Springer，2016：549-565.

[407] Lin D，Dai J，Jia J，et al. ScribbleSup：Scribble-supervised convolutional networks for semantic segmentation. Proceedings of the IEEE Conference on Computer Vision and Pattern Recognition，2016：3159-3167.

[408] Papandreou G, Chen L C, Murphy K, et al. Weakly-and semi-supervised learning of a DCNN for semantic image segmentation. arXiv preprint arXiv: 02734. 2015.

[409] Kulkarni G, Premraj V, Ordonez V, et al. Baby talk: Understanding and generating simple image descriptions. IEEE Transactions on Pattern Analysis and Machine Intelligence, 2013, 35 (12): 2891-2903.

[410] Devlin J, Cheng H, Fang H, et al. Language models for image captioning: The quirks and what works. arXiv preprint arXiv: 01809. 2015.

[411] You Q, Jin H, Wang Z, et al. Image captioning with semantic attention. Proceedings of the IEEE Conference on Computer Vision and Pattern Recognition, 2016: 4651-4659.

[412] Wu Q, Shen C, Liu L, et al. What value do explicit high level concepts have in vision to language problems? Proceedings of the IEEE Conference on Computer Vision and Pattern Recognition, 2016: 203-212.

[413] Xu K, Ba J, Kiros R, et al. Show, attend and tell: Neural image caption generation with visual attention. Proceedings of the International Conference on Machine Learning, 2015: 2048-2057.

[414] Sivic J, Zisserman A. Video Google: A text retrieval approach to object matching in videos. Proceedings of the International Conference on Computer Vision, 2003: 1470.

[415] Zheng L, Yang Y, Tian Q. SIFT meets CNN: A decade survey of instance retrieval. IEEE Transactions on Pattern Analysis and Machine Intelligence, 2017, 40 (5): 1224-1244.

[416] Jégou H, Douze M, Schmid C, et al. Aggregating local descriptors into a compact image representation. Proceedings of the IEEE Conference on Computer Vision and Pattern Recognition, 2010: 3304-3311.

[417] Nister D, Stewenius H. Scalable recognition with a vocabulary tree. Proceedings of the IEEE Conference on Computer Vision and Pattern Recognition, 2006: 2161-2168.

[418] Philbin J, Chum O, Isard M, et al. Object retrieval with large vocabularies and fast spatial matching. Proceedings of the IEEE Conference on Computer Vision and Pattern Recognition, 2007: 1-8.

[419] Jegou H, Douze M, Schmid C. Hamming embedding and weak geometric consistency for large scale image search//Proceedings of the European Conference on Computer Vision. Berlin: Springer, 2008: 304-317.

[420] Weiss Y, Torralba A, Fergus R. Spectral hashing. Proceedings of the Advances in Neural Information Processing Systems, 2008: 4.

[421] Kulkarni P, Zepeda J, Jurie F, et al. Hybrid multi-layer deep CNN/ aggregator feature for image classification. Proceedings of the IEEE International Conference on Acoustics, Speech and Signal Processing, 2015: 1379-1383.

[422] Uricchio T, Bertini M, Seidenari L, et al. Fisher encoded convolutional bag-of-windows for efficient image retrieval and social image tagging. Proceedings of the IEEE International Conference on Computer Vision Workshops, 2015: 9-15.

[423] Arandjelovic R, Gronat P, Torii A, et al. NetVLAD: CNN architecture for weakly supervised place recognition. Proceedings of the IEEE Conference on Computer Vision and Pattern Recognition, 2016: 5297-5307.

[424] Bell S, Bala K. Learning visual similarity for product design with convolutional neural networks. ACM Transactions on Graphics, 2015, 34 (4): 1-10.

[425] Shakhnarovich G. Learning Task-Specific Similarity. Cambridge: Massachusetts Institute of Technology, 2005.

[426] Gionis A, Indyk P, Motwani R. Similarity search in high dimensions via Hashing. Proceedings of the Very Large Data Bases, 1999: 518-529.

[427] Jegou H, Douze M, Schmid C. Product quantization for nearest neighbor search. IEEE Transactions on Pattern Analysis and Machine Intelligence, 2010, 33 (1): 117-128.

[428] Xia R, Pan Y, Lai H, et al. Supervised Hashing for image retrieval via image representation learning. Proceedings of the AAAI Conference on Artificial Intelligence, 2014.

[429] Lin Z, Ding G, Hu M, et al. Semantics-preserving Hashing for cross-view retrieval. Proceedings of the IEEE Conference on Computer Vision and Pattern Recognition, 2015: 3864-3872.

[430] Li C, Deng C, Li N, et al. Self-supervised adversarial hashing networks for cross-modal retrieval. Proceedings of the IEEE Conference on Computer Vision and Pattern Recognition, 2018: 4242-4251.

[431] Wang J, Li S. Query-driven iterated neighborhood graph search for large scale indexing. Proceedings of the ACM International Conference on Multimedia, 2012: 179-188.

[432] Lucas B D, Kanade T. An iterative image registration technique with an application to stereo vision. Proceedings of the 7th International Joint Conference on Artificial Intelligence, 1981.

[433] Dickmanns E D, Graefe V. Applications of dynamic monocular machine vision. Machine Vision and Applications, 1988, 1 (4): 241-261.

[434] Isard M，Blake A. Condensation—Conditional density propagation for visual tracking. International Journal of Computer Vision，1998，29（1）：5-28.

[435] Avidan S. Support vector tracking. IEEE Transactions on Pattern Analysis and Machine Intelligence，2004，26（8）：1064-1072.

[436] Bolme D S，Beveridge J R，Draper B A，et al. Visual object tracking using adaptive correlation filters. Proceedings of the IEEE Conference on Computer Vision and Pattern Recognition，2010：2544-2550.

[437] Nam H，Han B. Learning multi-domain convolutional neural networks for visual tracking. Proceedings of the IEEE Conference on Computer Vision and Pattern Recognition，2016：4293-4302.

[438] Ma C，Huang J B，Yang X，et al. Hierarchical convolutional features for visual tracking. Proceedings of the IEEE International Conference on Computer Vision，2015：3074-3082.

[439] Valmadre J，Bertinetto L，Henriques J，et al. End-to-end representation learning for correlation filter based tracking. Proceedings of the IEEE Conference on Computer Vision and Pattern Recognition，2017：2805-2813.

[440] Lugt A V. Signal detection by complex spatial filtering. IEEE Transactions on Information Theory，1964，10（2）：139-145.

[441] Kiani Galoogahi H，Sim T，Lucey S. Correlation filters with limited boundaries. Proceedings of the IEEE Conference on Computer Vision and Pattern Recognition，2015：4630-4638.

[442] Henriques J F，Caseiro R，Martins P，et al. High-speed tracking with kernelized correlation filters. IEEE Transactions on Pattern Analysis and Machine Intelligence，2014，37（3）：583-596.

[443] Danelljan M，Hager G，Shahbaz Khan F，et al. Learning spatially regularized correlation filters for visual tracking. Proceedings of the International Conference on Computer Vision，2015：4310-4318.

[444] Kiani Galoogahi H，Fagg A，Lucey S. Learning background-aware correlation filters for visual tracking. Proceedings of the International Conference on Computer Vision，2017：1135-1143.

[445] Tang M，Feng J. Multi-kernel correlation filter for visual tracking. Proceedings of the International Conference on Computer Vision，2015：3038-3046.

[446] Tang M，Yu B，Zhang F，et al. High-speed tracking with multi-kernel correlation

filters. Proceedings of the IEEE Conference on Computer Vision and Pattern Recognition，2018：4874-4883.

[447] Tang M，Zheng L，Yu B，et al. Fast kernelized correlation filter without boundary effect. Proceedings of the IEEE/CVF Winter Conference on Applications of Computer Vision，2021：2999-3008.

[448] Bhat G，Danelljan M，Gool L V，et al. Learning discriminative model prediction for tracking. Proceedings of the International Conference on Computer Vision，2019：6182-6191.

[449] Zheng L，Tang M，Chen Y，et al. Learning feature embeddings for discriminant model based tracking. Proceedings of the European Conference on Computer Vision，2019：759-775.

[450] Danelljan M，Häger G，Khan F S，et al. Discriminative scale space tracking. IEEE Transactions on Pattern Analysis and Machine Intelligence，2016，39（8）：1561-1575.

[451] Zheng L，Tang M，Chen Y，et al. High-speed and accurate scale estimation for visual tracking with Gaussian process regression. Proceedings of the IEEE International Conference on Multimedia and Expo，2020：1-6.

[452] Danelljan M，Bhat G，Khan F S，et al. Atom：Accurate tracking by overlap maximization. Proceedings of the IEEE/CVF Conference on Computer Vision and Pattern Recognition，2019：4660-4669.

[453] Tao R，Gavves E，Smeulders A W. Siamese instance search for tracking. Proceedings of the IEEE Conference on Computer Vision and Pattern Recognition，2016：1420-1429.

[454] Bertinetto L，Valmadre J，Henriques J F，et al. Fully-convolutional siamese networks for object tracking//Proceedings of the European Conference on Computer Vision. Berlin：Springer，2016：850-865.

[455] Li B，Yan J，Wu W，et al. High performance visual tracking with siamese region proposal network. Proceedings of the IEEE Conference on Computer Vision and Pattern Recognition，2018：8971-8980.

[456] Zhang Z，Peng H. Deeper and wider siamese networks for real-time visual tracking. Proceedings of the IEEE/CVF Conference on Computer Vision and Pattern Recognition，2019：4591-4600.

[457] Wojke N，Bewley A，Paulus D. Simple online and realtime tracking with a deep association metric. Proceedings of the IEEE International Conference on Image Processing，2017：3645-3649.

[458] Fang K，Xiang Y，Li X，et al. Recurrent autoregressive networks for online multi-object tracking. Proceedings of the IEEE Winter Conference on Applications of Computer Vision，2018：466-475.

[459] Wang Z，Zheng L，Liu Y，et al. Towards real-time multi-object tracking. arXiv preprint arXiv：12605. 2019.

[460] Zhang Y，Wang C，Wang X，et al. FairMOT：On the fairness of detection and re-identification in multiple object tracking. arXiv preprint arXiv：200401888. 2020.

[461] Bobick A F，Davis J W. The recognition of human movement using temporal templates. IEEE Transactions on Pattern Analysis and Machine Intelligence，2001，23（3）：257-267.

[462] Yamato J，Ohya J，Ishii K. Recognizing human action in time-sequential images using hidden Markov model. Proceedings of the IEEE Conference on Computer Vision and Pattern Recognition，1992：379-385.

[463] Klaser A，Marszałek M，Schmid C. A spatio-temporal descriptor based on 3D-gradients. Proceedings of the British Machine Vision Conference，2008，275：1-10.

[464] Laptev I，Marszalek M，Schmid C，et al. Learning realistic human actions from movies. Proceedings of the IEEE Conference on Computer Vision and Pattern Recognition，2008：1-8.

[465] Scovanner P，Ali S，Shah M. A 3-dimensional sift descriptor and its application to action recognition//Proceedings of the ACM International Conference on Multimedia，2007：357-360.

[466] Willems G，Tuytelaars T，Van Gool L. An efficient dense and scale-invariant spatio-temporal interest point detector//Proceedings of the European Conference on Computer Vision. Berlin：Springer，2008：650-663.

[467] Dalal N，Triggs B，Schmid C. Human detection using oriented histograms of flow and appearance//Proceedings of the European Conference on Computer Vision. Berlin：Springer，2006：428-441.

[468] Wang H，Kläser A，Schmid C，et al. Dense trajectories and motion boundary descriptors for action recognition. International Journal of Computer Vision，2013，103（1）：60-79.

[469] Diba A，Sharma V，Van Gool L. Deep temporal linear encoding networks. Proceedings of the IEEE Conference on Computer Vision and Pattern Recognition，2017：2329-2338.

[470] Wang L，Xiong Y，Wang Z，et al. Temporal segment networks：Towards good practices for deep action recognition//Proceedings of the European Conference on Computer Vision. Berlin：Springer，2016：20-36.

[471] Simonyan K，Zisserman A. Two-stream convolutional networks for action recognition in videos. Proceedings of the Advances in Neural Information Processing Systems，2014.

[472] Lin J，Gan C，Han S. TSM：Temporal shift module for efficient video understanding. Proceedings of the IEEE/CVF International Conference on Computer Vision，2019，7083-7093.

[473] Li Y，Ji B，Shi X，et al. TEA：Temporal excitation and aggregation for action recognition. Proceedings of the IEEE/CVF Conference on Computer Vision and Pattern Recognition，2020：909-918.

[474] Ji S，Xu W，Yang M，et al. 3D convolutional neural networks for human action recognition. IEEE Transactions on Pattern Analysis and Machine Intelligence，2012，35（1）：221-231.

[475] Carreira J，Zisserman A. Quo vadis，action recognition? a new model and the kinetics dataset. Proceedings of the IEEE Conference on Computer Vision and Pattern Recognition，2017：6299-6308.

[476] Zolfaghari M，Singh K，Brox T. ECO：Efficient convolutional network for online video understanding. Proceedings of the European Conference on Computer Vision，2018：695-712.

[477] Wang X，Girshick R，Gupta A，et al. Non-local neural networks. Proceedings of the IEEE Conference on Computer Vision and Pattern Recognition，2018：7794-7803.

[478] Feichtenhofer C，Fan H，Malik J，et al. SlowFast networks for video recognition. Proceedings of the IEEE/CVF International Conference on Computer Vision，2019：6202-6211.

[479] 支秉彝，钱锋. 浅谈"见字识码". 自然杂志，1978，6：350-353，367.

[480] 徐炎章，王素宝. 王选和汉字激光照排系统. 工程研究——跨学科视野中的工程，2007，3：142-154.

[481] Mcdermott J. R1：An expert in the computer systems domain. Proceedings of the AAAI Conference on Artificial Intelligence，1980.

[482] Buchanan B G，Shortliffe E H. Rule-based expert systems：The MYCIN experiments of the Stanford Heuristic Programming Project，1984.

[483] Singhal A. Introducing the knowledge graph：Things，not strings. Official Google

Blog，2012，5：16.

[484] Jelinek F. Interpolated estimation of Markov source parameters from sparse data. Proceedings of the Workshop on Pattern Recognition in Practice，1980.

[485] Chen S F，Goodman J. An empirical study of smoothing techniques for language modeling. Computer Speech Language，1999，13（4）：359-394.

[486] Bengio Y，Ducharme R，Vincent P，et al. A neural probabilistic language model. Journal of Machine Learning Research，2003，3：1137-1155.

[487] Mikolov T，Karafiát M，Burget L，et al. Recurrent neural network based language model. Proceedings of the Annual Conference of the International Speech Communication Association，2010.

[488] Peters M E，Neumann M，Iyyer M，et al. Deep contextualized word representations. Proceedings of the NAACL，2018.

[489] Radford A，Narasimhan K，Salimans T，et al. Improving language understanding by generative pre-training. 2018.

[490] Devlin J，Chang M W，Lee K，et al. BERT：Pre-training of deep bidirectional transformers for language understanding. Proceedings of the NAACL，2019.

[491] Radford A，Wu J，Child R，et al. Language models are unsupervised multitask learners. OpenAI Blog，2019，1（8）：9.

[492] Brown T B，Mann B，Ryder N，et al. Language models are few-shot learners. Proceedings of the Advances in Neural Information Processing Systems，2020.

[493] Kupiec J. Robust part-of-speech tagging using a hidden Markov model. Computer Speech & Language，1992，6（3）：225-242.

[494] Berger A，Della Pietra S A，Della Pietra V J. A maximum entropy approach to natural language processing. Computational Linguistics，1996，22（1）：39-71.

[495] Lample G，Ballesteros M，Subramanian S，et al. Neural architectures for named entity recognition. Proceedings of the NAACL，2016.

[496] Huang Z，Xu W，Yu K. Bidirectional LSTM-CRF models for sequence tagging. arXiv preprint arXiv：01991. 2015

[497] Xue N. Chinese word segmentation as character tagging. Proceedings of the International Journal of Computational Linguistics & Chinese Language Processing，2003：29-48.

[498] Tesnière L. Éléments de Syntaxe Structurale. 2020

[499] Chomsky N. Syntactic Structures. The Hague：Mouton，1957.

[500] Yngve V H. A model and an hypothesis for language structure. Proceedings of the

American Philosophical Society，1960，104（5）：444-466.

[501] Anderson J M. The Grammar of Case： Towards a Localistic Theory. CUP Archive. 1976

[502] Dalrymple M. Lexical Functional Grammar. New York： Academy Press，2001.

[503] Chomsky N. Some Concepts and Consequences of the Theory of Government and Binding. Cambridge： MIT Press，1982.

[504] Kay M. Parsing in functional unification grammar//Dowty D R，Karttunen L，Zwick A M. Proceedings of the Natural Language Parsing： Psychological，Computational，and Theoretical. Cambridge： Cambridge University Press，1985：251-278.

[505] Mann W C，Thompson S A. Rhetorical structure theory： A theory of text organization. Los Angeles： University of Southern California，Information Sciences Institute，1987.

[506] Walker J P，Walker M I. Centering Theory in Discourse. Oxford： Oxford University Press，1998.

[507] Cristea D，Ide N，Romary L. Veins theory： A model of global discourse cohesion and coherence. Proceedings of the Coling-ACL Conference，1998：281-285.

[508] Kamp H，Reyle U. From Discourse to Logic： Introduction to Modeltheoretic Semantics of Natural Language，Formal Logic and Discourse Representation Theory. Berlin： Springer Science & Business Media，2013.

[509] Searle J R，Kiefer F，Bierwisch M. Speech Act Theory and Pragmatics. Berlin： Springer，1980.

[510] Song R，Jiang Y，Wang J. On generalized-topic-based Chinese discourse structure. Proceedings of the CIPS-SIGHAN Joint Conference on Chinese Language Processing，2010.

[511] Li Y，Feng W，Sun J，et al. Building Chinese discourse corpus with connective-driven dependency tree structure. Proceedings of the Conference on Empirical Methods in Natural Language Processing，2014：2105-2114.

[512] Harris Z S. Distributional structure. Word，1954，10（2-3）：146-162.

[513] Firth J R. A synopsis of linguistic theory，1930-1955//Palmer F R. Studies in Linguistic Analysis. Oxford： Blackwell，1957.

[514] Mikolov T，Sutskever I，Chen K，et al. Distributed representations of words and phrases and their compositionality. Proceedings of the Advances in Neural Information Processing Systems，2013.

[515] Cho K，Van Merriënboer B，Gulcehre C，et al. Learning phrase representations using RNN encoder-decoder for statistical machine translation. Proceedings of the Conference

on Empirical Methods in Natural Language Processing，2014.

[516] Kalchbrenner N，Grefenstette E，Blunsom P. A convolutional neural network for modelling sentences. Proceedings of the Annual Meeting of the Association for Computational Linguistics，2014.

[517] Kim Y. Convolutional neural networks for sentence classification. Proceedings of the Conference on Empirical Methods in Natural Language Processing，2014.

[518] Vaswani A，Shazeer N，Parmar N，et al. Attention is all you need. Proceedings of the Advances in Neural Information Processing Systems，2017.

[519] Turing A M. Computing machinery and intelligence//Epstein R，Roberts G，Beber G. Parsing the Turing Test. Berlin：Springer，2009：23-65.

[520] Ferrucci D，Levas A，Bagchi S，et al. Watson：Beyond jeopardy! Artificial Intelligence，2013，199：93-105.

[521] Weizenbaum J. ELIZA—A computer program for the study of natural language communication between man and machine. Communications of the ACM，1966，9（1）：36-45.

[522] Wallace R S. The anatomy of ALICE//Epstein R，Roberts G，Beber G. Parsing the Turing Test. Berlin：Springer，2009：181-210.

[523] Shum H Y，He X D，Li D. From Eliza to XiaoIce：Challenges and opportunities with social chatbots. Frontiers of Information Technology & Electronic Engineering，2018，19（1）：10-26.

[524] Zhou L，Gao J，Li D，et al. The design and implementation of XiaoIce，an empathetic social chatbot. Computational Linguistics，2020，46（1）：53-93.

[525] Weaver W. Translation. Machine Translation of Languages，1955，14（15-23）：10.

[526] Brown P F，Della Pietra S A，Della Pietra V J，et al. The mathematics of statistical machine translation：Parameter estimation. Computational Linguistics，1993，19（2）：263-311.

[527] Och F J，Ney H. Discriminative training and maximum entropy models for statistical machine translation. Proceedings of the Annual meeting of the Association for Computational Linguistics，2002：295-302.

[528] Och F J. Minimum error rate training in statistical machine translation. Proceedings of the Annual Meeting of the Association for Computational Linguistics，2003：160-167.

[529] Koehn P，Och F J，Marcu D. Statistical phrase-based translation. Los Angeles：University of Southern California，2003.

[530] Sutskever I, Vinyals O, Le Q V. Sequence to sequence learning with neural networks. Proceedings of the Advances in Neural Information Processing Systems, 2014.

[531] Bahdanau D, Cho K, Bengio Y. Neural machine translation by jointly learning to align and translate. Proceedings of the International Conference on Learning Representations (ICLR), 2015.

[532] Bregman A S. Auditory Scene Analysis: The Perceptual Organization of Sound. Cambridge: MIT Press, 1994.

[533] Rouat J. Computational auditory scene analysis: Principles, algorithms, and applications. IEEE Transactions on Neural Networks, 2008, 19 (1): 199.

[534] Weintraub M. A theory and computational model of auditory monaural sound separation. Palo Alto: Stanford University, 1985.

[535] Cooke M. Modelling auditory processing and organisation. Cambridge: Cambridge University Press, 2005.

[536] Hu G, Wang D. Monaural speech segregation based on pitch tracking and amplitude modulation. IEEE Transactions on Neural Networks, 2004, 15 (5): 1135-1150.

[537] Lim J, Oppenheim A. All-pole modeling of degraded speech. IEEE Transactions on Acoustics, Speech, and Signal Processing, 1978, 26 (3): 197-210.

[538] Williamson D S, Wang Y, Wang D. Reconstruction techniques for improving the perceptual quality of binary masked speech. The Journal of the Acoustical Society of America, 2014, 136 (2): 892-902.

[539] Xu Y, Du J, Dai L R, et al. A regression approach to speech enhancement based on deep neural networks. IEEE/ACM Transactions on Audio, Speech, and Language Processing, 2014, 23 (1): 7-19.

[540] Xu Y, Du J, Dai L R, et al. An experimental study on speech enhancement based on deep neural networks. IEEE Signal Processing Letters, 2013, 21 (1): 65-68.

[541] Fan C, Tao J, Liu B, et al. End-to-end post-filter for speech separation with deep attention fusion features. IEEE/ACM Transactions on Audio, Speech, and Language Processing, 2020, 28: 1303-1314.

[542] Luo Y, Mesgarani N. Conv-TasNet: Surpassing ideal time-frequency magnitude masking for speech separation. IEEE/ACM Transactions on Audio, Speech, and Language Processing, 2019, 27 (8): 1256-1266.

[543] Pascual S, Bonafonte A, Serra J. SEGAN: Speech enhancement generative adversarial network. Proceedings of the Interspeech, 2017.

[544] Gauvain J L，Lee C H. Maximum a posteriori estimation for multivariate gaussian mixture observations of Markov chains. IEEE Transactions on Speech and Audio Processing，1994，2（2）：291-298.

[545] Leggetter C J，Woodland P C. Maximum likelihood linear regression for speaker adaptation of continuous density hidden Markov models. Computer Speech and Language，1995，9（2）：171-185.

[546] Welling L，Nety H，Kanthak S. Speaker adaptive modeling by vocal tract normalization. IEEE Transactions on Speech and Audio Processing，2002，10（6）：415-426.

[547] Mohri M，Pereira F，Riley M. Weighted finite-state transducers in speech recognition. Computer Speech & Language，2002，16（1）：69-88.

[548] 俞栋，邓力. 解析深度学习：语音识别实践. 北京：电子工业出版社，2016.

[549] Graves A，Fernández S，Gomez F，et al. Connectionist temporal classification：Labelling unsegmented sequence data with recurrent neural networks. Proceedings of the International Conference on Machine Learning，2006：369-376.

[550] Chan W，Jaitly N，Le Q，et al. Listen，attend and spell：A neural network for large vocabulary conversational speech recognition. Proceedings of the IEEE International Conference on Acoustics，Speech and Signal Processing，2016：4960-4964.

[551] Graves A. Sequence transduction with recurrent neural networks. arXiv preprint arXiv：12113711. 2012.

[552] He Y，Sainath T N，Prabhavalkar R，et al. Streaming end-to-end speech recognition for mobile devices. Proceedings of the IEEE International Conference on Acoustics，Speech and Signal Processing，2019：6381-6385.

[553] Tian Z，Yi J，Tao J，et al. Self-attention transducers for end-to-end speech recognition. Proceedings of the Interspeech，2019.

[554] Sriram A，Jun H，Satheesh S，et al. Cold fusion：Training Seq2Seq models together with language models. Proceedings of the Interspeech，2017.

[555] Li B，Sainath T N，Pang R，et al. Semi-supervised training for end-to-end models via weak distillation. Proceedings of the IEEE International Conference on Acoustics，Speech and Signal Processing，2019：2837-2841.

[556] Baskar M K，Watanabe S，Astudillo R，et al. Semi-supervised sequence-to-sequence ASR using unpaired speech and text. Proceedings of the Interspeech，2019.

[557] Bai Y，Yi J，Tao J，et al. Learn spelling from teachers：Transferring knowledge from language models to sequence-to-sequence speech recognition. Proceedings of the

Interspeech，2019.

[558] Hunt A J，Black A W. Unit selection in a concatenative speech synthesis system using a large speech database. Proceedings of the IEEE International Conference on Acoustics，Speech and Signal Processing，1996：373-376.

[559] Zen H，Tokuda K，Black A W. Statistical parametric speech synthesis. Speech Communication，2009，51（11）：1039-1064.

[560] Hirose K，Tao J. Speech Prosody in Speech Synthesis：Modeling and Generation of Prosody for High Quality and Flexible Speech Synthesis. Berlin：Springer，2015.

[561] Zen H，Senior A，Schuster M. Statistical parametric speech synthesis using deep neural networks. Proceedings of the IEEE International Conference on Acoustics，Speech and Signal Processing，2013：7962-7966.

[562] Zen H，Sak H. Unidirectional long short-term memory recurrent neural network with recurrent output layer for low-latency speech synthesis. Proceedings of the IEEE International Conference on Acoustics，Speech and Signal Processing，2015：4470-4474.

[563] Fan Y，Qian Y，Xie F L，et al. TTS synthesis with bidirectional LSTM based recurrent neural networks. Proceedings of the Annual Conference of the International Speech Communication Association，2014.

[564] Shen J，Pang R，Weiss R J，et al. Natural TTS synthesis by conditioning WaveNet on Mel spectrogram predictions. Proceedings of the IEEE International Conference on Acoustics，Speech and Signal Processing，2018：4779-4783.

[565] Arık S Ö，Chrzanowski M，Coates A，et al. Deep Voice：Real-time neural text-to-speech. Proceedings of the International Conference on Machine Learning，2017：195-204.

[566] Arik S，Diamos G，Gibiansky A，et al. Deep Voice 2：Multi-speaker neural text-to-speech. arXiv preprint arXiv：08947. 2017.

[567] Sotelo J，Mehri S，Kumar K，et al. Char2Wav：End-to-end speech synthesis. International Conference on Learning Representations，2017.

[568] Wang Y，Skerry-Ryan R，Stanton D，et al. Tacotron：Towards end-to-end speech synthesis. Proceedings of the Interspeech，2017.

[569] Zheng Y，Tao J，Wen Z，et al. Forward-backward decoding sequence for regularizing end-to-end TTS. IEEE/ACM Transactions on Audio，Speech，and Language Processing，2019，27（12）：2067-2079.

[570] Viola P，Jones M J，Snow D. Detecting pedestrians using patterns of motion and

appearance. International Journal of Computer Vision，2005，63（2）：153-161.

[571] Redmon J，Divvala S，Girshick R，et al. You only look once：Unified，real-time object detection. Proceedings of the IEEE Conference on Computer Vision and Pattern Recognition，2016：779-788.

[572] Hu P，Ramanan D. Finding tiny faces. Proceedings of the IEEE Conference on Computer Vision and Pattern Recognition，2017：951-959.

[573] Zhang S，Chi C，Lei Z，et al. Refine Face：Refinement neural network for high performance face detection. IEEE Transactions on Pattern Analysis and Machine Intelligence，2020.

[574] Cootes T F，Taylor C J，Cooper D H，et al. Active shape models—their training and application. Computer Vision and Image Understanding，1995，61（1）：38-59.

[575] Cootes T F，Edwards G J，Taylor C J. Active appearance models//Proceedings of the European Conference on Computer Vision. Berlin：Springer，1998：484-498.

[576] Zhang H，Li Q，Sun Z，et al. Combining data-driven and model-driven methods for robust facial landmark detection. IEEE Transactions on Information Forensics and Security，2018，13（10）：2409-2422.

[577] Taigman Y，Yang M，Ranzato M A，et al. DeepFace：Closing the gap to human-level performance in face verification. Proceedings of the IEEE Conference on Computer Vision and Pattern Recognition，2014：1701-1708.

[578] Deng J，Guo J，Xue N，et al. Arc Face：Additive angular margin loss for deep face recognition. Proceedings of the IEEE/CVF Conference on Computer Vision and Pattern Recognition，2019：4690-4699.

[579] Huang G B，Mattar M，Berg T，et al. Labeled faces in the wild：A database for studying face recognition in unconstrained environments. Proceedings of the Workshop on Faces in Real-Life Images：Detection，Alignment，and Recognition，2008.

[580] Wu X，He R，Sun Z，et al. A light CNN for deep face representation with noisy labels. IEEE Transactions on Information Forensics and Security，2018，13（11）：2884-2896.

[581] Wang Y，Liu F，Zhang K，et al. LFNet：A novel bidirectional recurrent convolutional neural network for light-field image super-resolution. IEEE Transactions on Image Processing，2018，27（9）：4274-4286.

[582] Zhang C，Hou G，Zhang Z，et al. Efficient auto-refocusing for light field camera. Pattern Recognition，2018，81：176-189.

[583] Sun Z，Tan T. Ordinal measures for iris recognition. IEEE Transactions on Pattern

Analysis and Machine Intelligence，2008，31（12）：2211-2226.

[584] He Z，Sun Z，Tan T，et al. Boosting ordinal features for accurate and fast iris recognition. Proceedings of the IEEE Conference on Computer Vision and Pattern Recognition，2008：1-8.

[585] Liu N，Li H，Zhang M，et al. Accurate iris segmentation in non-cooperative environments using fully convolutional networks. Proceedings of the International Conference on Biometrics（ICB），2016：1-8.

[586] Liu N，Zhang M，Li H，et al. DeepIris：Learning pairwise filter bank for heterogeneous iris verification. Pattern Recognition Letters，2016，82：154-161.

[587] Sun Z，Zhang H，Tan T，et al. Iris image classification based on hierarchical visual codebook. IEEE Transactions on Pattern Analysis and Machine Intelligence，2013，36（6）：1120-1133.

[588] Yang X，Feng J，Zhou J. Localized dictionaries based orientation field estimation for latent fingerprints. IEEE Transactions on Pattern Analysis and Machine Intelligence，2014，36（5）：955-969.

[589] Feng J，Zhou J，Jain A K. Orientation field estimation for latent fingerprint enhancement. IEEE Transactions on Pattern Analysis and Machine Intelligence，2012，35（4）：925-940.

[590] Tang Y，Gao F，Feng J，et al. FingerNet：An unified deep network for fingerprint minutiae extraction. Proceedings of the IEEE International Joint Conference on Biometrics（IJCB），2017：108-116.

[591] Cao K，Jain A K. Automated latent fingerprint recognition. IEEE Transactions on Pattern Analysis and Machine Intelligence，2018，41（4）：788-800.

[592] Si X，Feng J，Zhou J，et al. Detection and rectification of distorted fingerprints. IEEE Transactions on Pattern Analysis and Machine Intelligence，2015，37（3）：555-568.

[593] Gu S，Feng J，Lu J，et al. Efficient rectification of distorted fingerprints. IEEE Transactions on Information Forensics and Security，2017，13（1）：156-169.

[594] Cui Z，Feng J，Zhou J. Dense registration and mosaicking of fingerprints by training an end-to-end network. IEEE Transactions on Information Forensics and Security，2020，16：627-642.

[595] Chugh T，Cao K，Jain A K. Fingerprint spoof buster：Use of minutiae-centered patches. IEEE Transactions on Information Forensics and Security，2018，13（9）：2190-2202.

[596] Dian L，Dongmei S. Contactless palmprint recognition based on convolutional neural

network. Proceedings of the IEEE 13th International Conference on Signal Processing (ICSP)，2016：1363-1367.

[597] Sun Q，Zhang J，Yang A，et al. Palmprint recognition with deep convolutional features//Proceedings of the Chinese Conference on Image and Graphics Technologies. Berlin：Springer，2017：12-19.

[598] Zhang L，Cheng Z，Shen Y，et al. Palmprint and palmvein recognition based on DCNN and a new large-scale contactless palmvein dataset. Symmetry，2018，10（4）：78.

[599] Wang G，Kang W，Wu Q，et al. Generative adversarial network（GAN）based data augmentation for palmprint recognition. Proceedings of the Digital Image Computing：Techniques and Applications（DICTA），2018：1-7.

[600] Zhong D，Yang Y，Du X. Palmprint recognition using siamese network//Proceedings of the Chinese Conference on Biometric Recognition. Berlin：Springer，2018：48-55.

[601] Ahmadi M，Soleimani H. Palmprint image registration using convolutional neural networks and Hough transform. arXiv preprint arXiv：00579. 2019

[602] Nixon M S，Tan T，Chellappa R. Human Identification Based on Gait. Berlin：Springer Science & Business Media，2010.

[603] Wu Z，Huang Y，Yu Y，et al. Early hierarchical contexts learned by convolutional networks for image segmentation. Proceedings of the International Conference on Pattern Recognition，2014：1538-1543.

[604] Iwama H，Okumura M，Makihara Y，et al. The OU-ISIR gait database comprising the large population dataset and performance evaluation of gait recognition. IEEE Transactions on Information Forensics and Security，2012，7（5）：1511-1521.

[605] Wang L，Tan T，Ning H，et al. Silhouette analysis-based gait recognition for human identification. IEEE Transactions on Pattern Analysis and Machine Intelligence，2003，25（12）：1505-1518.

[606] Guan Y，Li C T，Roli F. On reducing the effect of covariate factors in gait recognition：A classifier ensemble method. IEEE Transactions on Pattern Analysis and Machine Intelligence，2014，37（7）：1521-1528.

[607] Huang S，Elgammal A，Lu J，et al. Cross-speed gait recognition using speed-invariant gait templates and globality-locality preserving projections. IEEE Transactions on Information Forensics and Security，2015，10（10）：2071-2083.

[608] Wu Z，Huang Y，Wang L，et al. A comprehensive study on cross-view gait based human identification with deep CNNs. IEEE Transactions on Pattern Analysis and

Machine Intelligence，2016，39（2）：209-226.

[609] Yu S，Tan D，Tan T. A framework for evaluating the effect of view angle，clothing and carrying condition on gait recognition. Proceedings of the International Conference on Pattern Recognition，2006：441-444.

[610] Chao H，He Y，Zhang J，et al. GaitSet：Regarding gait as a set for cross-view gait recognition. Proceedings of the AAAI conference on artificial intelligence，2019，8126-8133.

[611] Zois E N，Zervas E，Tsourounis D，et al. Sequential motif profiles and topological plots for offline signature verification. Proceedings of the IEEE/CVF Conference on Computer Vision and Pattern Recognition，2020：13248-13258.

[612] Wei P，Li H，Hu P. Inverse discriminative networks for handwritten signature verification. Proceedings of the IEEE/CVF Conference on Computer Vision and Pattern Recognition，2019：5764-5772.

[613] Hafemann L G，Sabourin R，Oliveira L S. Characterizing and evaluating adversarial examples for offline handwritten signature verification. IEEE Transactions on Information Forensics and Security，2019，14（8）：2153-2166.

[614] Kersta L G. Voiceprint identification. The Journal of the Acoustical Society of America，1962，34（5）：725-725.

[615] Pruzansky S. Pattern-matching procedure for automatic talker recognition. The Journal of the Acoustical Society of America，1963，35（3）：354-358.

[616] Luck J E. Automatic speaker verification using cepstral measurements. The Journal of the Acoustical Society of America，1969，46（4B）：1026-1032.

[617] Mishra P. A vector quantization approach to speaker recognition. Proceedings of the International Conference on Innovation & Research in Technology for Sustainable Development，2012：152-155.

[618] Naik J M，Netsch L P，Doddington G R. Speaker verification over long distance telephone lines. Proceedings of the International Conference on Acoustics，Speech，and Signal Processing，1989：524-527.

[619] Atal B S. Automatic recognition of speakers from their voices. Proceedings of the IEEE，1976，64（4）：460-475.

[620] Reynolds D A. Speaker identification and verification using Gaussian mixture speaker models. Speech Communication，1995，17（1-2）：91-108.

[621] Campbell W M，Campbell J P，Reynolds D A，et al. Phonetic speaker recognition with

support vector machines. Proceedings of the Advances in Neural Information Processing Systems，2003.

[622] Kenny P，Ouellet P，Dehak N，et al. A study of interspeaker variability in speaker verification. IEEE Transactions on Audio，Speech，and Language Processing，2008，16（5）：980-988.

[623] Dehak N，Kenny P J，Dehak R，et al. Front-end factor analysis for speaker verification. IEEE Transactions on Audio，Speech，and Language Processing，2010，19（4）：788-798.

[624] Kenny P. Bayesian speaker verification with heavy-tailed priors. Proceedings of the Odyssey，2010.

[625] Variani E，Lei X，Mcdermott E，et al. Deep neural networks for small footprint text-dependent speaker verification. Proceedings of the IEEE International Conference on Acoustics，Speech and Signal Processing，2014：4052-4056.

[626] Snyder D，Garcia-Romero D，Povey D，et al. Deep neural network embeddings for text-independent speaker verification. Proceedings of the Interspeech，2017，999-1003.

[627] Heigold G，Moreno I，Bengio S，et al. End-to-end text-dependent speaker verification. Proceedings of the IEEE International Conference on Acoustics，Speech and Signal Processing，2016：5115-5119.

[628] Pearlmutter B A. Gradient calculations for dynamic recurrent neural networks：A survey. IEEE Transactions on Neural networks，1995，6（5）：1212-1228.

[629] "MIT Technology Review" reveals 10 breakthrough technologies for mankind in 2018!. https://www.sohu.com/a/259331524_468636.

[630] Chen X，Duan Y，Houthooft R，et al. InfoGAN：Interpretable representation learning by information maximizing generative adversarial nets. Proceedings of the Advances in Neural Information Processing Systems，2016.

[631] Zhu J Y，Park T，Isola P，et al. Unpaired image-to-image translation using cycle-consistent adversarial networks. Proceedings of the International Conference on Computer Vision，2017：2223-2232.

[632] Donahue J，Simonyan K. Large scale adversarial representation learning. Proceedings of the Advances in Neural Information Processing Systems，2019.

[633] Gulrajani I，Ahmed F，Arjovsky M，et al. Improved training of Wasserstein GANs. Proceedings of the Advances in Neural Information Processing Systems，2017.

[634] Nguyen-Phuoc T，Li C，Theis L，et al. HoloGAN：Unsupervised learning of 3D

representations from natural images. Proceedings of the IEEE/CVF International Conference on Computer Vision，2019：7588-7597.

[635] Karras T，Laine S，Aila T. A style-based generator architecture for generative adversarial networks. Proceedings of the IEEE/CVF Conference on Computer Vision and Pattern Recognition，2019：4401-4410.

[636] Shen Y，Gu J，Tang X，et al. Interpreting the latent space of GANs for semantic face editing. Proceedings of the IEEE/CVF Conference on Computer Vision and Pattern Recognition，2020：9243-9252.

[637] Huang H，Li Z，He R，et al. IntroVAE：Introspective variational autoencoders for photographic image synthesis. Proceedings of the Advances in Neural Information Processing Systems，2018.

[638] Higgins I，Matthey L，Pal A，et al. Beta-VAE：Learning basic visual concepts with a constrained variational framework. Proceedings of the International Conference on Learning Representations（ICLR），2016.

[639] Zhao S，Song J，Ermon S. InfoVAE：Balancing learning and inference in variational autoencoders. Proceedings of the AAAI Conference on Artificial Intelligence，2019：5885-5892.

[640] Bepler T，Zhong E D，Kelley K，et al. Explicitly disentangling image content from translation and rotation with spatial-VAE. Proceedings of the Advances in Neural Information Processing Systems，2019.

[641] Qian S，Lin K Y，Wu W，et al. Make a face：Towards arbitrary high fidelity face manipulation. Proceedings of the IEEE/CVF International Conference on Computer Vision，2019：10033-10042.

[642] Kingma D P，Dhariwal P. Glow：Generative flow with invertible 1×1 convolutions. Proceedings of the Advances in Neural Information Processing Systems，2018.

[643] Van Oord A，Kalchbrenner N，Kavukcuoglu K. Pixel recurrent neural networks. Proceedings of the International Conference on Machine Learning，2016：1747-1756.

[644] GitHub-shaoanlu/faceswap-GAN：A denoising autoencoder+adversarial losses and attention mechanisms for face swapping. https://github.com/shaoanlu/faceswap-GAN.

[645] Ma L，Liu Y，Zhang X，et al. Deep learning in remote sensing applications：A meta-analysis and review. ISPRS Journal of Photogrammetry and Remote Sensing，2019，152：166-177.

[646] Zhu X X，Tuia D，Mou L，et al. Deep learning in remote sensing：A comprehensive

review and list of resources. IEEE Geoscience and Remote Sensing Magazine，2017，5（4）：8-36.

[647] Zhu M，He Y，He Q. A review of researches on deep learning in remote sensing application. International Journal of Geosciences，2019，10（1）：1-11.

[648] Ball J E，Anderson D T，Chan C S. Comprehensive survey of deep learning in remote sensing：Theories，tools，and challenges for the community. Journal of Applied Remote Sensing，2017，11（4）：042609.

[649] Zhang L，Zhang L，Du B. Deep learning for remote sensing data：A technical tutorial on the state of the art. IEEE Geoscience and Remote Sensing Magazine，2016，4（2）：22-40.

[650] Zhou W，Newsam S，Li C，et al. PatternNet：A benchmark dataset for performance evaluation of remote sensing image retrieval. ISPRS Journal of Photogrammetry and Remote Sensing，2018，145：197-209.

[651] Wang S，Quan D，Liang X，et al. A deep learning framework for remote sensing image registration. ISPRS Journal of Photogrammetry and Remote Sensing，2018，145：148-164.

[652] Quan D，Wang S，Liang X，et al. Deep generative matching network for optical and SAR image registration. Proceedings of the IEEE International Geoscience and Remote Sensing Symposium，2018：6215-6218.

[653] Ghamisi P，Rasti B，Yokoya N，et al. Multisource and multitemporal data fusion in remote sensing：A comprehensive review of the state of the art. IEEE Geoscience and Remote Sensing Magazine，2019，7（1）：6-39.

[654] Meng X，Shen H，Li H，et al. Review of the pansharpening methods for remote sensing images based on the idea of meta-analysis：Practical discussion and challenges. Information Fusion，2019，46：102-113.

[655] Joshi N，Baumann M，Ehammer A，et al. A review of the application of optical and radar remote sensing data fusion to land use mapping and monitoring. Remote Sensing，2016，8（1）：70.

[656] Ma J，Yu W，Liang P，et al. FusionGAN：A generative adversarial network for infrared and visible image fusion. Information Fusion，2019，48：11-26.

[657] Liu Y，Chen X，Wang Z，et al. Deep learning for pixel-level image fusion：Recent advances and future prospects. Information Fusion，2018，42：158-173.

[658] Fernandez-Beltran R，Latorre-Carmona P，Pla F. Single-frame super-resolution in

remote sensing: A practical overview. International Journal of Remote Sensing, 2017, 38（1）: 314-354.

[659] Garzelli A. A review of image fusion algorithms based on the super-resolution paradigm. Remote Sensing, 2016, 8（10）: 797.

[660] Cheng G, Han J. A survey on object detection in optical remote sensing images. ISPRS Journal of Photogrammetry and Remote Sensing, 2016, 117: 11-28.

[661] Li J, Huang X, Gong J. Deep neural network for remote-sensing image interpretation: Status and perspectives. National Science Review, 2019, 6（6）: 1082-1086.

[662] Gu Y, Wang Y, Li Y. A survey on deep learning-driven remote sensing image scene understanding: Scene classification, scene retrieval and scene-guided object detection. Applied Sciences, 2019, 9（10）: 2110.

[663] Belgiu M, Drăguţ L. Random forest in remote sensing: A review of applications and future directions. ISPRS Journal of Photogrammetry and Remote Sensing, 2016, 114: 24-31.

[664] Ma L, Li M, Ma X, et al. A review of supervised object-based land-cover image classification. ISPRS Journal of Photogrammetry and Remote Sensing, 2017, 130: 277-293.

[665] Mountrakis G, Im J, Ogole C. Support vector machines in remote sensing: A review. ISPRS Journal of Photogrammetry and Remote Sensing, 2011, 66（3）: 247-259.

[666] Xia G S, Hu J, Hu F, et al. AID: A benchmark data set for performance evaluation of aerial scene classification. IEEE Transactions on Geoscience and Remote Sensing, 2017, 55（7）: 3965-3981.

[667] Shen H, Li X, Cheng Q, et al. Missing information reconstruction of remote sensing data: A technical review. IEEE Geoscience and Remote Sensing Magazine, 2015, 3（3）: 61-85.

[668] Wang Q, Yuan Z, Du Q, et al. GETNET: A general end-to-end 2-D CNN framework for hyperspectral image change detection. IEEE Transactions on Geoscience and Remote Sensing, 2018, 57（1）: 3-13.

[669] Camps-Valls G, Tuia D, Bruzzone L, et al. Advances in hyperspectral image classification: Earth monitoring with statistical learning methods. IEEE Signal Processing Magazine, 2013, 31（1）: 45-54.

[670] Heylen R, Parente M, Gader P. A review of nonlinear hyperspectral unmixing methods. IEEE Journal of Selected Topics in Applied Earth Observations and Remote Sensing,

2014，7（6）：1844-1868.

[671] Zhou C，Su F，Pei T，et al. COVID-19：Challenges to GIS with big data. Geography and sustainability，2020，1（1）：77-87.

[672] Jean N，Burke M，Xie M，et al. Combining satellite imagery and machine learning to predict poverty. Science，2016，353（6301）：790-794.

[673] Zhou Z，Siddiquee M M R，Tajbakhsh N，et al. UNet++：A nested U-Net architecture for medical image segmentation//Deep Learning in Medical Image Analysis and Multimodal Learning for Clinical Decision Support. Berlin：Springer，2018：3-11.

[674] Nie D，Wang L，Gao Y，et al. STRAINet：Spatially varying stochastic residual adversarial networks for MRI pelvic organ segmentation. IEEE Transactions on Neural Networks and Learning Systems，2018，30（5）：1552-1564.

[675] Khened M，Kollerathu V A，Krishnamurthi G. Fully convolutional multi-scale residual DenseNets for cardiac segmentation and automated cardiac diagnosis using ensemble of classifiers. Medical Image Analysis，2019，51：21-45.

[676] Schlemper J，Oktay O，Schaap M，et al. Attention gated networks：Learning to leverage salient regions in medical images. Medical Image Analysis，2019，53：197-207.

[677] Fan D P，Zhou T，Ji G P，et al. Inf-Net：Automatic COVID-19 lung infection segmentation from CT images. IEEE Transactions on Medical Imaging，2020，39（8）：2626-2637.

[678] Wang S，Nie D，Qu L，et al. CT male pelvic organ segmentation via hybrid loss network with incomplete annotation. IEEE Transactions on Medical Imaging，2020，39（6）：2151-2162.

[679] Wu K，Du B，Luo M，et al. Weakly supervised brain lesion segmentation via attentional representation learning//Proceedings of the International Conference on Medical Image Computing and Computer-Assisted Intervention. Berlin：Springer，2019：211-219.

[680] Maes F，Collignon A，Vandermeulen D，et al. Multimodality image registration by maximization of mutual information. IEEE transactions on Medical Imaging，1997，16（2）：187-198.

[681] Rueckert D，Sonoda L I，Hayes C，et al. Nonrigid registration using free-form deformations：Application to breast MR images. IEEE Transactions on Medical Imaging，1999，18（8）：712-721.

[682] Thirion J P. Image matching as a diffusion process: An analogy with Maxwell's demons. Medical Image Analysis, 1998, 2 (3): 243-260.

[683] Shen D, Davatzikos C. HAMMER: Hierarchical attribute matching mechanism for elastic registration. IEEE Transactions on Medical Imaging, 2002, 21 (11): 1421-1439.

[684] Hart G L, Zach C, Niethammer M. An optimal control approach for deformable registration. Proceedings of the IEEE Computer Society Conference on Computer Vision and Pattern Recognition Workshops, 2009: 9-16.

[685] Eppenhof K A, Pluim J P. Error estimation of deformable image registration of pulmonary CT scans using convolutional neural networks. Journal of Medical Imaging, 2018, 5 (2): 024003.

[686] Jaderberg M, Simonyan K, Zisserman A, et al. Spatial transformer networks. Proceedings of the Advances in Neural Information Processing Systems, 2015.

[687] Hu Y, Modat M, Gibson E, et al. Label-driven weakly-supervised learning for multimodal deformable image registration. Proceedings of the IEEE International Symposium on Biomedical Imaging, 2018: 1070-1074.

[688] Huang Y, Ahmad S, Fan J, et al. Difficulty-aware hierarchical convolutional neural networks for deformable registration of brain MR images. Medical Image Analysis, 2021, 67: 101817.

[689] Hannun A Y, Rajpurkar P, Haghpanahi M, et al. Cardiologist-level arrhythmia detection and classification in ambulatory electrocardiograms using a deep neural network. Nature Medicine, 2019, 25 (1): 65-69.

[690] Li A, Zalesky A, Yue W, et al. A neuroimaging biomarker for striatal dysfunction in schizophrenia. Nature Medicine, 2020, 26 (4): 558-565.

[691] Jin D, Zhou B, Han Y, et al. Generalizable, reproducible, and neuroscientifically interpretable imaging biomarkers for Alzheimer's disease. Advanced Science, 2020, 7 (14): 2000675.

[692] Yan C G, Chen X, Li L, et al. Reduced default mode network functional connectivity in patients with recurrent major depressive disorder. Proceedings of the National Academy of Sciences, 2019, 116 (18): 9078-9083.

[693] Zhang K, Liu X, Shen J, et al. Clinically applicable AI system for accurate diagnosis, quantitative measurements, and prognosis of COVID-19 pneumonia using computed tomography. Cell, 2020, 181 (6): 1423-1433.

[694] Casey R，Nagy G. Recognition of printed Chinese characters. IEEE Transactions on Electronic Computers，1966，（1）：91-101.

[695] Mori S，Yamamoto K，Yasuda M. Research on machine recognition of handprinted characters. IEEE Transactions on Pattern Analysis and Machine Intelligence，1984，（4）：386-405.

[696] Suen C Y，Berthod M，Mori S. Automatic recognition of handprinted characters—The state of the art. Proceedings of the IEEE，1980，68（4）：469-487.

[697] Yamada H，Yamamoto K，Saito T. A nonlinear normalization method for handprinted Kanji character recognition-line density equalization. Pattern Recognition，1990，23（9）：1023-1029.

[698] Liu C L，Marukawa K. Pseudo two-dimensional shape normalization methods for handwritten Chinese character recognition. Pattern Recognition，2005，38（12）：2242-2255.

[699] Yasuda M. An improvement of correlation method for character recognition. IEICE Trans，1979，62（3）：217.

[700] Kimura F，Takashina K，Tsuruoka S，et al. Modified quadratic discriminant functions and the application to Chinese character recognition. IEEE Transactions on Pattern Analysis and Machine Intelligence，1987，（1）：149-153.

[701] Xiao X，Jin L，Yang Y，et al. Building fast and compact convolutional neural networks for offline handwritten Chinese character recognition. Pattern Recognition，2017，72：72-81.

[702] Zhang X Y，Bengio Y，Liu C L. Online and offline handwritten Chinese character recognition：A comprehensive study and new benchmark. Pattern Recognition，2017，61：348-360.

[703] Murase H. Online recognition of free-format Japanese handwritings. Proceedings of the International Conference on Pattern Recognition，1988.

[704] Wang Q F，Yin F，Liu C L. Handwritten Chinese text recognition by integrating multiple contexts. IEEE Transactions on Pattern Analysis and Machine Intelligence，2011，34（8）：1469-1481.

[705] Bunke H，Roth M，Schukat-Talamazzini E G. Off-line cursive handwriting recognition using hidden Markov models. Pattern Recognition，1995，28（9）：1399-1413.

[706] Cho W，Lee S W，Kim J H. Modeling and recognition of cursive words with hidden Markov models. Pattern Recognition，1995，28（12）：1941-1953.

[707] Senior A W，Robinson A J. An off-line cursive handwriting recognition system. IEEE Transactions on Pattern Analysis and Machine Intelligence，1998，20（3）：309-321.

[708] Graves A，Liwicki M，Fernández S，et al. A novel connectionist system for unconstrained handwriting recognition. IEEE Transactions on Pattern Analysis and Machine Intelligence，2008，31（5）：855-868.

[709] Shi B，Bai X，Yao C. An end-to-end trainable neural network for image-based sequence recognition and its application to scene text recognition. IEEE Transactions on Pattern Analysis and Machine Intelligence，2016，39（11）：2298-2304.

[710] Luo C，Jin L，Sun Z. Moran：A multi-object rectified attention network for scene text recognition. Pattern Recognition，2019，90：109-118.

[711] Lee C Y，Osindero S. Recursive recurrent nets with attention modeling for OCR in the wild. Proceedings of the IEEE Conference on Computer Vision and Pattern Recognition，2016：2231-2239.

[712] Yin F，Wu Y C，Zhang X Y，et al. Scene text recognition with sliding convolutional character models. arXiv preprint arXiv：01727. 2017.

[713] Sauvola J，Pietikäinen M. Adaptive document image binarization. Pattern recognition，2000，33（2）：225-236.

[714] Cao H，Govindaraju V. Preprocessing of low-quality handwritten documents using Markov random fields. IEEE Transactions on Pattern Analysis and Machine Intelligence，2008，31（7）：1184-1194.

[715] Le D S，Thoma G R，Wechsler H. Automated page orientation and skew angle detection for binary document images. Pattern Recognition，1994，27（10）：1325-1344.

[716] Liang J，Dementhon D，Doermann D. Geometric rectification of camera-captured document images. IEEE Transactions on Pattern Analysis and Machine Intelligence，2008，30（4）：591-605.

[717] Nagy G，Seth S，Viswanathan M. A prototype document image analysis system for technical journals. Computer，1992，25（7）：10-22.

[718] Antonacopoulos A. Page segmentation using the description of the background. Computer Vision and Image Understanding，1998，70（3）：350-369.

[719] Wong K Y，Casey R G，Wahl F M. Document analysis system. IBM Journal of Research and Development，1982，26（6）：647-656.

[720] Fletcher L A，Kasturi R. A robust algorithm for text string separation from mixed text/graphics images. IEEE Transactions on Pattern Analysis and Machine Intelligence，

1988，10（6）：910-918.

[721] O'gorman L. The document spectrum for page layout analysis. IEEE Transactions on Pattern Analysis and Machine Intelligence，1993，15（11）：1162-1173.

[722] Kise K，Sato A，Iwata M. Segmentation of page images using the area Voronoi diagram. Computer Vision and Image Understanding，1998，70（3）：370-382.

[723] Jain A K，Zhong Y. Page segmentation using texture analysis. Pattern Recognition，1996，29（5）：743-770.

[724] Wang D，Srihari S N. Classification of newspaper image blocks using texture analysis. Computer Vision，Graphics，and Image Processing，1989，47（3）：327-352.

[725] Jain A K，Yu B. Document representation and its application to page decomposition. IEEE Transactions on Pattern Analysis and Machine Intelligence，1998，20（3）：294-308.

[726] Li X H，Yin F，Liu C L. Printed/handwritten texts and graphics separation in complex documents using conditional random fields. Proceedings of the IAPR International Workshop on Document Analysis Systems（DAS），2018：145-150.

[727] Yang X，Yumer E，Asente P，et al. Learning to extract semantic structure from documents using multimodal fully convolutional neural networks. Proceedings of the IEEE Conference on Computer Vision and Pattern Recognition，2017：5315-5324.

[728] Li Y，Zheng Y，Doermann D，et al. Script-independent text line segmentation in freestyle handwritten documents. IEEE Transactions on Pattern Analysis and Machine Intelligence，2008，30（8）：1313-1329.

[729] Bukhari S S，Shafait F，Breuel T M. Script-independent handwritten textlines segmentation using active contours. Proceedings of the International Conference on Document Analysis and Recognition，2009：446-450.

[730] Louloudis G，Gatos B，Pratikakis I，et al. Text line detection in handwritten documents. Pattern Recognition，2008，41（12）：3758-3772.

[731] Yin F，Liu C L. Handwritten Chinese text line segmentation by clustering with distance metric learning. Pattern Recognition，2009，42（12）：3146-3157.

[732] Renton G，Soullard Y，Chatelain C，et al. Fully convolutional network with dilated convolutions for handwritten text line segmentation. International Journal on Document Analysis and Recognition，2018，21（3）：177-186.

[733] Mao S，Rosenfeld A，Kanungo T. Document structure analysis algorithms：A literature survey//Proceedings of the Document Recognition and Retrieval X. International Society

for Optics and Photonics，2003：197-207.

[734] Krishnamoorthy M，Nagy G，Seth S，et al. Syntactic segmentation and labeling of digitized pages from technical journals. IEEE Transactions on Pattern Analysis and Machine Intelligence，1993，15（7）：737-747.

[735] Yin X C，Yin X，Huang K，et al. Robust text detection in natural scene images. IEEE Transactions on Pattern Analysis and Machine Intelligence，2013，36（5）：970-983.

[736] Neumann L，Matas J. Real-time scene text localization and recognition. Proceedings of the IEEE Conference on Computer Vision and Pattern Recognition，2012：3538-3545.

[737] Shi B，Bai X，Belongie S. Detecting oriented text in natural images by linking segments. Proceedings of the IEEE Conference on Computer Vision and Pattern Recognition，2017：2550-2558.

[738] Zhou X，Yao C，Wen H，et al. EAST：An efficient and accurate scene text detector. Proceedings of the IEEE Conference on Computer Vision and Pattern Recognition，2017：5551-5560.

[739] He W，Zhang X Y，Yin F，et al. Multi-oriented and multi-lingual scene text detection with direct regression. IEEE Transactions on Image Processing，2018，27（11）：5406-5419.

[740] Long S，Ruan J，Zhang W，et al. TextSnake：A flexible representation for detecting text of arbitrary shapes. Proceedings of the European Conference on Computer Vision，2018：20-36.

[741] Wang X，Jiang Y，Luo Z，et al. Arbitrary shape scene text detection with adaptive text region representation. Proceedings of the IEEE/CVF Conference on Computer Vision and Pattern Recognition，2019：6449-6458.

[742] Zhang S X，Zhu X，Hou J B，et al. Deep relational reasoning graph network for arbitrary shape text detection. Proceedings of the IEEE/CVF Conference on Computer Vision and Pattern Recognition，2020：9699-9708.

[743] Niu Z，Zhou M，Wang L，et al. Hierarchical multimodal LSTM for dense visual-semantic embedding. Proceedings of the International Conference on Computer Vision，2017：1881-1889.

[744] Dong J，Li X，Snoek C G. Predicting visual features from text for image and video caption retrieval. IEEE Transactions on Multimedia，2018，20（12）：3377-3388.

[745] Wang D，Cui P，Ou M，et al. Learning compact Hash codes for multimodal representations using orthogonal deep structure. IEEE Transactions on Multimedia，

2015，17（9）：1404-1416.

[746] Fu K，Jin J，Cui R，et al. Aligning where to see and what to tell：Image captioning with region-based attention and scene-specific contexts. IEEE Transactions on Pattern Analysis and Machine Intelligence，2016，39（12）：2321-2334.

[747] Shen Z，Li J，Su Z，et al. Weakly supervised dense video captioning. Proceedings of the IEEE Conference on Computer Vision and Pattern Recognition，2017：1916-1924.

[748] Song Z，Ni B，Yan Y，et al. Deep cross-modality alignment for multi-shot person re-identification. Proceedings of the ACM International Conference on Multimedia，2017：645-653.

[749] Jiang X，Wu F，Li X，et al. Deep compositional cross-modal learning to rank via local-global alignment. Proceedings of the ACM International Conference on Multimedia，2015：69-78.

[750] Deng C，Tang X，Yan J，et al. Discriminative dictionary learning with common label alignment for cross-modal retrieval. IEEE Transactions on Multimedia，2015，18（2）：208-218.

[751] Atrey P K，Hossain M A，El Saddik A，et al. Multimodal fusion for multimedia analysis：A survey. Multimedia Systems，2010：16（6）：345-379.

[752] Jiang X，Wu F，Zhang Y，et al. The classification of multi-modal data with hidden conditional random field. Pattern Recognition Letters，2015，51：63-69.

[753] Jin Z，Cao J，Guo H，et al. Multimodal fusion with recurrent neural networks for rumor detection on microblogs. Proceedings of the ACM International Conference on Multimedia，2017：795-816.

[754] Huang X，Peng Y，Yuan M. Cross-modal common representation learning by hybrid transfer network. Proceedings of the International Joint Conference on Artificial Intelligence，2017：1893-1900.

[755] Chen J，Zhang H，He X，et al. Attentive collaborative filtering：Multimedia recommendation with item-and component-level attention. Proceedings of the International ACM SIGIR Conference on Research and Development in Information Retrieval，2017：335-344.

[756] Minsky M. The Society of Mind. New York：Simon and Schuster，1988.

[757] Picard R W. Affective Computing. Cambridge：MIT Press，2000.

[758] Schlosberg H. Three dimensions of emotion. Psychological Review，1954，61（2）：81.

[759] Yang C，Pu X，Wang X. Efficient speech emotion recognition based on multisurface

proximal support vector machine. Proceedings of the IEEE Conference on Robotics，Automation and Mechatronics，2008：55-60.

[760] Nguyen T，Bass I，Li M，et al. Investigation of combining SVM and decision tree for emotion classification. Proceedings of the IEEE International Symposium on Multimedia，2005：5.

[761] Nwe T L，Foo S W，De Silva L C. Speech emotion recognition using hidden Markov models. Speech Communication，2003，41（4）：603-623.

[762] Han K，Yu D，Tashev I. Speech emotion recognition using deep neural network and extreme learning machine. Proceedings of the Interspeech，2014.

[763] D'mello S K，Kory J. A review and meta-analysis of multimodal affect detection systems. ACM Computing Surveys，2015，47（3）：1-36.

[764] Zadeh A，Chen M，Poria S，et al. Tensor fusion network for multimodal sentiment analysis. Proceedings of the Empirical Methods in Natural Language Processing，2017.

[765] Chen L S，Huang T S，Miyasato T，et al. Multimodal human emotion/expression recognition. Proceedings of the IEEE International Conference on Automatic Face and Gesture Recognition，1998：366-371.

[766] Gunes H，Piccardi M. A bimodal face and body gesture database for automatic analysis of human nonverbal affective behavior. Proceedings of the International Conference on Pattern Recognition，2006：1148-1153.

[767] 黄程韦，金赟，王青云，等. 基于语音信号与心电信号的多模态情感识别. 东南大学学报，2010，40（5）：895-900.

[768] Chao L，Tao J，Yang M，et al. Long short term memory recurrent neural network based multimodal dimensional emotion recognition. Proceedings of the International Workshop on Audio/Visual Emotion Challenge，2015：65-72.

[769] Lyu S. Natural Image Statistics for Digital Image Forensics. Hanover：Dartmouth Colledge，2005.

[770] Shi Y Q，Chen C，Chen W. A Markov process based approach to effective attacking JPEG steganography//Proceedings of the International Workshop on Information Hiding. Berlin：Springer，2006：249-264.

[771] Fridrich J，Kodovsky J. Rich models for steganalysis of digital images. IEEE Transactions on Information Forensics and Security，2012，7（3）：868-882.

[772] Dong J，Wang W，Tan T，et al. Run-length and edge statistics based approach for image splicing detection//Proceedings of the International Workshop on Digital Watermarking.

Berlin: Springer, 2008: 76-87.

[773] Lukas J, Fridrich J, Goljan M. Digital camera identification from sensor pattern noise. IEEE Transactions on Information Forensics and Security, 2006, 1 (2): 205-214.

[774] Farid H. Exposing digital forgeries in scientific images. Proceedings of the Workshop on Multimedia and Security, 2006: 29-36.

[775] Wang W, Dong J, Tan T. Exploring DCT coefficient quantization effects for local tampering detection. IEEE Transactions on Information Forensics and Security, 2014, 9 (10): 1653-1666.

[776] Peng B, Wang W, Dong J, et al. Optimized 3D lighting environment estimation for image forgery detection. IEEE Transactions on Information Forensics and Security, 2016, 12 (2): 479-494.

[777] Peng B, Wang W, Dong J, et al. Image forensics based on planar contact constraints of 3D objects. IEEE Transactions on Information Forensics and Security, 2017, 13 (2): 377-392.

[778] Liao X, Li K, Zhu X, et al. Robust detection of image operator chain with two-stream convolutional neural network. IEEE Journal of Selected Topics in Signal Processing, 2020, 14 (5): 955-968.

[779] Wu Y, Abd-Almageed W, Natarajan P. Image copy-move forgery detection via an end-to-end deep neural network. Proceedings of the IEEE Winter Conference on Applications of Computer Vision, 2018: 1907-1915.

[780] Pinto A, Moreira D, Bharati A, et al. Provenance filtering for multimedia phylogeny. Proceedings of the IEEE International Conference on Image Processing, 2017: 1502-1506.

[781] Rossler A, Cozzolino D, Verdoliva L, et al. FaceForensics++: Learning to detect manipulated facial images. Proceedings of the International Conference on Computer Vision, 2019: 1-11.

[782] Jiang L, Wu W, Li R, et al. DeeperForensics-1.0: A large-scale dataset for real-world face forgery detection. arXiv preprint arXiv: 200103024. 2020.

[783] Li Y, Yang X, Sun P, et al. Celeb-DF: A new dataset for DeepFake forensics. arXiv preprint arXiv: 190912962. 2019

[784] Liu Z, Qi X, Torr P H. Global texture enhancement for fake face detection in the wild. Proceedings of the IEEE/CVF Conference on Computer Vision and Pattern Recognition, 2020: 8060-8069.

[785] Qian Y，Yin G，Sheng L，et al. Thinking in frequency：Face forgery detection by mining frequency-aware clues//Proceedings of the European Conference on Computer Vision. Berlin：Springer，2020：86-103.

[786] Li L，Bao J，Zhang T，et al. Face x-ray for more general face forgery detection. Proceedings of the IEEE/CVF Conference on Computer Vision and Pattern Recognition，2020：5001-5010.

[787] Agarwal S，Farid H，Gu Y，et al. Protecting world leaders against deep fakes. Proceedings of the IEEE Conference on Computer Vision and Pattern Recognition Workshops，2019.

[788] Kniaz V V，Knyaz V，Remondino F. The point where reality meets fantasy：Mixed adversarial generators for image splice detection. Proceedings of the Advances in Neural Information Processing Systems，2019：215-226.

[789] Dolhansky B，Bitton J，Pflaum B，et al. The DeepFake detection challenge dataset. arXiv preprint arXiv：07397. 2020.

关键词索引

彩　　图

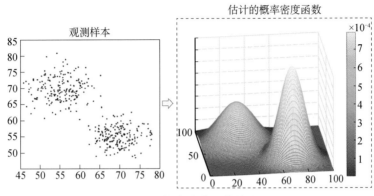

图 3-2　概率密度函数估计

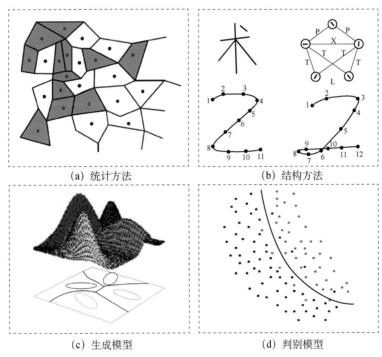

图 3-3　分类器类型

注：（c）（d）参考自文献[39]。

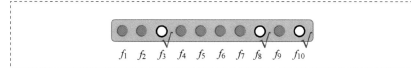

（a）特征选择

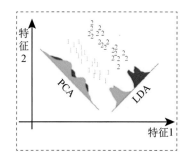

（b）子空间学习

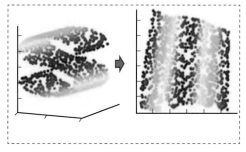

（c）流形学习

图3-5　特征提取与学习

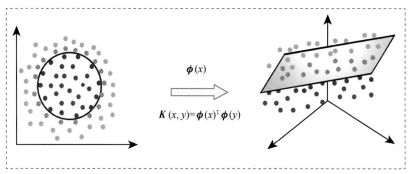

（a）核方法

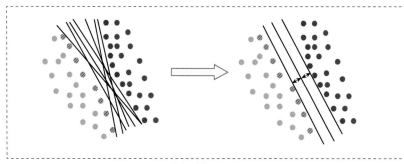

（b）支持向量机

图3-7　核方法与支持向量机示意图

（a）基于标注标本的分类决策面　　　（b）考虑未标注样本　　　（c）修正后的分类决策面

图3-11　半监督分类

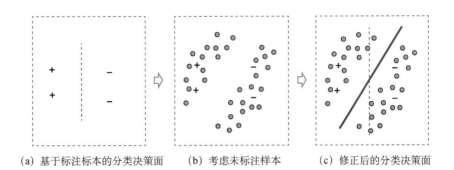

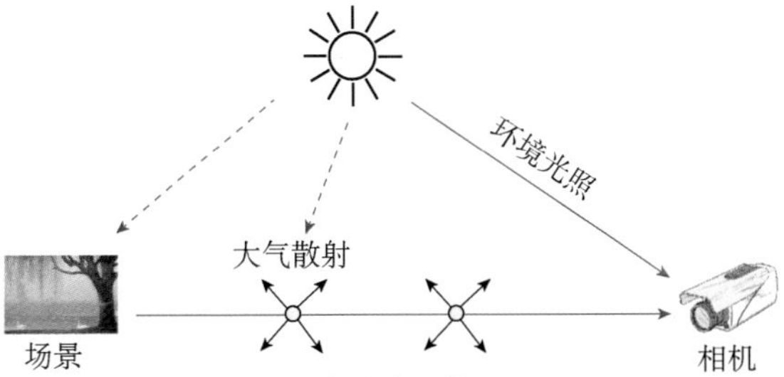

大气散射

环境光照

场景

大气传输函数

相机

（a）成像模型

（b）有雾图像　　　　　　（c）去雾效果图

图3-16　图像去雾增强

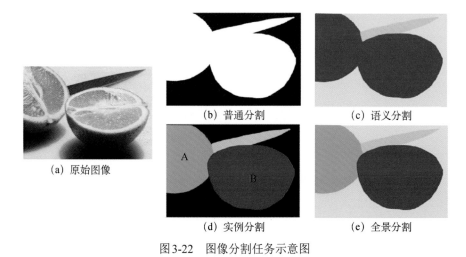

（a）原始图像

（b）普通分割

（c）语义分割

（d）实例分割

（e）全景分割

图 3-22　图像分割任务示意图

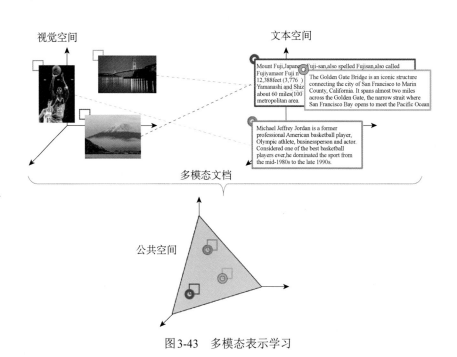

图 3-43　多模态表示学习